Der Baustoff Reet und seine Anwendung im El-Manzala-Gebiet / Ägypten Vor- und Nachteile, sowie Verbesserungsmöglichkeiten

von der Fakultät für Architektur und Stadtplanung
der Universität Stuttgart
zur Erlangung der Würde eines Doktor-Ingenieurs (Dr.-Ing.)
genehmigte Abhandlung

vorgelegt von
Ahmed Abdel Naby Ahmed Helal
geboren in Kairo, Ägypten

Hauptberichter: Professor Dipl.-Ing. Lothar Götz
Mitberichter: Professor Dr.-Ing. Hans-Wolf Reinhardt

Tag der Einreichung: 30.10.1996
Tag der mündlichen Prüfung: 07.02.1997

Institut für Baustofflehre, Bauphysik, Technischen Ausbau und Entwerfen

1997

D 93

Gedruckt mit Unterstützung
des
Deutschen Akademischen Austauschdienstes

Ahmed Abdel Naby Ahmed Helal

DER BAUSTOFF REET UND SEINE ANWENDUNG IM EL-MANZALA-GEBIET / ÄGYPTEN

VOR- UND NACHTEILE, SOWIE VERBESSERUNGSMÖGLICHKEITEN

ibidem-**Verlag**
Stuttgart

Die Deutsche Bibliothek - CIP-Einheitsaufnahme:

Helal, Ahmed Abdel-Naby Ahmed:
Der Baustoff Reet und seine Anwendung im El-Manzala-Gebiet, Ägypten : Vor- und Nachteile, sowie Verbesserungsmöglichkeiten / Ahmed Abdel-Naby Ahmed Helal. - Stuttgart : Ibidem-Verl., 1997
Zugl.: Stuttgart, Univ., Diss., 1997
ISBN 3-932602-02-1

∞

Gedruckt auf alterungsbeständigem, säurefreien Papier
Printed on acid-free paper

ISBN: 3-932602-02-1

Printed in Germany

Vorwort

Meiner Frau, meinen Eltern und meiner Familie

Allen Leuten in El-Manzala-See, besonders Familie Anwar-, Ismael-, Abdel-Wahab.

An dieser Stelle danke ich Herrn Professor Dipl.-Ing. Lothar Götz für sein Interesse, seine Bemühungen und seine Unterstützung, ebenso Herrn Professor Dr.- Ing. Hans-Wolf Reinhardt für seine Unterstützung.

Danken möchte ich auch Frau Neuberger für ihre große Hilfe bei der Sprachkorrektur.

Mein Dank geht außerdem an Herrn Professor Dr. Hanno Ertel, Dr. S. Aicher und Dr. J. Schwarte für Ihre große Hilfe bei Untersuchungen für die Arbeit.

Mein Dank gilt ferner der Ägyptischen Regierung und dem Deutschen Akademischem Austauschdienst, die meine Forschungen in ideeller und finanzieller Weise unterstützten.

Danken möchte ich abschließend auch all jenen, die durch ihre theoretische, praktische und moralische Unterstützung zum Gelingen dieser Arbeit beigetragen haben: Herrn Professor Peter Schürmann, Frau Möhrling, Herrn Professor Dr. Ulrich Kull, Professor Dr. Mohamed Yehia Abdallah, Herrn Professor Dr. Mohamed Tawfik Abdel-Gawad, Dr.-Ing. Hesham Gado, Dr.-Ing. Tarek Mansour.

AHMED HELAL

INHALTSVERZEICHNIS:

0 Einleitung

0.1 Das Problem

Die unzureichende Wohnungsversorgung, vor allem der Bevölkerungsschichten mit begrenztem Einkommen, stellt in Ägypten ein großes Problem dar. Diese Situation ist in den ländlichen Regionen noch bedeutend schlechter als in Kairo.
Auch in Ägypten wird mit modernen Materialien und hochwertiger Technologie gebaut, doch nur eine Minderheit hat die notwendigen finanziellen Möglichkeiten zur Verwendung teurer Baustoffe.
Besonders in den ländlichen Regionen ist die Mehrheit der Bewohner darauf angewiesen, die Kosten für die Erstellung des eigenen Hauses möglichst gering zu halten. Dazu ist es notwendig, durch die Verwendung möglichst billiger oder gar kostenloser Baustoffe die Materialkosten soweit wie möglich zu senken und durch einen hohen Selbsthilfeanteil die Lohnkosten zu reduzieren oder zu vermeiden.
Lokal vorhandene und traditionell verwendete Baustoffe erfüllen in der Regel diese Anforderungen.
Im Gebiet El-Manzala an der Nordküste Ägyptens ist Reet ein weit verbreitetes, sehr billiges und zum Selbstbau geeignetes Material, aus dem traditionell ganze Siedlungen ohne die Hilfe von Architekten erstellt werden.
Trotz einiger Vorteile gegenüber industriell hergestellten und teuren Baustoffen ging die Verwendung von Reet in den letzten zwanzig Jahren ständig zurück. Seine natürlichen Eigenschaften, die nur kurze Spannweiten im Bau zulassen und eine regendichte Ausführung von Wänden und Dächern erschweren, trugen dazu bei, daß Reet auch früher nur begrenzt einsetzbar war.
Die Entwicklung neuer Verarbeitungsmethoden in jüngster Zeit konnte im Gebiet El-Manzala die Einsatzmöglichkeiten des Baumaterials Reet deutlich erweitern. Diese neuen Techniken erfordern jedoch erhebliche Verbesserungen, um Reet zu einem vielfältig einsetzbaren Baustoff zu machen.

0.2 Ziel der Arbeit

Um den steigenden Ansprüchen an die Qualität von Gebäuden gerecht zu werden, ist die Entwicklung von Baustoffen mit den entsprechenden Eigenschaften wie Dauerhaftigkeit oder vielfältigen Einsatzmöglichkeiten z.B. für Schulen, die Entwicklung von Fertigbauelemente für schnell benötigte Wohnungen, Bungalows von Feriensiedlungen, sowie andere öffentliche Einrichtungen und Bauten mit großen Spannweiten notwendig.

Ziel der vorliegenden Arbeit ist die Entwicklung von Methoden und Techniken, die der Weiterverarbeitung von Reet zu einem gut verwertbaren Baustoff dienen. Auf diese Weise sollen kostengünstige und dauerhafte Baumaterialien hergestellt werden, die zur Verbesserung der Wohnbedingungen in Gebieten beitragen, in denen nach wie vor traditionell und ohne Architekten gebaut wird.

0.3 Thesen

- Reet ist ein billiger, lokal vorhandener und leicht zu verarbeitender Baustoff.
- Der Baustoff Reet ist dem feuchtwarmen Klima des Gebiets El-Manzala angepaßt.
- Die Verwendung des Baustoffes Reet verursacht keine Umweltbelastung.
- Reet ist ein Baustoff, der von der Bevölkerung akzeptiert wird.
- Durch die Entwicklung neuer Verarbeitungsmethoden zur Minderung seiner konstruktiven Nachteile kann Reet zu einem noch vielfältiger einsetzbaren Baustoff werden.

0.4 Historische Einleitung

Das Reet ist schon seit einigen tausend Jahren als Baumaterial bekannt.

In der Pharaonenzeit haben die Ägypter das Material Reet in vielen Bereichen benutzt, so z.B. als Schreibmaterial, zur Herstellung von Pfeilen, als Matratzen- und Kissenfüllungen und zur Gewinnung von Arzneimitteln aus der Wurzel. Vor allem aber wurden Reetbündel als Stützen beim Bauen verwendet. Die Stengel werden mit einer Papyrusschnur gebündelt und mit Lehm überzogen. In Tal-El-Amarna und im Sosergrab in Sakara sind diese Reetstützen als ornamentales Symbol zu besichtigen.(Abb. 2)

In der altägyptischen Hieroglyphenschrift ist das Symbol 𓇋 für das Reet enthalten. Zu dieser Zeit wurde das Reet vom einfachen Volk zur Herstellung von Hütten mit Kuppel-, Sattel- und Spitzkegeldächern benutzt, letztere mit zylinderförmiger Außenwand. Diese Bauformen entsprachen dem kulturellen und technischen Stand ihrer Bewohner und waren lange Zeit ohne Weiterentwicklungen in Gebrauch. (Abb. 1) Auch spätere Steinbauten sind durch die Reetbauten beeinflußt. Dies zeigt sich deutlich an der Ausformung der Säulen dieser Bauten. (Abb. 2)

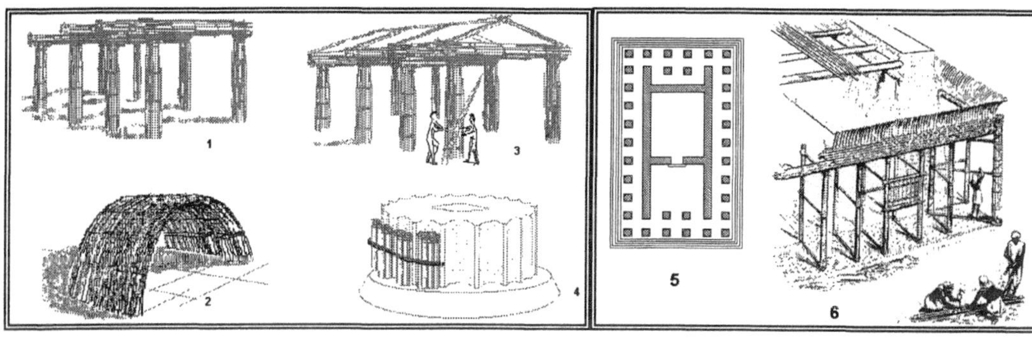

Abbildung 1: Historische Konstruktionsformen.

1: Reet, Tempelform, mit Balkendach 2: Reet, Wohngebäude, Bogendach 3: Tempel, Steinsäule mit nach innen gekrümmten sog. Kanneluren aus der jonischen und korinthischen Zeit; die Krümmungen dienten möglicherweise dazu die Säulen mit Reethalmen zu schmücken, in Erinnerung an Vorzeiten, 4: Säulenausschnitt 5: Grundriß eines Tempels, Stein 6: Reetbau ; (5) und (6) im Vergleich zeigen, daß die Anordnung der Steinsäulen Ähnlichkeiten mit der Anordnung der Reetsäulen aufweisen

Abbildung 2: Gegenüberstellung Reetkonstruktion - Steinfassade

Soser Gräber in Sakara, Stein; Ägypten; In der Fassade sind deutlich Parallelen mit dem Reetgebäude zu erkennen. (Lit. 5)

Einige Archäologen vertreten den Standpunkt, daß typisch ägyptische Gesimse und Säulen an Tempelbauten von Reet- und Papyrusstengelformen abgeleitet sind. (Lit. 5)

1 Darstellung des Baustoffes Reet und seiner Anwendung im traditionellen Bauen in El-Manzala

1.1 Allgemeine Darstellung von El-Manzala

1.1.1 Topographische Eigenschaften von El-Manzala

El-Manzala ist der größte natürliche See Ägyptens und einer der fünf Seen Nordägyptens. Er liegt zwischen 31° und 32° Nord und 31° und 33° Ost. Nur durch einen schmalen Landstreifen ist er vom Mittelmeer getrennt.

An seiner östlichen Seite liegt der Suez-Kanal, an der westlichen Demyate und im Süden Scharkia und Dakahlia. El-Manzala ist ein Sammelbecken für das Wasser des nordöstlichen Nil-Deltas und des Mittelmeeres, nachdem im 6. Jahrhundert ein Erdbeben den Boden dieser Region absenkte. (Abbildung 3 und Abbildung 4). Es bildeten sich dabei viele kleine Sand- und Lehminseln. Abgesehen von den Schiffahrtswegen zwischen Port-Said, Demyate und Mataria ist der See im Schnitt nur einen Meter tief.

Die Fläche beträgt 650 Quadratmeilen (407 000 Feddan)[1]. Neue Studien mit modernen Meßinstrumenten gehen nach der Umsetzung von Landgewinnungsprojekten im Süden und der Einrichtung von Fischfarmen im Nordwesten von einer verbleibenden Seefläche von 378,5 Quadratmeilen (237 000 Feddan) mit einer Ausdehnung von 64 km x 49 km aus. Die Uferlänge beträgt 293 km. (Lit. 22)

Der El-Manzala-See hat über die Aschtom-El-Gamiel-Meerenge eine Verbindung zum Mittelmeer und auf der nordöstlichen Seite eine Verbindung zum Suez-Kanal. Das Salzwasser des Mittelmeeres mischt sich im See mit den vorgeklärten Abwässern von Kairo und Ismailia (aus dem Bahr-El-Bakar-Kanal) und den landwirtschaftlichen Abwässern des Bahr-Ramsis und Bahr-Hadus. Die gesamte Zuflußmenge in den El-Manzala-See beträgt 6 657 x 10^6 m^3 / Jahr. (Ein Großteil der Wassermenge besteht aus den landwirtschaftlichen Abwässern der Monate August und September aus den Zuflüssen Bahr-El-Baqer und Bahr-Hadus.) (Lit. 22).

---

[1]Feddan, ein Flächenmaß (Äg. = 4200,833 qm)

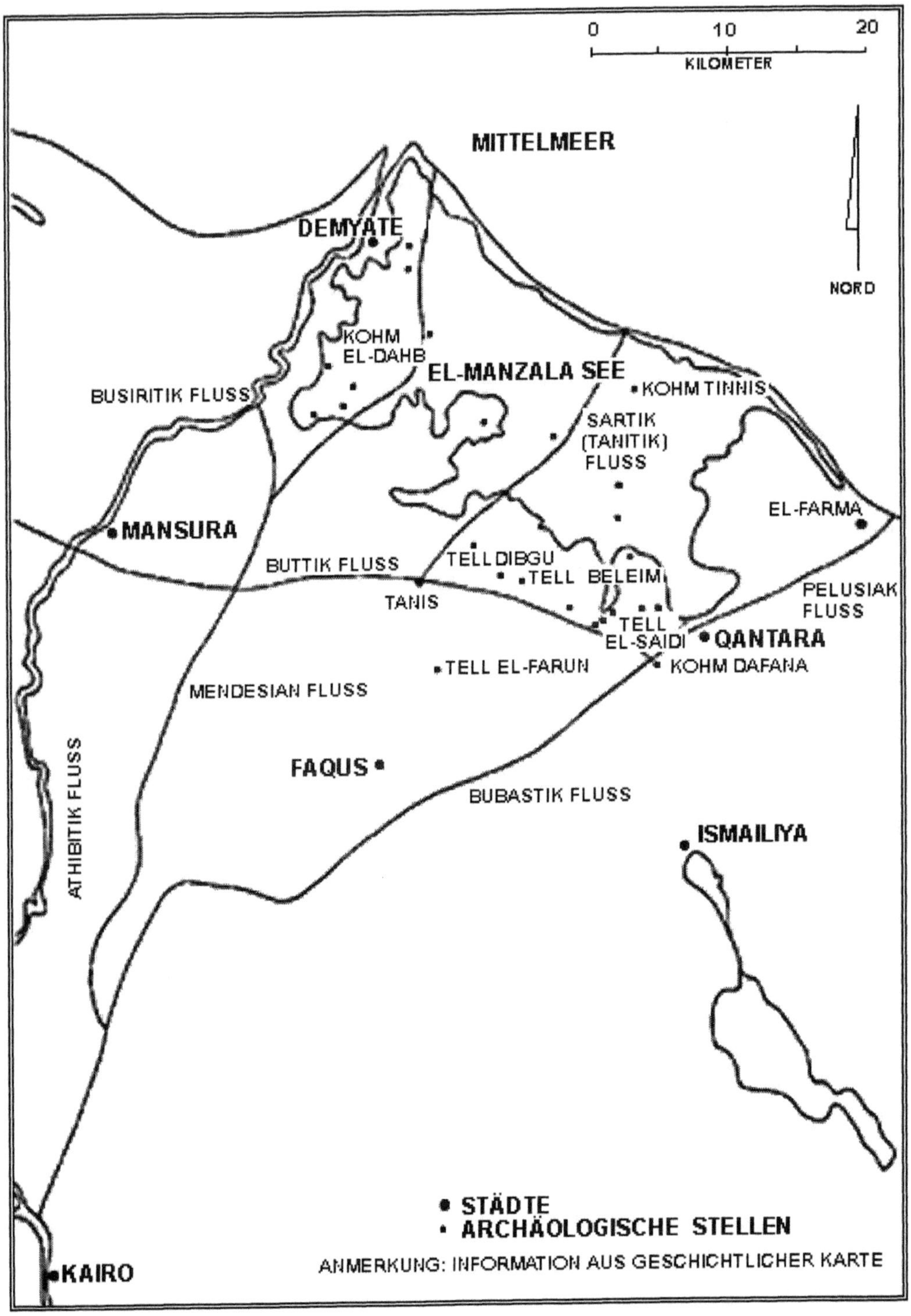

Abbildung 3: Karte der archäologischen Städte und Nebenarme des Nils im Untersuchungsgebiet des El-Manzala-Sees aus der Zeit der Pharaonen (entspricht der Beschreibung von Herodot 450 v.Christus, Lit. 22). Zustand vor dem Erdbeben im 6. Jahrhundert, durch welches der El-Manzala-See entstanden ist.

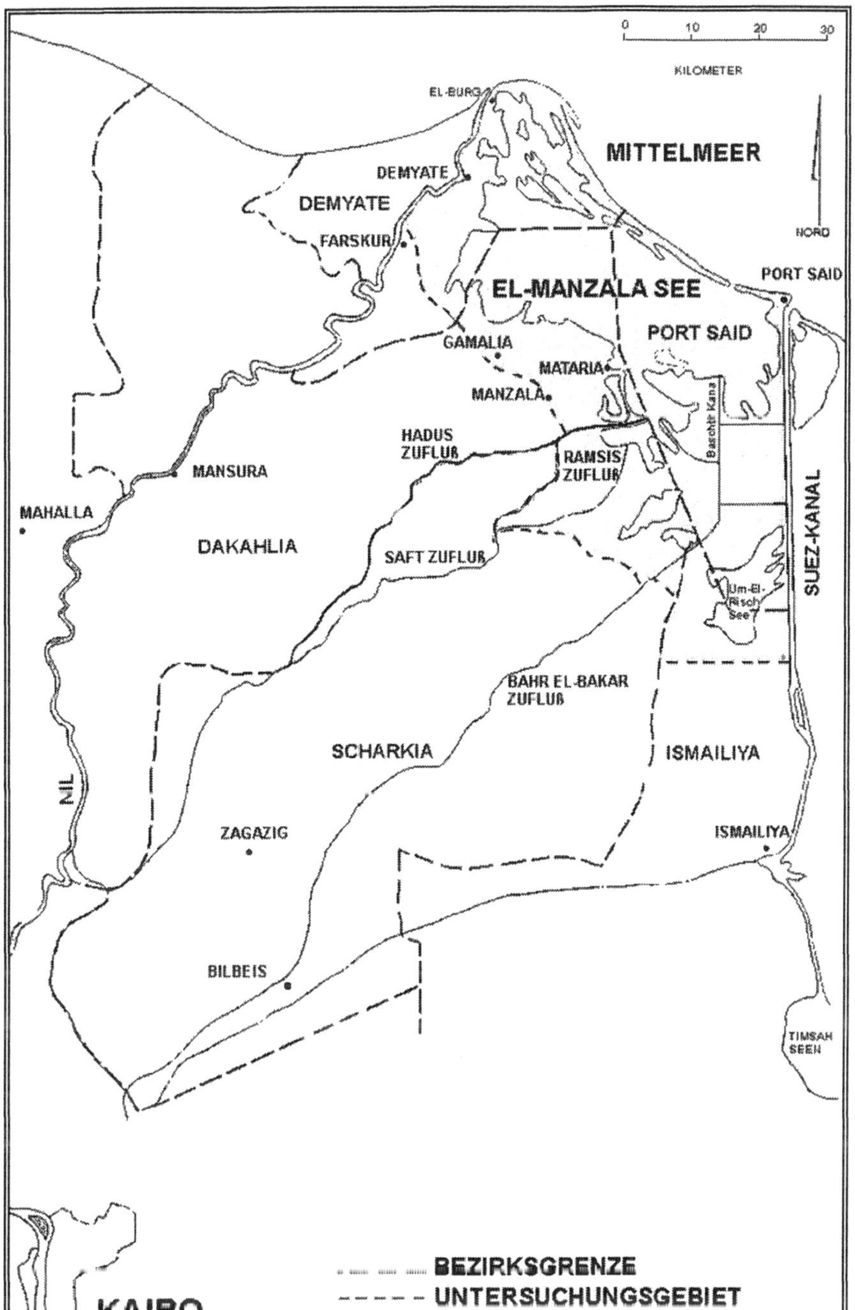

Abbildung 4: Untersuchungsgebiet am El-Manzala-See (Lit. 22)

Die Zusammensetzung des landwirtschaftlichen Abwasseranteils von 75% am Gesamtabwasser schwankt saisonabhängig.

Die städtischen Abwässer von Kairo und Ismailia werden nur teilweise gefiltert und sorgen zusammen mit den aufbereiteten Abwässern der Städte Port-Said, Demyata, Mataria, Gamalia und El-Manzala-Stadt für die Herabsetzung des Salzgehaltes des Sees auf 0,8 % und 1%. Dies schafft für bestimmte Süß- und Salzwasserfische sowie bestimmte Pflanzenarten (unter anderem auch Reet und Papyrus) geeignete Lebensbedingungen.

1.1.2 Klima

Das El-Manzala-Gebiet läßt sich mit einer Niederschlagsmenge von mehr als 50-150 mm/Jahr als Ort mit Küstenklima bezeichnen. Die Windgeschwindigkeiten liegen im Durchschnitt zwischen 15 und 32 km/h. Die Durchschnittstemperaturen sind niedrig im Vergleich zum hauptsächlich vorherrschenden Klima Ägyptens und die relative Feuchtigkeit ist mit bis zu 85 % hoch.

1.1.2.1 Windverhältnisse

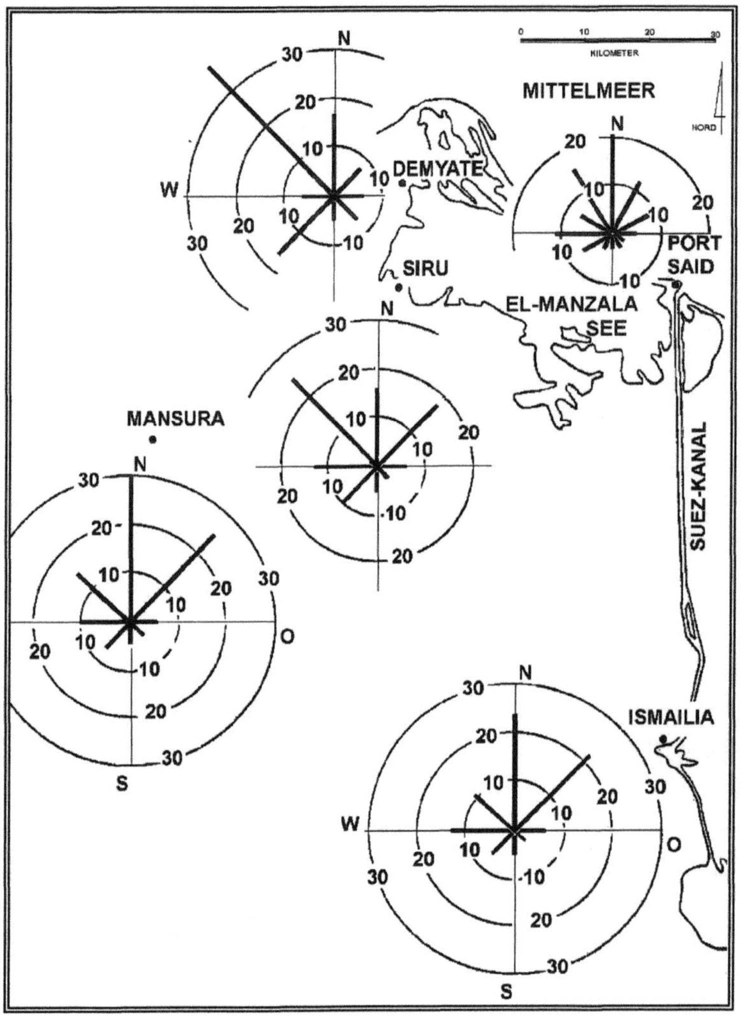

Abbildung 5: Jährliche mittlere prozentuale Windhäufigkeit und Windrichtung. (Lit. 22, Volume 7)

Im Zeitraum von Mai bis Oktober herrschen im El-Manzala Gebiet nördliche und nordwestliche Winde vor. Sie machen 33% des gesamten Windaufkommens in diesem Zeitraum aus. (Demyate, Port Said)

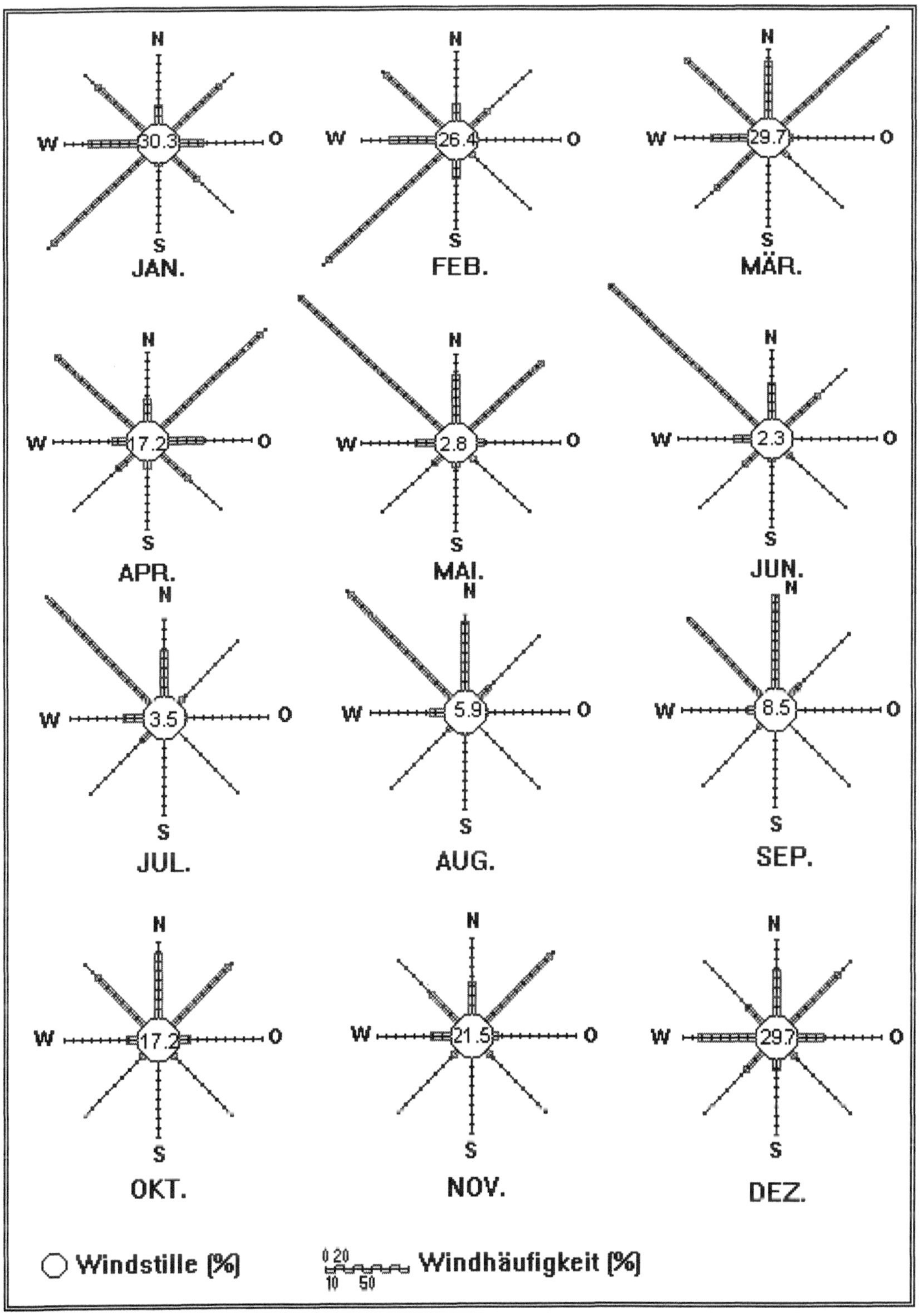

Abbildung 6: Hauptwindrichtungen und Häufigkeiten der Windrosen der verschiedener Monate, El-Manzala-Gebiet (Lit. 4)

Im Januar und Februar dominieren Südwestwinde (17,2%), die warme Luft mit sich bringen, im März und April herrschen nordöstliche Winde vor.

In den Wintermonaten von Dezember bis März entstehen Westwinde (23,9%), die in den Monaten September und Oktober auf ihre Minimalwert abflauen (Abbildung 6).

Die Bodenwinde weisen in den Monaten April bis September eine Geschwindigkeiten von 1-16 Knoten (1 Knoten = 1,85 km/h) (Lit. 22 Volume 7) auf, und führen durch ihre Einwirkung auf das flache Wasser zu einem starken Temperaturaustausch zwischen Luft und Wasser, darüber hinaus zu Wasserströmungen und zur Bildung von Wellen bis zu einem Meter Höhe. Sie haben damit auch Einfluß auf die Verteilung der Nahrung der Seefische im Wasser.

Sandstürme und Orkane sind selten. (Lit. 22 Volume 7)

1.1.2.2 Niederschläge

Die wichtigsten Phänomene sind der heftige Regen und Nebel. El-Manzala gehört wegen seiner Lage am Mittelmeer zu den für Ägypten regenreichen Gebieten.

Das Gebiet El-Manzala läßt sich hinsichtlich der Niederschlagsmengen in drei Teile gliedern: (Abbildung 8)

- Im nördlichen Teil fallen 100 bis 150 mm/Jahr in durchschnittlich 25,3 Tagen, hierzu gehört die Stadt Demyate.
- Im mittleren Teil (südlich von Demyate bis zum Saro-Abfluß) fallen 75 bis 100 mm/Jahr in ca. 30 Tagen.
- Im südlichen Teil fallen 50 bis 75 mm/Jahr in 11 bis 17 Tagen.

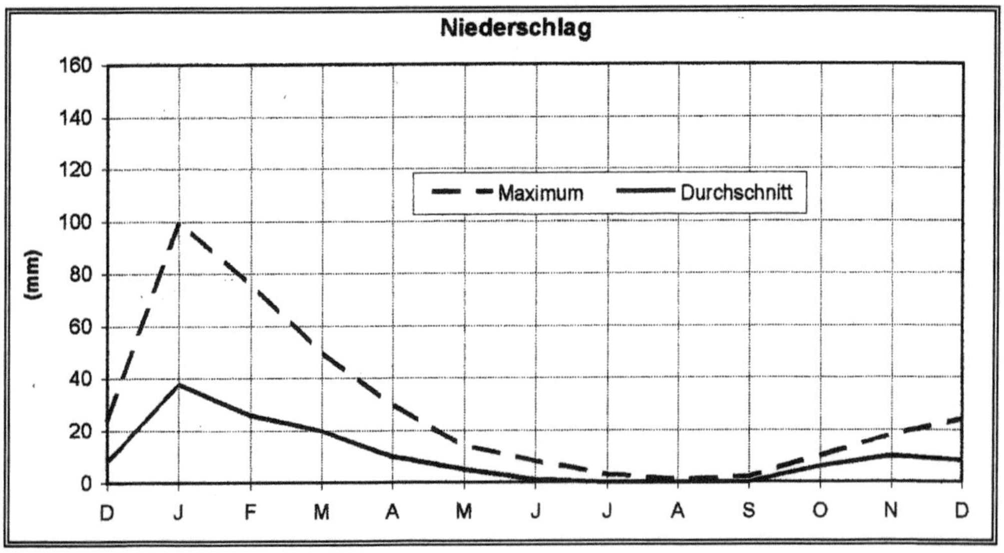

Abbildung 7: Maximale, durchschnittliche Niederschlagsmengen, Demyate (Lit. 4)

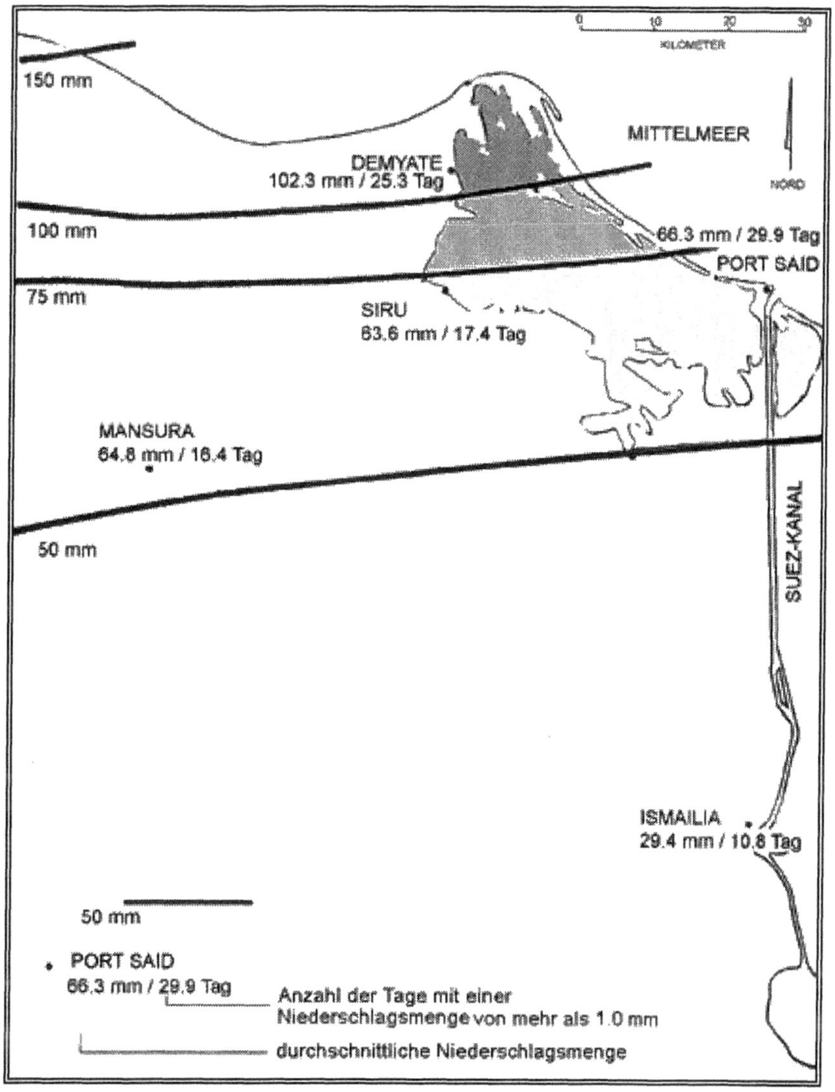

Abbildung 8: Jährliche Gesamtniederschlagsmenge mit der Angabe der Anzahl der Tage bei einem Mindestniederschlag von 1,0 mm (Lit. 22, Volume 7)

Für die ländlichen Siedlungen im Norden spielt der Regen eine sehr wichtige Rolle, er liefert den Bewohnern das Trinkwasser, die Bewässerung der Landwirtschaft und das Grundwasser. In den Sanddünen sammelt sich im Winter das Regenwasser.

1.1.2.3 *Maximal- und Minimaltemperaturen*

Die höchste Temperatur beträgt im August im Durchschnitt 25°C, wobei der absolute Höchstwert bei 32°C und der Tiefstwert bei 21°C liegt. Die mittlere minimale Temperatur beträgt 15°C im Januar. Die absolute Tiefsttemperatur liegt in diesem Monat bei 8°C, die höchste gemessene Temperatur zu diesem Zeitpunkt bei 19°C.

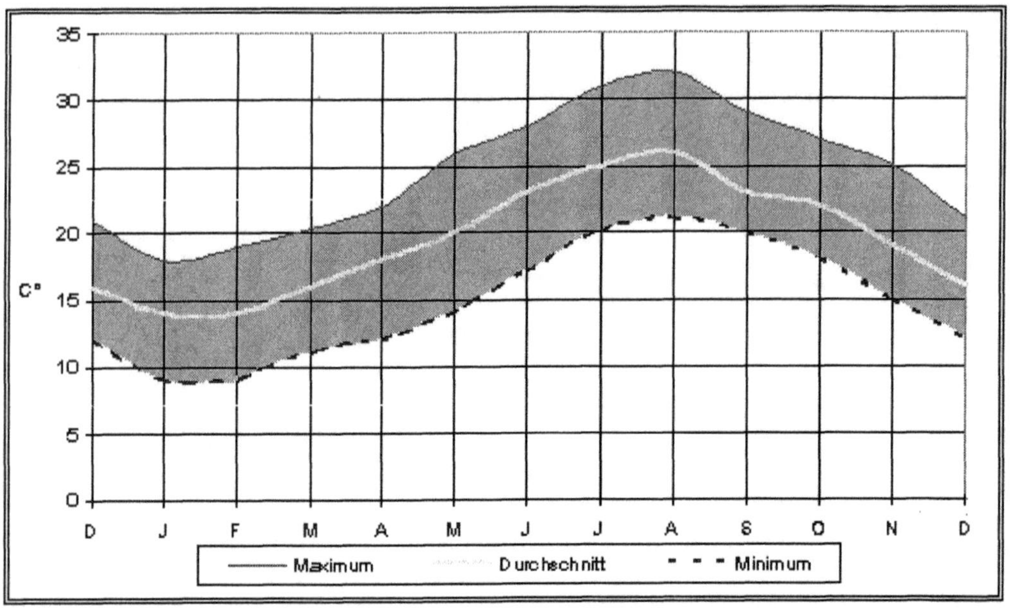

Abbildung 9: Minimale-, Durchschnitts-, Maximaltemperaturen, Demyate

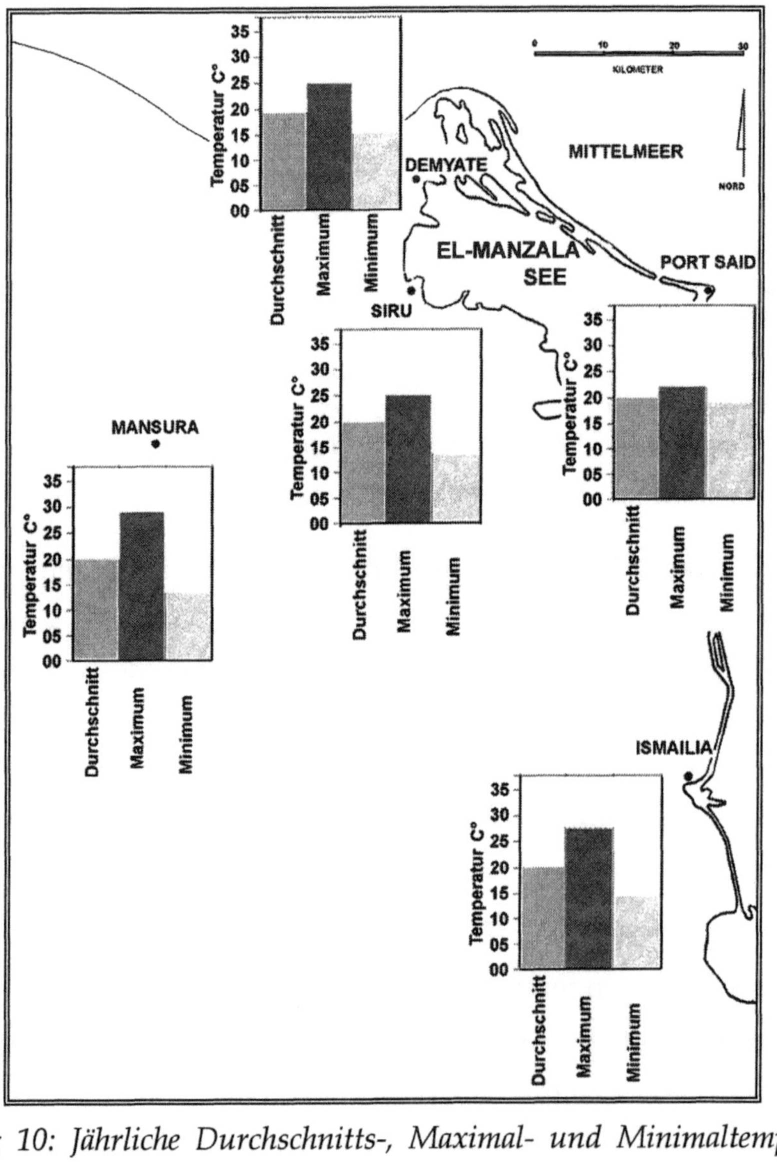

Abbildung 10: Jährliche Durchschnitts-, Maximal- und Minimaltemperaturen (Lit. 22, Volume 7)

1.1.2.4 *Relative Luftfeuchtigkeit*

Die relative Luftfeuchtigkeit des El-Manzala-Gebietes ist ähnlich der der angrenzenden Gebiete gleicher geographischer Breiten. Sie beträgt morgens um 6 Uhr nicht mehr als 80%, sinkt bis 12 Uhr auf 60% und steigt bis 18 Uhr wieder auf 85% (Statistische Angaben liegen nur für vergleichbare benachbarte Gebiete vor) (Lit. 22, Volume 7).

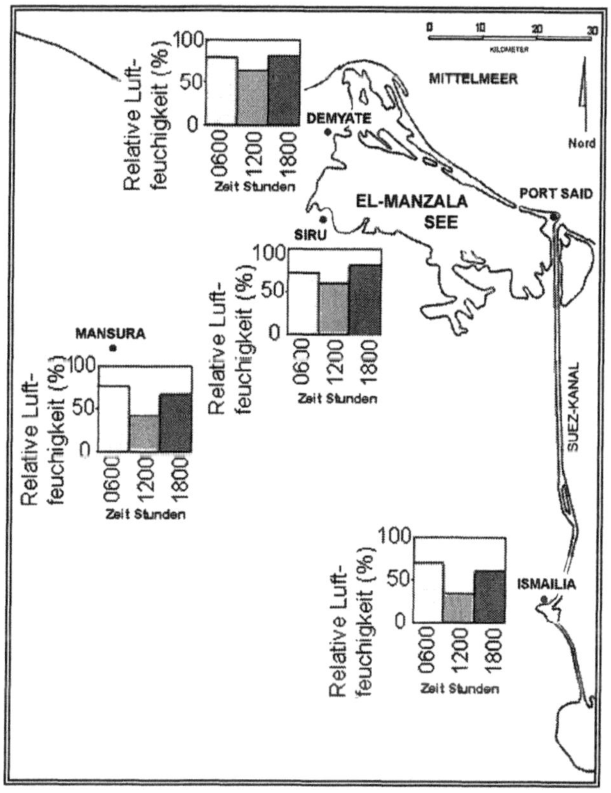

Abbildung 11: Jährliche Durchschnittswerte der relativen Luftfeuchtigkeit (Lit. 22, Volume 7)

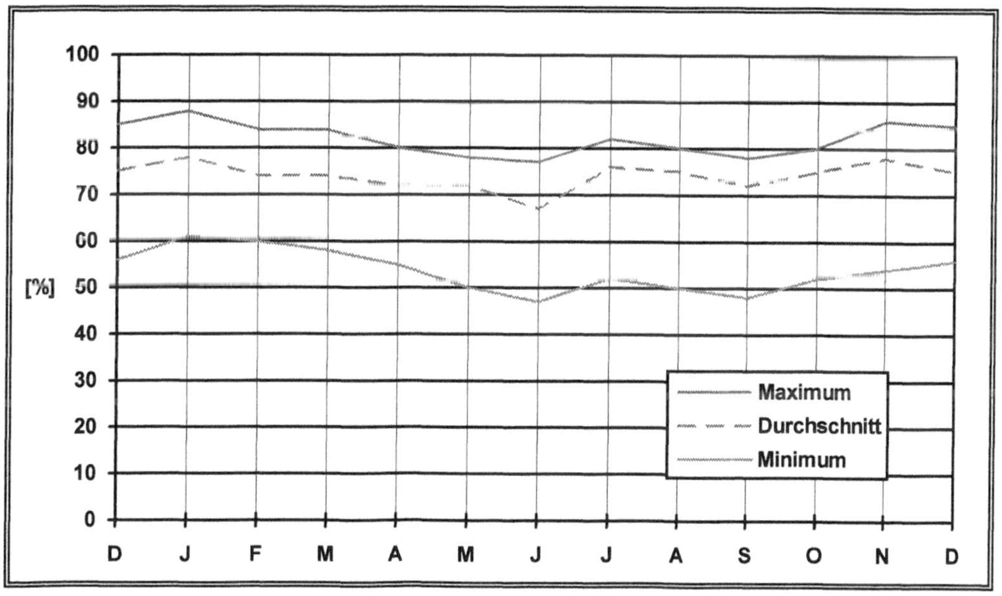

Abbildung 12: Relative Luftfeuchtigkeit: Maximal-, Durchschnitts-, Minimalwerte (Lit. 4)

1.1.3 Die Bewohner des El-Manzala-Gebietes

1.1.3.1 Anzahl und Verteilung

Das Gebiet El-Manzala-See gehört zu 5 Verwaltungsbezirken und besteht aus 234 Siedlungen. Dies entspricht einer Anzahl von 3 500 Großfamilien. (Da die aktuelle Statistik von 1986 stammt, ist die Zahl der Siedlungen als nicht mehr aktuell anzunehmen). (Lit. 22, Volume 10).

Demyata-Stadt wird von 297 630 Bewohnern in 80 Siedlungen gebildet, Port-Said von 284 960 Bewohnern in 9 Siedlungen. Dakahlia besteht aus 80 Siedlungen mit 199 570 Bewohnern, Scharkia mit 10 700 Bewohnern aus 34 Siedlungen und Ismailia in 31 Siedlungen mit 2 640 Bewohnern.

Die Gesamtzahl der Bewohner des El-Manzala-Gebietes beträgt 795 500. Da Demyata und Port-Said mit Ausnahme von El-Kabotie wenige Beziehungen zum Seegebiet haben, werden ihre Zahlen bei der Berechnung der Gesamtzahl nicht berücksichtigt. Die Einwohnerzahl der einzelnen Siedlungen ist stark unterschiedlich, sie schwankt zwischen 100 und 22 641 Bewohnern (Zahl von El-Kabotie in Port-Said). Die Siedlungen an den Zuflüssen (Hados, Ramsis) haben eine durchschnittliche Größe von 1 500 bis 3 000 Einwohnern. Die größte Siedlung (Arab-El-Gaoaita) in dem eigentlichen Untersuchungsgebiet befindet sich am Bahr-El-Bakr-Zufluß und hat 14 404 Einwohner.

1.1.3.2 Bevölkerungswachstum

Wie in ganz Ägypten steigt auch im El-Manzala-Gebiet die Bevölkerungszahl rapide an. In dem Gebiet der drei Zuflüsse (Ramsis, Hadus und El-Baqr) hat die Bevölkerung sich im Zeitraum von 1960 bis 1990 verdoppelt. Die prozentuale Steigerung hat dabei eine ähnliche Entwicklung genommen wie in Gesamtägypten: Sie betrug von 1947 bis 1960 noch jährlich 0,3%, zwischen 1960 und 1976 stieg sie schon auf jährlich 2,7% an. Während Alexandria 1917 noch eine Zuwachsrate von 3,4% aufwies, wuchs diese bis im Jahr 1976 auf 6,3% an. In Kairo nahm die Bevölkerung 1917 mit 6,2% im Jahr zu, im Jahre 1976 bereits mit 13,7% pro Jahr. Rechnet man für das El-Manzala-Gebiet mit einer weiteren jährlichen Vergrößerung von 2,7%, so würde die Bevölkerung bis zum Jahre 2000 um das 1,7-fache zunehmen.

1.1.3.3 *Familienstruktur*

Die Durchschnittszahl für die übliche Familiengröße, die aus Mann und Frau/Frauen sowie Kindern besteht, beträgt 6,82 Personen, unter Einberechnung von weiteren Verwandten 7,08.
Großfamilien können allerdings aus bis zu 20 Personen bestehen. Es ist selbstverständlich, daß eingeheiratete Verwandte (sofern die Familie noch klein ist) in die Familie aufgenommen werden. Ab einer gewissen Familiengröße herrscht die Tendenz vor, daß sich nach der Heirat eine neue Familie abspaltet und an einem anderen Ort weiterlebt. Allerdings sind auch 8% der Jugendlichen, die den alten Familienverband verlassen, noch ledig.
Im Jahre 1981 hat das Ministerium, das für die Planung und Besiedelung der Region zuständig ist, eine statistische Erhebung bei 533 Familien durchgeführt (Lit. 23 Volume 10) und die folgenden Ergebnisse erhalten:

⇒ 91% der Männer sind verheiratet;
⇒ 98% der verheirateten Männer haben nur eine Frau;
⇒ 2% der Männer haben zwei Frauen;
⇒ Es gab in den untersuchten Familien keine einzige Scheidung;
⇒ Bei 24% der Familien wohnen mehrere Generationen im gleichen Haus;
⇒ Bei 11% der Familien wohnen alle Geschwister im gleichen Haus; bei 10% auch weitere Verwandte.

1.1.3.4 *Bildungsniveau*

Aus der schon erwähnten Studie von 1981 gingen für das Bildungsniveau für dieses Gebiet folgende statistische Daten hervor:

- 6% der Gesamtbevölkerung haben die Grundschule besucht.
- 2,6% haben die Mittelschule besucht.
- 2,8% haben Abitur oder einen fachhochschulartigen Abschluß.
- 1,5% haben die Universität besucht, 0,4% davon haben Abschlüsse in verschiedenen Fachgebieten.

Somit ist das Bildungsniveau der erwachsenen Männer in dieser Region vergleichbar mit dem anderer ländlicher Gebiete Ägyptens.
In den traditionellen Gesellschaften der Fischer und Bauern werden die meisten Heranwachsenden soweit in die harte Arbeit der Väter einbezogen, daß sie keine Möglichkeit haben, eine systematische

Ausbildung zu erhalten. Nur wenn die Familie entsprechend groß ist, kann sie es sich leisten, wenigstens einem Kind durch eine entsprechende Ausbildung eine andere Zukunft zu ermöglichen. Von diesem Kind wird dann allerdings auch erwartet, daß es trotz geringen Einkommens Beamter wird. Es hat durch diese Ausbildung nicht mehr die Möglichkeit, den traditionellen Beruf des Vaters zu ergreifen.

1.1.3.5 Berufsstruktur

Die Erhebung des Ministeriums ergab für die Berufsstruktur der im Gebiet lebenden Männer:

- 44,3% arbeiten als Fischer.
- 21,6% sind Bauern.
- 11,6% arbeiten als Händler.
- 6,8% sind Handwerker.
- 15,7% sind Beamte oder Rentner.

Das System der Arbeitsteilung, insbesondere beim Fischen, bringt einen starken Zwang zur Zusammenarbeit mit sich, der durch die starken sozialen Bindungen in den Familienverbänden geregelt wird. In den ländlichen Gebieten von Dakahlia und Demyata werden die Arbeiten, welche die Kräfte der Familie übersteigen, von angemieteten Saisonarbeitern übernommen. Das bringt für die Familie die Belastung durch Lohn- und Ernährungskosten der Arbeiter und für diese wiederum soziale Unsicherheit durch unregelmäßige Arbeitsmöglichkeiten mit sich.
Die Familienstruktur erst ermöglicht das organisierte Hochseefischen mit Netzen, welches den gleichzeitigen Einsatz einer größeren Anzahl Helfer voraussetzt.

1.1.4 Wirtschaftliche Situation

Die in 1.1.3.3 erwähnte Familienstruktur läßt auf eine gering entwickelte Ökonomie schließen.
Wichtige Faktoren zur Beurteilung der wirtschaftliche Situation einer Familie sind Raumzahl ihres Hauses, die verwendeten Baumaterialien, Infrastruktur (Strom, Wasser etc.) und der Besitz von Fischzuchtbecken. Genaue Einkommensangaben sind unmöglich, da an vielen Orten Landgewinnungsprojekte im Gange sind (Abbildung 16), welche die Einkommensstruktur in naher Zukunft stark ändern und wohl auch

verbessern werden. Aus den Fischfarmen stammen immerhin 40% der ägyptischen Fischproduktion, weiterhin werden Reisanbau und Viehzucht durch den Wasserreichtum der Region begünstigt.

Auf Grund einer Untersuchung wurden folgende Daten zur Wohnungssituation, zu Baumaterialien und Infrastruktur gewonnen (Lit. 22, Volume 8) :

- 88,8 % der Befragten besitzen ein eigenes Haus.
- Die restlichen Befragten wohnen in Mietwohnungen mit weniger als 10 ägyptischen Pfund Monatsmiete.
- Unter einem Haus versteht man die einzelnen Räume, welche aus kleinen Einzelbauten bestehen, und dem Hof. Den Einzelbauten sind ganz bestimmte Nutzungen zugeordnet, wie Küche, Schlafen und Wohnen. Die durchschnittliche Wohnraumzahl pro Familie beträgt 3,3 und die Personenzahl 6,8. Dies bedeutet ungefähr zwei Personen pro Raum. Verglichen mit der Bolaq (Stadtviertel in Kairo), welche mit 12-15 Personen pro Raum die dichteste Wohnraumbelegung in Ägypten aufweist, schneidet die El-Manzala-Siedlung gut ab, da 89,7% der Häuser von Familien mit 10 oder weniger Personen bewohnt werden.

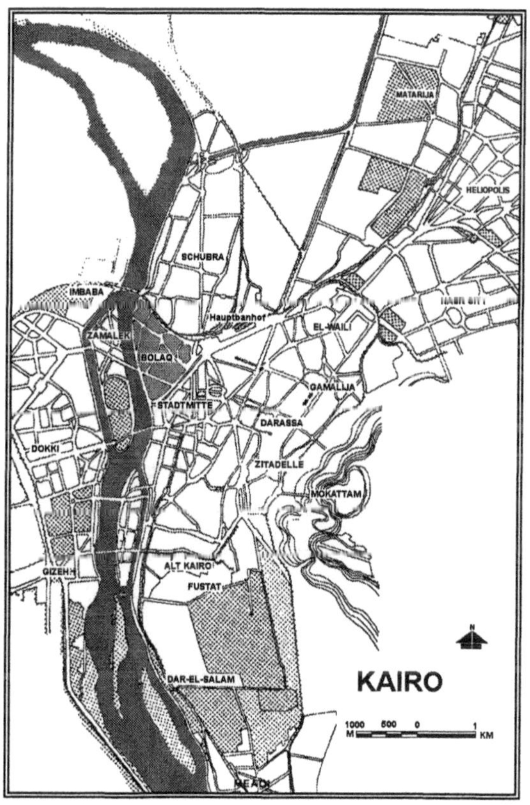

Abbildung 13: Stadtplan von Kairo, Stadtviertel „Bolaq," nördliche Stadtmitte; das Stadtviertel mit der dichtesten Wohnraumbelegung in Ägypten (Lit. 26)

- 88,4% der Häuser haben drei, 6,1% fünf Zimmer. Tatsächlich sind Raumbelegungen bis zu vier Personen pro Raum anzutreffen.
- Je mehr Räume mit speziellen Verwendungen eine Familie besitzt, desto reicher ist sie. (Lit. 22, Volume 8)
- Die meisten Häuser (60,9%) haben ein Schlafzimmer, 26,6% verfügen über zwei und 12,5% über drei getrennte Schlafräume.
- 35,1% haben ein eigenes Wohnzimmer. 57,6% haben ein Wohnzimmer, das auch als Schlafzimmer genutzt wird.
- 19,1% haben ein eigenes Eßzimmer, 84,8% haben keinen Lagerraum. 80,9% der Häuser besitzen einen innen oder außen gelegenen, eigenen Sanitärraum Das WC wird nach Möglichkeit außen und das Badezimmer innen gebaut.
- Von 533 Häuser haben 4 keine eigene Küche, auch wenn sie sich im offenen Hof befindet.
- 63,4% der Häuser haben keinen Trinkwasseranschluß. Die Versorgung erfolgt mit Hilfe staatlicher Wasserkanister, die in entlegenen Gebieten von Händlern mit Booten verkauft werden. 19,7% werden in bestimmten Orten durch Süßwasserkanäle versorgt.
- 53,6% der Häuser haben Stromanschluß, 42,8% benutzen bis heute Kerosinlampen zur Beleuchtung und 52,4% sind mit traditionellen Öfen ausgestattet.
- Die Häuser haben meist eigene Kornkammern, und nur 1,3% der Bevölkerung kaufen ihr Brot auf den städtischen Märkten von El-Manzala oder El-Mataria. (Lit. 22, Volume 8)

Abbildung 14: 63,4% der Häuser haben keinen Trinkwasseranschluß. Die Versorgung erfolgt mit Hilfe staatlicher Wasserkanister, die in entlegenen Gebieten von Händlern auf Booten verkauft werden.

Abbildung 15: Auf den städtischen Märkten von Port-Said, Demyate, El-Manzala oder El-Mataria kauft die Bevölkerung Gips und Zement zum Verputzen der Reethäuser, sowie vor Ort nicht vorkommende Lebensmittel.

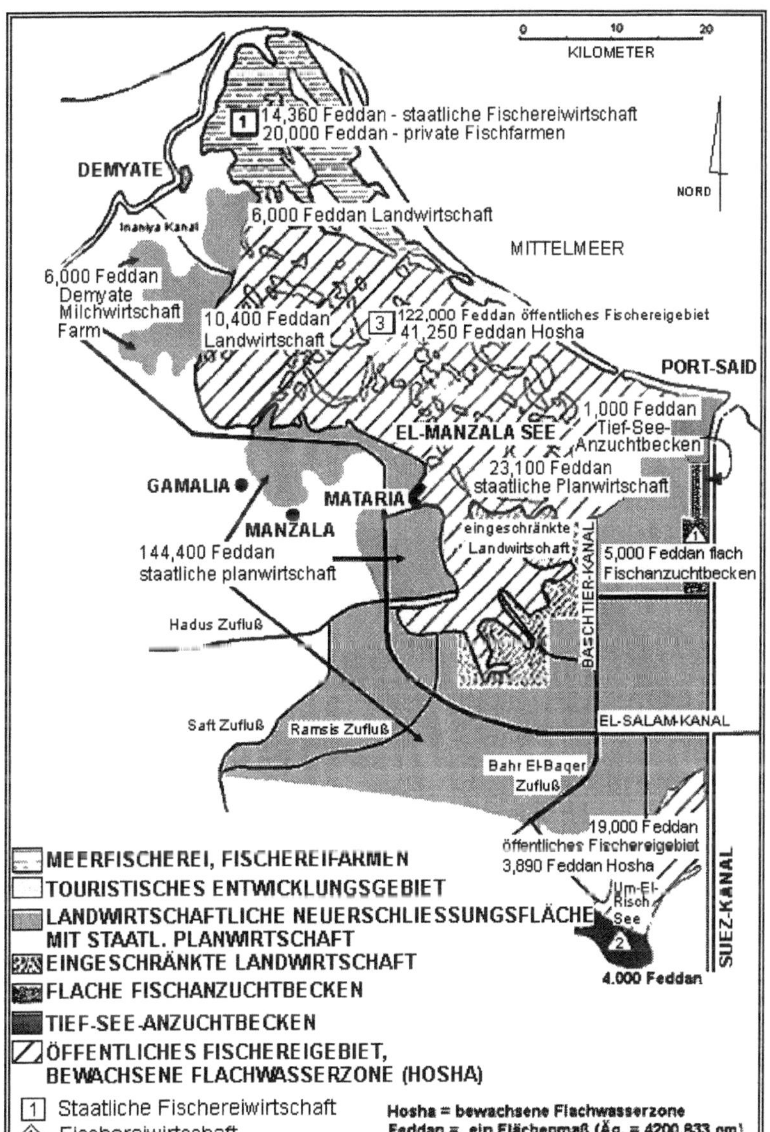

Abbildung 16: Landwirtschaftliche Nutzung und wichtige Erweiterungs- und Entwicklungsgebiete (Lit. 22 Volume 12)

1.1.5 Soziale Situation

Zwei Faktoren haben entscheidende Auswirkungen auf die soziale Struktur der Gesellschaft.

- Die Einwohner stammen aus dem Sinai.

  Das bedeutet, daß sie eine Beduinenmentalität haben, die stark patriarchalisch, also zum Familienoberhaupt hin orientiert ist. Die Familienzugehörigkeit ist für das Identitätsgefühl des Einzelnen entscheidend. Insbesondere beim gemeinsamen Essen werden die Respektbeziehungen der jüngeren zu den älteren Familienmitgliedern deutlich gezeigt.

  Frühes Heiraten innerhalb der Großfamilie (zur Stärkung des Verbandes) ist üblich, und es wird streng auf die Wahrung des Abstandes zu anderen Großfamilien geachtet. Dies drückt sich auch in der Architektur durch die Beachtung bestimmter Mindestabstände zwischen den Häusern aus. 91% der Männer sind verheiratet. Männer heiraten in der Regel ab einem Alter von 18 Jahren, Frauen ab 16 Jahre. Scheidung ist sehr selten, obwohl prinzipiell nicht verboten. Die Familien im El-Manzala-Gebiet sind meist Großfamilien, wobei bei 24% die Töchter mit den Kindern im Elternhaus bleiben, bei 11% sogar alle Nachkommen. Bei 10% leben noch weitere Verwandte im Familienverband. Das Haus der Eltern ist immer das Zentrum, um das sich in der Regel die Nachkommen ansiedeln. (Lit. 22 Volume 10)
- Die Fischerei setzt die Gruppenarbeit als Arbeitsform voraus. Auch bei bäuerlichen Tätigkeiten wird sie angewandt und führt zu Kooperationsgründungen.

1.2 Allgemeine Darstellung des Baustoffes Reet

1.2.1 Biologische Charakterisierung des Baustoffes Reet

1.2.1.1 Namen:

In Ägypten gibt es für das Reet, je nach Region, unterschiedliche Namen. In El-Manzala heißt es „Ghab-Riehi", in El-Kahrga und den El-Dachla-Oasen „Hagn, Hagna, Hagn" wie auch in Sinai und am Mariut-See. In Kairo wird es „Bus, Bus-Chaba, Bus-Bagho und Bus-Hagni", in Oberägypten „Hesch, Kasab-Hiegazi, Hoschnat, Dliesch" und in El-Noba „Taniem" genannt. (Lit. 42)

In der deutschen Sprache ist das Reet unter den Namen „Rohr", „Reet", „Ret", „Reth", „Ried", „Räjde" (Phragmites communis Trin.) bekannt. Für Reetdächer ist das „Rohr" das wichtigste Überdachungsmaterial. In Norddeutschland sagt man dazu „Ried oder Reet", und in Friesland kennt man es als „Räjde". (Lit. 39)

Die botanische Bezeichnung lautet „**Phragmites**".

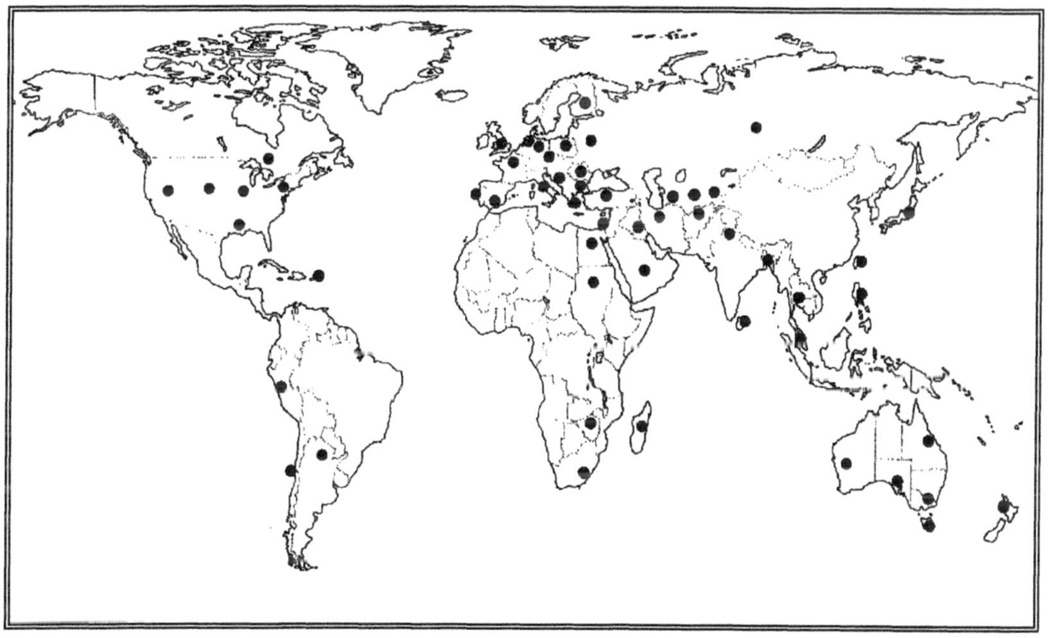

Abbildung 17: Verbreitung von „Phragmites australis" in der Welt

Phragmites hat auf der Welt folgende Namen: (Lit. 28)

Argentinien: canizo - Australien: common reed - Kambodscha: prabos - Sri Lanka: nala-gas - Chile: carrizo - Dänemark: tgror - Finnland: jarviruoko - Frankreich: roseau à balais - Iran: common reed - Irak: qasab - Italien: canna di palude - Malaysia: rumput gedabong - Niederlande: riet - Neuseeland:

phragmites - Norwegen: takror - Peru: cana de India - Philippinen: bugang - Portugal: canico - Spanien: carrizo - Schweden: bladvass - Thailand: or-lek - Türkei: kamis - USA: common reed - Vietnam: say.

1.2.1.2 Reet-Arten :

Es gibt zwei Hauptarten von Reet.

1- „**Phragmites**" (lat.) Phragmites wird unterteilt in drei Sorten : („**P.** Australis" „**P.** Communis" „**P.** Vulgaris"). „**Phragmites Australis**" wird in El-Manzala zum Bauen benutzt.

2- „**Aroundo Donax**" (lat.), englisch „Gaint Reed", ägyptisch „Bus Baldie", „Bus Raschiedie", „Bus Farsie" und „Ghab Romie".

Zwischen den beiden Hauptarten gibt es drei wesentliche Unterschiede:

- Phragmites wächst in Sümpfen, an Seeufern, Bächen und Teichen, Aroundo Donax auf Lehmboden.
- Phragmites hat eine sehr gute Resistenz gegen Feuchtigkeit und Salz, Aroundo Donax dagegen ist anfällig gegen Feuchtigkeit.
- Phragmites hat eine gekrümmte Blüte, Aroundo Donax eine stehende.

1.2.1.3 Biologische Eigenschaften:

Das Reet wächst in Mitteleuropa überall sehr dicht an flachen Ufern stehender oder langsam fließender Gewässer im Küstenbereich, weiterhin in Mooren und Sümpfen.

Betrachtet man Phragmites communis Trin, so zeichnet sich dieses durch eine Höhe von 1.25 bis 4 Meter Wuchs aus und besitzt eine hohe Widerstandsfähigkeit gegen Einflüsse der Witterung und des Klimas. Zugleich stellt sie an den Boden ungewöhnlich geringe Ansprüche. Damit hängt ihr massenhaftes Auftreten und ihr Gedeihen selbst unter ungünstigen Verhältnissen, unter denen die meisten anderen Pflanzen nicht existieren können, zusammen.

Die Reetpflanze gliedert sich in das Wurzelsystem und den Sproß mit den Sproßorganen. Das Wurzelsystem dient der Befestigung der Pflanze im Boden und nimmt das Bodenwasser mit den darin gelösten Mineralsalzen auf. Der Sproß trägt Keimblätter, Sproßknospe, Sproßachse, Laubblätter und Blüten. Die Keimblätter sind kurzlebige Gebilde, sie fallen nach dem Erscheinen der ersten Laubblätter sehr bald ab. Die Sproßknospe ist im Samen und während der Keimung von den beiden Keimblättern umhüllt.

Die zunächst kurze Sproßachse wächst als Halm stark in die Länge und bringt die an ihr entstehenden, aufrecht gerichteten Laubblätter in die günstigste Stellung zum Licht. (Lit. 15)

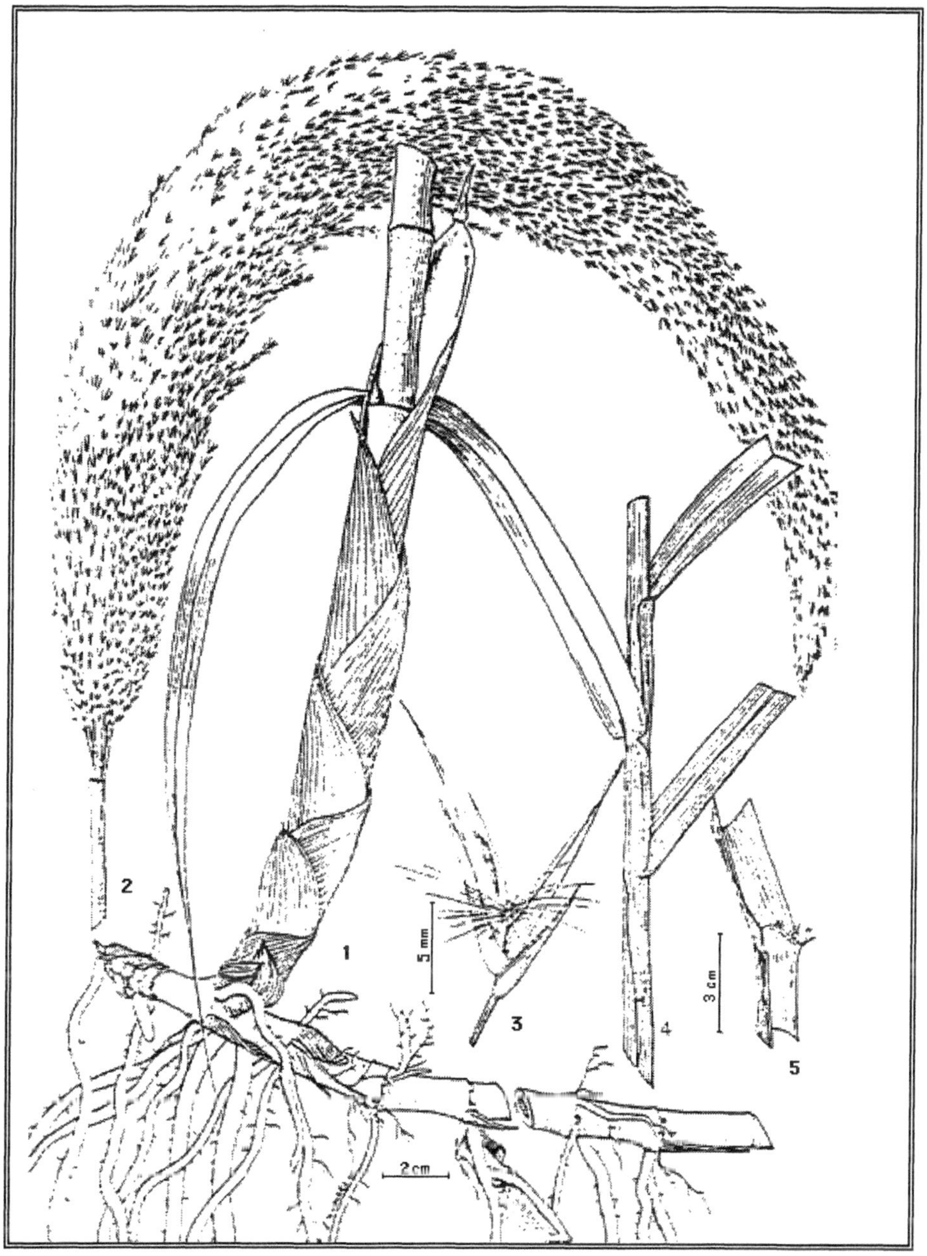

Abbildung 18: Phragmites australis (Cav.) Aufbau eines Reethalmes.
1. Wurzelsystem und Rhizome; 2. Blütenstand; 3. Samen; 4. Halm und Blätter; 5. Blattscheide und Blatthäutchen (Lit. 20)

Die Blätter assimilieren mit Hilfe des Sonnenlichts, des Blattgrüns (Chlorophyll) und der in den Leitungsgefäßen der Sproßachse herangeführten Bodensalzlösung die Bau-, Betriebs- und Reservestoffe des Pflanzenkörpers. Ausgewachsene Sproßspitzen bilden eine große, vielästige rotbraune oder gelbliche, durch lange seidenartige Haare silberglänzende Vereinigung kurzgliedriger Einzelblütenstände, die sogenannten Rispen oder Blütenähren, Organe der geschlechtlichen Vermehrung der Pflanzen. Der zylindrische Halm ist die hohle Sproßachse des Reets. Er ist durch Knoten gegliedert, welche durch massive, äußerlich angeschwollene Gelenke (Halmknoten) verbunden sind und wird vom unteren Teil des Blattes, der sog. Blattscheide, gestützt und gefestigt. Die hohlen Teile sind luftgefüllt. (Abbildung 18)

Die äußere Schicht des Halmes, die Epidermis, besteht aus dickwandigen verholzten Zellen, welche sich aus einer Zone schwächeren oder mittelstarken, verholzten Zellen mit ziemlich dicken Wänden und einer Zone von Zellen kleineren Durchmessers mit dickeren Wänden zusammensetzt. Das Grundgewebe zwischen diesem sclerosen Randgewebe und dem hohlen Zentrum des Halmes besteht aus Zellen größeren Durchmessers, mit dünneren Wänden als die restlichen Zellen des Grundgewebes, und besitzt minimale dreieckige intercellulare Hohlräume zwischen den Zellen. Die Leitbündel (Vascular bundels) des äußersten Kreises, grenzen an den äußeren Bereich des sclerosen Ringes an. Einige der Leitbündel sind mit der Epidermis durch Träger verbunden. Es verbleiben Leitbündel in 2-3 unregelmäßigen Ringen, welche im inneren des Grundgewebes eingebettet sind. In den Leitbündeln befinden sich Siebröhren mit auffallend großen Durchmessern,

Die Pflanze vertrocknet im Winter, da einerseits die Wurzeln ihre Tätigkeit einstellen und andererseits, besonders an windigen Standorten, die Verdunstung der flüssigen Stoffe in den über dem Wasserspiegel befindlichen Teilen zu stark ist. Das Reet wird daher im Winter geerntet. Die Blätter sind dann größtenteils vertrocknet und abgefallen, der Halm hat jedoch seine Elastizität behalten.

Obwohl das Reet an den meisten Stellen des El-Manzala-Sees verfügbar ist, bevorzugen die Bewohner das Reet zum Bauen aus drei bestimmten Orten, und zwar aus El-Baschter, El-Kebliea und El-Ghamza im Nordwesten und Nordosten des El-Manzala-Sees. Sie sind der Meinung, daß das Reet dort stärker sei, weil es weit entfernt von den Wasserstraßen in Ruhe wächst. Wahrscheinlich ist dies mit ein Grund,

weitere Gründe über den inneren Aufbau des Reethalmes sind im Kapitel 2.1.3. erläutert.

1.2.2 Durchgeführte Versuche zu mechanischen Eigenschaften

1.2.2.1 Wuchs und Struktur

Reet als natürlicher Baustoff wächst als Halm. Von einem Wurzelstock aus bleibt der Halm unverzweigt, bis er seine volle Höhe erreicht hat. Die Halme haben ein Dickenzuwachs mit dem Alter, so daß das Alter eines Rohres an seiner Dicke zu erkennen ist. Das Alter wird nach dem Klang und dem Aussehen der Oberfläche beurteilt. (Lit. 23)

Reethalme haben einen kreisrunden Querschnitt und axial eine leicht konische Form. Sie verjüngen sich von der Basis bis zur Spitze ganz allmählich. Kurze Halmformen weisen einen stärkeren konischen Verlauf auf als lange Halmformen. Aus diesem Grund werden die langwüchsigen Stangen als Baumaterial bevorzugt.

Mit zunehmender Höhe wird nicht nur der Durchmesser geringer, sondern auch die Wandstärke der Reetrohre. Der Halm ist charakterisiert durch unten dicht aufeinanderfolgende Knoten, weiter oben am Halm folgen die Knoten in größeren Abständen aufeinander. Die Halmglieder sind hohl. An den Knoten durchsetzen feste, stark verkieselte Scheidewände das Innere. Die Knoten sind die Einfügungsstellen der abgefallenen Scheideblätter. (Lit. 23)

Die Fasern laufen in den Halmgliedern streng parallel und bedingen so die unbegrenzte Spaltbarkeit der Rohre; in den Knoten durchkreuzen sie sich nach allen Richtungen. Die Oberfläche des Reets ist glänzend und glatt, anfangs grün, später gelblich, oder braun bis schwarz, einfarbig oder durch unregelmäßige Pilzflecken punktiert oder getigert oder durch andersfarbige Längslinien gestreift.

1.2.2.2 Problemstellung

Für die Beurteilung der Festigkeit des Reetes und die aus ihm hergestellten Bauteile sind im allgemeinen die mechanischen Eigenschaften von ausschlaggebender Bedeutung. Daher werden vier verschiedene Versuche (Zugversuch, Druckversuch, Biege- und Schlagbiegeversuch) durchgeführt.

Da über die mechanische Eigenschaften von Reet, außer meiner Magister-arbeit, (Lit. 42) die in Ägypten geschrieben wurde, in der Literatur nach meinem Kenntnisstand keine Richtlinien und Prüfverfahren enthalten sind, liegt das Interesse zunächst auf dem verwandten Baustoff „Bambus“, da dieser von Aufbau und Wuchs dem Reet ähnelt, und bereits Untersuchungen vorliegen.

Bambus

a) Festigkeitseigenschaften von Bambus:

Von Massivholz ist bekannt, daß seine mechanischen Eigenschaften von den Wachstumsverhältnissen, Standort, Alter, Schlagzeit, Feuchtigkeitsgrad, usw. erheblich beeinflußt werden und daß selbst innerhalb eines Stammes merkliche Unterschiede auftreten können. Zudem sind Festigkeit und Elastizität parallel und senkrecht zur Faser sehr verschieden. (Lit. 15)

Erst recht sind große Streuungen der Tragfähigkeitswerte bei Bambus zu erwarten, da es sich ebenfalls um ein natürlich gewachsenes Material handelt, mit der Form von Hohlzylindern mit horizontal aussteifenden Knotenscheiben.

b) Zugfestigkeit in Faserrichtung:

Zugversuche mit ganzen Rohrstäben sind zumal dann, wenn jeder Probekörper einen anderen Durchmesser hat und die notwendige Preßfläche der Spannbacken wegen der hohen Holzfestigkeit in Faserrichtung groß sein muß, deshalb schwer auszuführen, weil eine Befestigungsart, die das etwa kreisförmige Rohrstück derart festhält, daß es zerrissen werden kann, ohne an der Einspannstelle zu brechen, wohl kaum zu verwirklichen ist. Es wurden daher zunächst Streifen, in Probenmitte 1 mm dick, 10 mm breit, dem Zugversuch unterworfen. (Lit.15).

c) Druckfestigkeit parallel zur Faserrichtung:

Probenform und Probengröße beeinflussen die Druckfestigkeit. Bei kurzen Probengrößen ist man in der Probenlänge vom Abstand der Knoten abhängig, um deren Einfluß mitzuerfassen.

Es ergab sich etwa das Verhältnis D : H = 1:4, wie z.B. die USA-Standards für die Prüfung der Vollholzprismenkörper vorschreiben (Lit. 15).

d) Biegefestigkeit:

Zur Ermittlung der Biegefestigkeit wurden die Stäbe auf zwei Auflager gelegt, deren Abstand rund 25 mal so groß wie der äußere Durchmesser des geprüften Bambusrohres war, und in der Mitte zwischen beiden

Auflagestellen belastet. Gemessen wurde die Durchbiegung unter bestimmten Lasten, sowie die Kraft, welche den Bruch herbeiführte.

e) Bestimmung der Bruchschlagarbeit:

Es wurden zwei Typen von Proben untersucht. Dem Schlag in der Mitte zwischen den 25 cm voneinander stehenden Auflagern wurde bei dem einen Stab ein Knoten, beim anderen Stab der Schaft zwischen zwei Knoten ausgesetzt. Gemessen wurde die zum Durchschlagen verbrauchte Arbeit (Lit. 15)

Fazit:

Die Erkenntnisse aus der Literatur über Bambus sollen bezüglich der Probenabmessungen bei den eigenen Versuchen Verwendung finden.

1.2.2.3 Die Versuche

In Zusammenarbeit mit dem „Otto-Graf-Institut, Forschungs- und Materialprüfungsanstalt Baden-Württemberg (FMPA), fanden für die Untersuchung der mechanische Eigenschaften des Reets folgende zwei Versuchsreihen statt. (Lit. 27), (Lit. 14), (Lit. 43).

Die erste Versuchsreihe, die Versuche der Druck-, Zug-, Biegefestigkeit und Bruchschlagarbeit bezüglich eines Einzelhalmes, wurde auf der Grundlage meiner Angaben (Literatur, Problemstellung, Anforderungen zum Versuchsprogramm, sowie Probenbeschaffung und -vorbereitung) im Rahmen einer Diplomarbeit (Lit. 27) durchgeführt. Die im Text folgenden Grafiken und Darstellungen wurden auf Grundlage der Versuchsergebnisse der Diplomarbeit erstellt.

Die zweite Versuchsreihe, die Ermittlung des Elaszitätsmoduls und das Verhalten des Reets auf Axialdruck als Bündel, wurde ebenfalls auf Grundlage meiner Angaben und mit meiner Mithilfe von der FMPA in Zusammenarbeit mit dem Institut für Werkstoffe im Bauwesen (IWB) die Universität Stuttgart" durchgeführt (Lit. 43).

- **Versuchsmaterial und Kennzeichnung:**

Es standen als Versuchsmaterial Reethalme vom Typ „Phragmites" zur Verfügung. Die Reethalme wurden nach dem Abschlagen ca. sechs Monate frei von Feuchtigkeit, um möglichst gleiche Ausgangsbedingung für die statischen Versuche zu haben, in einem trockenen Lagerraum bei ca. 20° C (Raumtemperatur) aufbewahrt. (Lit. 27)

Um die einflußnehmenden Faktoren wie zum Beispiel Feuchtigkeit und Wuchsform beurteilen zu können, wurden die Versuchskörper wie nachfolgend gegliedert. (Abbildung 19)

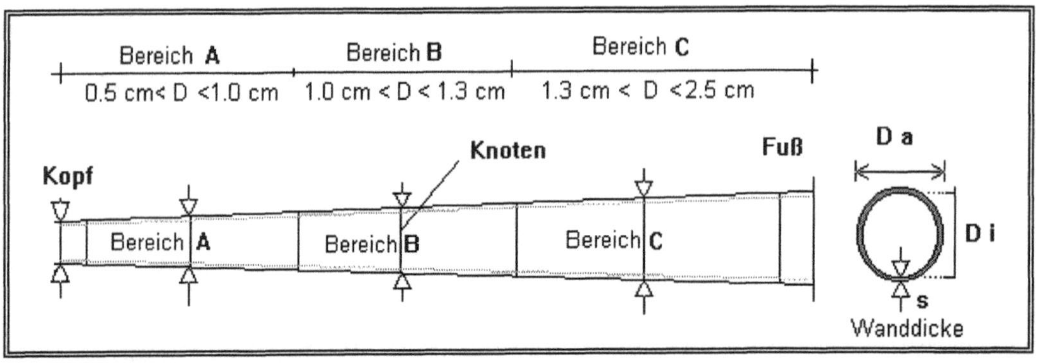

Abbildung 19: Markierung der Einteilung des Reethalmes

∗ **Einteilung des Reethalmes nach Bereichen**

Der Rohrquerschnitt hat im ganzen Halm weder einen gleichbleibenden Durchmesser noch eine gleichbleibende Wanddicke. Daher wurden die Versuchsstäbe in drei unterschiedliche Bereiche eingeteilt.

Bereich A - dünner Bereich - : 0.5 cm ≤ Da ≤ 1.0 cm

Bereich B - mittlerer Bereich - : 1.0 cm ≤ Da ≤ 1.3 cm

Bereich C - dicker Bereich - : 1.3 cm ≤ Da ≤ 2.5 cm

∗ **Festlegung der Probentypen**

Um bei Reet die Festigkeiten plausibel ermitteln zu können, wurden die zwei unterschiedlichen Probentypen (1) und (2) festgelegt.

1- Proben ohne Knoten

2- Proben mit Knoten in der Mitte

Dadurch wird gewährleistet, daß der Einfluß der Knoten bei den Festigkeiten mitberücksichtet wird.

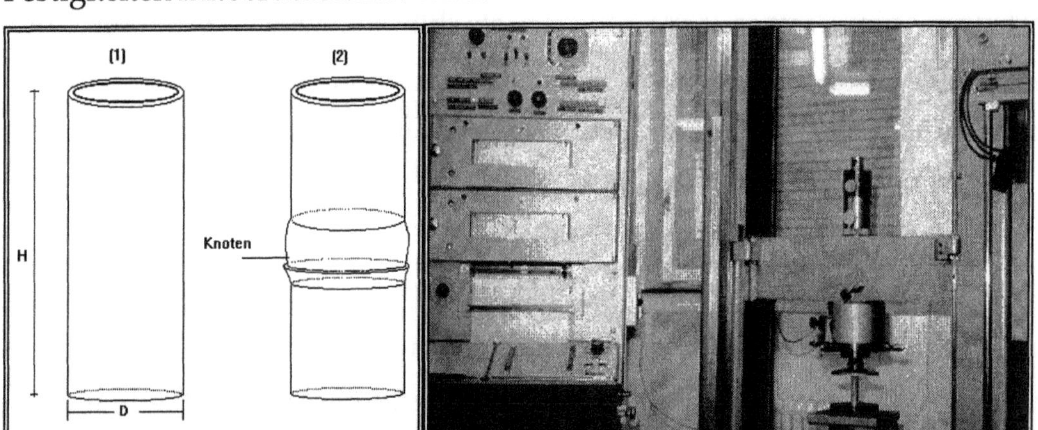

Abbildung 20: Typen der Probenkörper und Aufbau für den Druckversuch

*** Gewählte Feuchtezustände der Proben**

Um die Abhängigkeit der Festigkeiten von dem Feuchtigkeitsgehalt zu bestimmen, wurden die drei Feuchtezustände 1), 2) und 3) der Proben ausgewählt:

1. Normalzustand (sechs Monate Raumtemperatur): 11,8 Vol.-% Feuchtegehalt.
2. Wassergesättiger Zustand: 130 Vol.-% relativer Feuchtegehalt.

Die Proben wurden hierzu für 72 Stunden in Wasser gelagert. Danach kann man von einem wassergesättigten Zustand ausgehen. Anschließend wurden die Proben mit einem Lappen leicht abgetrocknet. Direkt im Anschluß daran wurden die Versuche mit diesen wassergesättigten Proben durchgeführt.

3. Darrzustand (rückgetrocknet bei 105°C bis zur Massenkonstanz): 4,8 Vol.-% Feuchtegehalt.

Die Proben wurden zunächst im Trockenofen bei 105°C für 72 Stunden rückgetrocknet und dann innerhalb von 2-4 Stunden getestet.

Da in der Zeit zwischen der Entnahme der Proben aus dem Ofen und den Versuchen durch die Lagerung im normalen Raumklima die Proben wieder Feuchtigkeit aus der Umgebung aufnehmen, lag die Feuchtigkeit über 0 Vol.-%.

Die Messungen nach 6 Stunden ergaben eine Wasseraufnahme von 7,9 Vol.-%; nach 12 Stunden wurde ein Wassergehalt von 10,0 Vol.-% gemessen. Auf der Grundlage der eben genannten Werte ergibt sich ein gemittelter Wert der Wasseraufnahme für 4 Stunden auf ca. 4,8 Vol.-%.

*** Systematik der Probenkennzeichnung**

Nach den in den vorherigen Abschnitten definierten Bereichen ergeben sich 3 (Bereiche) mal 2 (Typen) mal 3 (Feuchtezustände) Proben. Um eine ausreichende Versuchsanzahl zu erhalten, wurden pro Konstellation 6 Wiederholungen durchgeführt und anschließend der Mittelwert gebildet. Insgesamt ergab sich hiernach ein Versuchsprogramm mit 108 zu testenden Proben pro Versuchsart. Die einzelnen Proben wurde gemäß der nachfolgenden Systematik gekennzeichnet.

Systematik:

X für Zustand der Proben :

(**N**: Normalzustand, **W**: Wassergesättigter Zustand und **D**: Darrzustand)

Y für Bereiche der Proben :

(**A** Dünner Bereich, **B**: Mittlerer Bereich und **C**: Dicker Bereich)

Z für Probentypen :

(**1**: Proben ohne Knoten und **2**: Proben mit Knoten in der Mitte)

n für laufende Probennummer: 1 bis 6

Beispiel : N A 1.1, N A 2.1

- **Versuchsapparatur:**

* Prinzipieller Aufbau der Versuchsmaschine für Zug-, Druck-, und Biegeversuch

Die Versuchsmaschine bestand im wesentlichen aus einer Universal-Prüfmaschine der Firma Zwick, Ulm, mit Steuerung und integriertem X-Y-Schreiber, die im Prüfraum der Otto-Graf-Institut, Referat Holz fest installiert ist.

* Belastungsgeschwindigkeit

Die Belastung wurde bis zum Bruch der Proben gleichmäßig weggesteuert mit einer Geschwindigkeit für den Zug-, Druck-, Biegeversuch von 1 mm/min aufgebracht.

* Versuchsaufbau für den Schlagbiegeversuch

Zur Ermittlung der Schlagbiegefestigkeit werden in der Literatur Prüfmaschinen und Verfahren verschiedener Art verwendet. Teils arbeitet man mit Pendelschlagwerken, teils mit Fallhammerschlagwerken. Beim Deutschen Normverfahren (DIN 52189) wird ausschließlich der Pendelhammer benutzt.

Bei den hier durchgeführten Versuchen wurde ein älteres Pendelhammerwerk der Firma Louis Schopper, Leipzig, herangezogen, das wie folgt beschrieben werden kann :

Arbeitsinhalt	60 cmkp
Gesamtgewicht der pendelnden Masse	0,933 kg
Fallhöhe des Schwerpunktes	643 mm
Abstand des Schwerpunktes von der Pendelachse	331,5 mm
Abstand der Schneidemitte von der Pendelachse	390 mm
Zeit für 100 Doppelschwingungen	168 sek

- **Gewählte Versuchskörper :**

* Zugversuchsproben

Es wurde zunächst versucht, die Zugversuche an ca. 27 cm langen Reetstücken durchzuführen, die direkt in die Klemmbacken der Prüfmaschine eingespannt wurden. Da dies zu unerwünschten Einspannbrüchen führte, wurden verschiedene Möglichkeiten probiert, um die Gefahr eines Bruches an der Einspannstelle zu verringern.

Schließlich mußte auf dünne Streifen mit verbreiterten Einspannbereichen (sog. Schulterproben) zurückgegriffen werden. (Lit. 27)

Über ähnliche Erfahrungen berichtet der Verein Deutscher Ingenieure Heft 131 in „Mitteilungen über Forschungsarbeiten für Bambus" (Lit. 35), (Lit.15) bei Zugversuchen an Bambus.

– Vorüberlegungen zur Bestimmung der Zugfestigkeit (Problematik der Einspannbrüche):

Es besteht die Einwirkung von starken Klemmkräften (Querkräften) auf den Prüfstab im Bereich der gesamten Einspannlänge. Diese sind erforderlich, um bei Einwirken der Zugkraft F ein Herausrutschen des Probestabes aus der Einspannung zu verhindern. (Abbildung 21 links)

– Definition des Einspannbruches:

Als Einspannbruch bezeichnet man den Bruch eines Prüfstabes (Zugprobe) innerhalb des Klemmbereiches oder in unmittelbarer Nähe der Klemmbacken.

Um an der Einspannstelle hinreichend große Presskräfte ausüben zu können, ohne den Prüfstab an den Einspannstellen zu zerquetschen, wurden die Endquerschnitte der Prüfstäbe künstlich verstärkt.

Hierzu wurden PVC-Rohre (als Hülsen) längs aufgeschlitzt und mit Epoxidharz vergossen. Zuvor wurden sie innen mit Teflon-Spray (zur Vermeidung späterer Verklebung) ausgespritzt. Um die Reibungskräfte zwischen Epoxidharz und Außenfläche des Prüfstabes zu vergrößern, wurden die Enden des Reets aufgerauht. Gleichfalls wurde auch das Innere des Querschnittes mit Epoxidharz ausgegossen (Abbildung 21 rechts).

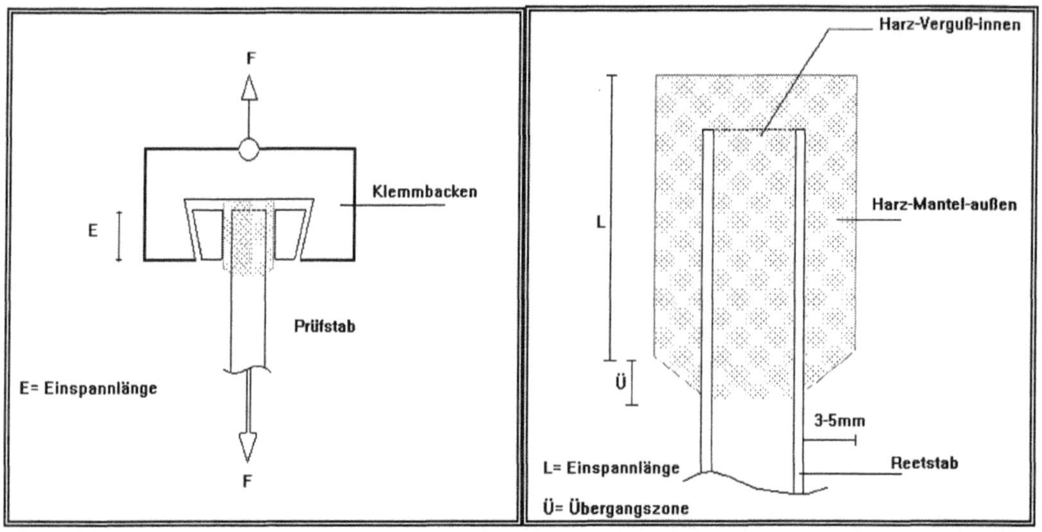

Abbildung 21: Einspannvorrichtung mit Klemmbacken, (links) Verstärkung des Einspannbereiches des Teststabes beim Zugversuch (rechts).

Bei den Vorversuchen wurden entweder die Stäbe infolge zu geringer Haftung zwischen dem Epoxidharz und dem Reetstab herausgezogen oder der Harzpfropfen zerquetscht. (Abbildung 22)

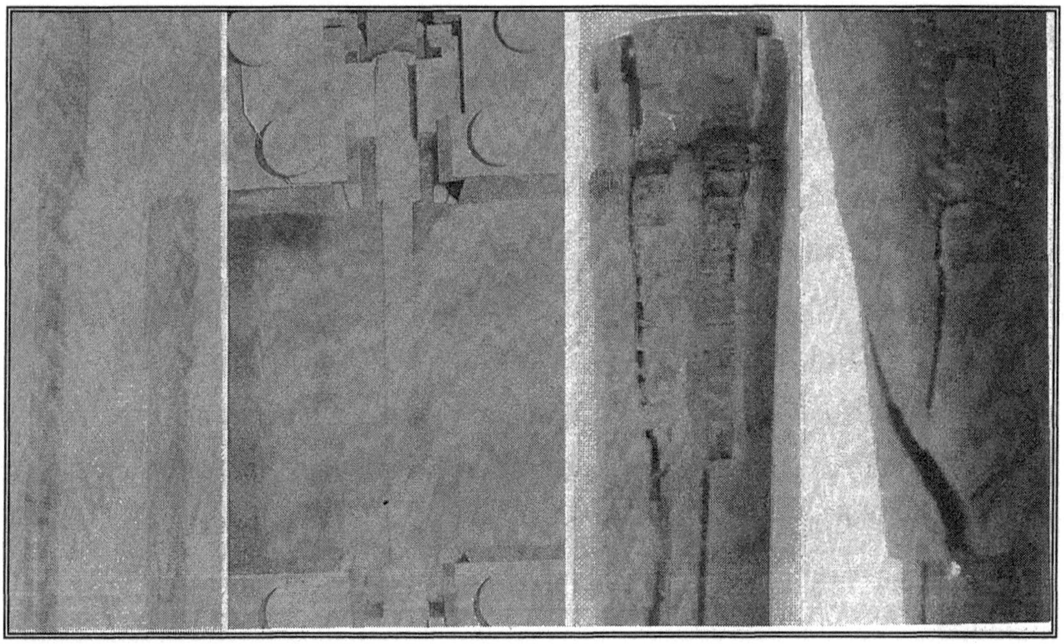

Abbildung 22: Zugversuch an Stabproben mit verstärkten Endquerschnitten
linke Hälfte: präparierter ganzer Stab mit Harzpfropfen aus Epoxidharz vor dem Versuch, mit und ohne Knoten
rechte Hälfte: Stab mit zerquetschem Harzpfropfen; aus Epoxidharz herausgezogener Reetstab beim Zugversuch

Nach etlichen mißlungenen Versuchen bewährte sich als Probenform ein Rohrwandstreifen. Dieser Streifen wurde dann dem Zugversuch unterworfen.

– Endgültige Probenabmessung

Für den Probestreifen wird vom Reethalm ein Rohrwandstreifen abgesägt, welcher im mittleren Bereich (Bereich F) verschmälert wird. Der Probestreifen besteht somit aus der „freien Länge" und den beiden „Einspannenden". In Abhängigkeit von den Knotenabständen, die durch den natürlichen Wuchs des Reets bedingt sind, und von den Klemmbacken der Prüfmaschine, wurde die Länge der Einspannenden auf 3 cm festgelegt. (Abbildung 24)

Abbildung 23: Versuchsaufbau Zugversuch

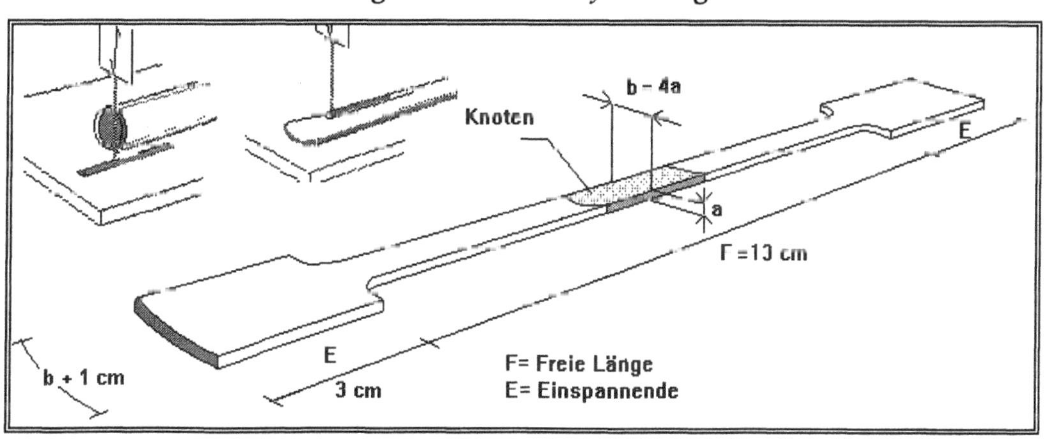

Abbildung 24: Stabprobenform und Maße der Probekörper beim Zugversuch

∗ Druckversuchsproben

Die Abmessungen der Druckproben sind in Anlehnung an die Literatur über Versuche von Holz (Lit. 8) und dem Forschungsbericht über Bambus (Lit. 15) festgesetzt worden. Probenform und Probengröße beeinflussen die Druckfestigkeit (Lit. 15). Bei kurzen Reetrohren ist man dann, wenn man den Einfluß der Knotenscheidewände miterfassen will, in der Probenhöhe vom Abstand der Knotenscheidewände abhängig.

Es ergab sich etwa das Verhältnis D:H 1:4, das z.B. die USA-Standards für die Prüfung der Vollholzprismenkörper vorschreiben (Lit. 15).

H:D = 4 entspricht einem Schlankheitsgrad vom $\lambda = 13{,}9$ wobei noch keine Abminderung der Druckfestigkeit durch Knicken zu befürchten ist. (Lit. 8)

Eine rechnerische Überprüfung des Schlankheitsgrades beim Ringquerschnitt (in Abhängigkeit von Außen- und Innendurchmesser) ergab ein $\lambda \approx 13{,}0$. Auch hier kann eine Abminderung der Druckfestigkeit ausgeschlossen werden.

Der Schlankheitsgrad λ wurde nach den folgenden Beziehungen berechnet.

(1) $$\lambda = \frac{S_k}{i}$$

mit (2) $$i = \sqrt{\frac{I}{A}}$$

(3) $$I = \frac{\pi}{64} * (D_a^4 - D_i^4)$$

Für die Probe NA 1.1 mit den Abmessungen:

D_a = 6,10 mm; D_i = 4,40 mm; A = 14,03 mm² (A) die Stabquerschnittsfläche in [mm²], ergibt sich aus den Gleichungen (1) bis (3) mit I = 49,57 und i = 1,88 ein λ-Wert von $\lambda = 13{,}0$.

∗ Biegeversuchsproben

Die Biegefestigkeit eines Balkens hängt außer von der Größe seines Querschnitts und dessen Form auch von dem Verhältnis der Auflagerentfernung zur Querschnittshöhe der Probenkörper ab.

Für die Biegeversuchsproben wurden aufgrund der Knotenabstände und in Anlehnung an die DIN 52186 (Biegeversuch für Holz) eine Gesamtlänge von L = I + 3 * D (I = 15 * D) festgelegt. (Lit. 27)

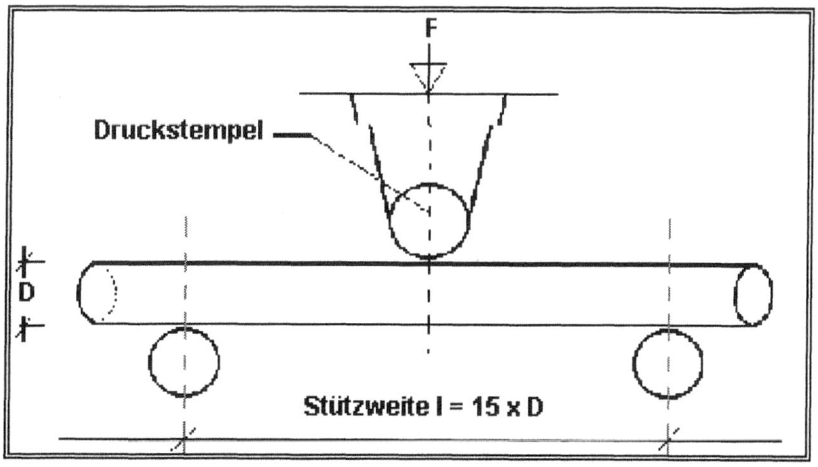

Abbildung 25: Versuchsaufbau Biegeversuch

* **Schlagbiegeversuchsproben**

In Bezug auf die Abmessungen der Probenkörper ist im Hinblick auf das Prüfergebnis in Analogie zum Biegeversuch der Einfluß des Verhältnisses der Stützweite zur Stabhöhe von besonderem Interesse. In Abhängigkeit von der Auflagerlänge und der Stützweite der Versuchseinrichtung (Pendelhammer) ergaben sich die Probenabmessungen zu l = 14 cm.

1.2.2.4 Versuchsprogramm

- **Maßgebende Materialparameter:**

Die Rohdichte und der Feuchtigkeitsgehalt beeinflussen die meisten Gebrauchseigenschaften des Holzstoffes, wie zum Beispiel Festigkeitseigenschaften, Aufnahmefähigkeit von Schädlingsschutzmitteln, Entflammbarkeit, Bearbeitbarkeit usw. (Lit. 8)

* **Rohdichte**

Ausgedrückt wird die Rohdichte als Verhältnis der Masse zum Rauminhalt (Volumen) eines Probekörpers.

Während das Körpergewicht einfach und mit ausreichender Genauigkeit gewogen werden konnte, stieß die Ermittlung des Körpervolumens der Reetproben (insbesondere bei denen mit Knoten) auf gewisse Schwierigkeiten. Da bei den relativ kurzen Proben die Änderungen des Durchmessers vernachlässigbar sein können, wurde für die Berechnung des Volumens der Proben mit dem mittleren Durchmesser des Probenstückes gerechnet und der Einfluß des Knotens vernachlässigt.

Die Rohdichte wurde für jede zu untersuchende Probe bestimmt. Hierfür wurde das Volumen anhand der Abmessungen der sauber bearbeiteten und rissefreien Proben, die mit der Schieblehre auf 0,1 mm genau bestimmt wurden, errechnet. Die Massen wurden mit einer Feinwaage vom Typ Sanotorius Laboratory mit einer Genauigkeit von 0,1 g gemessen. Daraus ergab sich die Rohdichte zu:

(1) $$\delta_u = \frac{m}{V} \qquad [\ g / cm^3\ ]$$

mit (1a) $$V = A * L$$

(1b) $$A = \frac{(D_a^2 - D_i^2) * \pi}{4} \qquad [\ cm^2\ ]$$

m Masse vor dem Versuch im Versuchszustand in [g]

D_a, D_i Außen- bzw. Innendurchmesser in [cm]

L Probenlänge in [cm]

* **Feuchtigkeitsgehalt**

Der Feuchtigkeitsgehalt (u) ist die Differenz aus der Masse der feuchten (m_U) und der getrockneten Probe (m_T) bezogen auf die Trockenmasse. Er wird in Prozent angegeben.

Die Ermittlung des Feuchtigkeitsgehaltes erfolgte nach der Darrmethode gemäß DIN 52183-Prüfung von Holz, Bestimmung des Feuchtigkeitsgehaltes. Dazu wurden die Proben im Trockenofen rückgetrocknet. Die Temperatur im Trockenofen betrug 105°C. Nach Entnahme aus dem Ofen wurde die Masse m_T der wasserfreien Proben mit einer Feinwaage vom Typ Santorius Laboratory mit einer Genauigkeit von 0,1g bestimmt.

Der Feuchtigkeitsgehalt (u) wurde nach der folgenden Beziehung berechnet.

mit (2) $$u = \frac{m_u - m_T}{m_T} * 100 \quad [\%]$$

m_U Masse der feuchten Probe in [g]

m_T Masse der wasserfreien (darrtrockenen) Probe in [g]

- **Zugversuch**

Beim Zugversuch wird ein Probestab reiner statischer Zugbeanspruchung unterworfen, wobei sich der Stab unter der Einwirkung steigender Zugkräfte ständig längt, bis er bei einer bestimmten Belastung reißt. Die Belastung der Querschnittseinheit des Probenstabes wird als Spannung σ bezeichnet und im allgemeinen in [N/mm^2] angegeben. Die Verlängerung ΔL wird auf die Meßlänge des Probenstabes L_o bezogen und als Dehnung ε bezeichnet.

Es ist somit:

(3) $$\sigma = \frac{F}{A} \quad \left[N/mm^2 \right]$$

(4) $$\varepsilon = \frac{\Delta L}{L_0} * 100 \quad \%$$

Wobei F die Zugkraft in [N] und A die Stabquerschnittsfläche in [mm^2] darstellt.

* **Probenherstellung:**

Es wurden fehlerfreie, glatte Streifen von zwei verschiedenen Typen (Proben ohne Knoten und mit Knoten) verwendet.

Um zu vermeiden, daß der Bruch der Probenstäbe an den Einspannstellen erfolgt, erhielten sie an den Enden der Stabköpfe einen wesentlich vergrößerten Querschnitt. Die Probenoberflächen im Bereich des kleinsten Querschnitts wurden mittels Schleifpapier so eben und glatt gemacht, daß die Bestimmungen der Maße (Probenbreite und Probendicke) auf 0,1 mm Genauigkeit möglich war. Die Proben wurden so bearbeitet, daß gegenüberliegende Flächen planparallel, benachbarte Flächen zueinander rechtwinklig waren und die Faserrichtung des Reets einen parallelen Verlauf zu der Längsachse hatte.

* **Versuchsdurchführung**

Die Bestimmung der Zugfestigkeit erfolgte in einer Prüfmaschine mit beweglich gelagerten Einspannvorrichtungen. Die Stabköpfe wurden mit Hilfe von Beißkeilen befestigt. Dabei wurden zuerst die oberen Beißkeile fixiert, die Probe lotrecht ausgerichtet und anschließend erst unten und dann oben festgeklemmt.

- **Druckversuch**

Der Druckversuch diente zur Bestimmung der Festigkeiten des Reets bei einachsiger Druckbeanspruchung.

Dabei wurde die Probe langsam und stetig gestaucht und die für die Verformung aufzuwendende Kraft gemessen. Nach Ermittlung der Querschnittsabmessungen wurden aus der daraus errechneten Probenquerschnittsfläche A in [mm^2] und der bei dem Versuch festgestellten Höchstlast F_{max} in [N] die Druckfestigkeit $\sigma_{D\,II}$ jeder Probe nach der folgenden Beziehung bestimmt.

(5) $$\sigma_{D\,II} = \frac{F_{max}}{A} \qquad [\ N / mm^2\ ]$$

mit (6) $$A = \frac{(D_a^2 - D_i^2) * \pi}{4} \qquad [\ N / mm^2\ ]$$

(7) $$Di = Da - 2 * S \qquad [mm]$$

S Wanddicke in [mm]

- **Biegeversuch**

Ähnlich der Druckfestigkeit in Faserrichtung kommt der Biegefestigkeit und damit deren Ermittlung erhöhte Bedeutung zu. Dies rührt in erster Linie daher, daß man eine reine Zug- bzw. Druckbeanspruchung in der Praxis selten findet, während eine Beanspruchung auf Biegung verhältnismäßig häufig auftritt.

Beim Biegeversuch werden bei der gewählten Versuchsanordnung (eine in Balkenmitte wirkende Einzellast) die maximale Randspannungen σb wie folgt ermittelt mit:

(8) $$\sigma b = \frac{Mb}{W} = \frac{F_{max} * L_s * 8 * Da}{\pi * (D_a^4 - D_i^4)} \qquad [\ N/mm^2\ ]$$

(9) $$Mb = \frac{F_{max} * L_s}{4} \qquad [Nmm]$$

(10) $$W = \frac{(D_a^4 - D_i^4)}{Da} * \frac{\pi}{32} \qquad [\ mm^3\ ]$$

M_b	Biegemoment
W	Widerstandsmoment
F_{max}	aufgebrachte Belastung in [N]
L_s	Stützweite in [mm]
D_a, D_i	Außen-, Innendurchmesser in [mm]

* **Probenherstellung**

Es wurden zwei verschiedene, fehlerfreie Probentypen verwendet. Einer ohne Knoten und einer mit Knoten in der Mitte, deren Länge L = I + 3* D (I = 15 * D als Stützweite) betrug. Die Proben wurden mit einer Gattersäge gesägt. Bei ihrer Herstellung wurde beachtet, daß die Rohrabschnitte geradlinig waren.

* **Versuchsdurchführung**

Die Proben wurden als frei aufliegende Einzelfeldträger mit einer Einzelkraft (Druckstempel) in Feldmitte senkrecht zur Rohrachse beansprucht. Die Auflager waren Halbzylinder, wobei einer fest, der andere verschiebbar war. Um örtliche Verdrückungen auf ein Mindestmaß herabzusetzen, wurden zwischen Druckstempel und Probenkörper sowie zwischen Probekörper und Auflager Filzstreifen eingelegt. Die Proben wurden weggesteuert und stoßfrei bis zum Bruch beansprucht.

- **Schlagbiegeversuch**

Der Schlagbiegeversuch dient Untersuchungen über die dynamischen Festigkeitseigenschaften. Diese gelten hauptsächlich dem Widerstand gegenüber einer schlagartig auftretenden Biegebeanspruchung.

* **Probenherstellung**

Verwendung fanden wiederum zwei verschiedene, fehlerfreie Probentypen (ohne und mit Knoten in der Mitte) von je 14 cm Länge. Die Rohrabschnitte wurden mit einer Bandsäge gesägt, dabei wurde auf Planparallelität der Außenflächen zur Rohrachse geachtet.

* **Versuchsdurchführung**

Während beim statischen Biegeversuch die Belastung bis zur Bruchlast langsam und stetig gesteigert wird, trifft beim Schlagbiegeversuch der Pendelhammer mit einem Energieinhalt von 60 cmkp auf die Mitte des Probenstabes.

Der Probenstab wurde symmetrisch so an die 7 cm voneinander entfernten Widerlager des Pendelschlagwerkes angelegt, daß die Hammerschneide auf die radiale Fläche des Stabes traf und den Stab durchschlug.

Die Zerstörung des Probenstückes erfolgte durch einen einzigen Schlag. Dem Schlag wurde zum einen ein Knoten, bei der anderen Probe, der Schaft ausgesetzt. Nach der Zerstörung des Probenstückes konnte aus der Aufschwinghöhe des Hammers, die durch einen Schleppzeiger angezeigt wurde, an einer geeichten Skala, die zum Durchschlagen benötigte Arbeit unmittelbar abgelesen werden. Die Ermittlung der Bruchschlagarbeit mit dem Pendelhammer war rasch durchführbar.

Um die vom Probenstab aufgenommene Schlagbiegearbeit (ω) zahlenmäßig zu bestimmen, wurde die zum Durchschlagen benötigte Arbeit (W_0) durch den vor dem Versuch ermittelten Probenquerschnitt (A)

geteilt. Die Bruchschlagarbeit (ω) wurde auf kJ/m² nach der folgenden Beziehung umgerechnet:
mit

$$\omega = \frac{W_o[cmkp]}{A[mm^2]} * 98{,}1 \left[\frac{\text{kJ}}{\text{m}^2}\right] \quad (11)$$

$$W_o \ [\ cmkp\ ]$$

$$1cmkp = 0{,}0981\,[Nm] = 0{,}0981 \quad [J]$$

$$A = \frac{(D_a^4 - D_i^4) * \pi}{4}[\ mm^2\ ] \quad (11a)$$

ω Bruchschlagarbeit des Rohres in [kJ/m²]

W_0 Erforderliche Arbeit zum Durchschlagen der Probe in [cmkp]

A Probenquerschnitt vor dem Versuch in [mm²]

1.2.2.5 Versuchswertung

Zugversuch

Die gemittelte Zugfestigkeit dieser Probekörper im Normalzustand (ca. 12% Feuchtigkeitsgehalt) betrug:

Für Probentyp 1 (ohne Knoten) 135 N/mm².

Für Probentyp 2 (mit Knoten in der Mitte) 108 N/mm².

Die Ergebnisse bestätigen den Nachteil der Knotenscheiben bei der Zugfestigkeit. Sie zeigen eine bis zu 20% höhere Zugfestigkeit von Probentyp 1 (ohne Knoten) im Vergleich zum Probentyp 2 (mit Knoten in der Mitte).

Feuchtezustände	Zugfestigkeit ohne Knoten Mittelwerte [N/mm²]	Zugfestigkeit mit Knoten Mittelwerte [N/mm²]
Darrzustand u = 4,8 %	110,1 (28,6)	70,1 (18,2)
Normalzustand u = 12 %	134,8 (13,1)	108,3 (31,6)
wassergestättigter Zustand u = 130 %	108,7 (23,2)	82,9 (31,8)

Tabelle 1: Zugfestigkeit in Abhängigkeit vom Feuchtezustand Variationskoeffizienten in % als Klammerwerte.

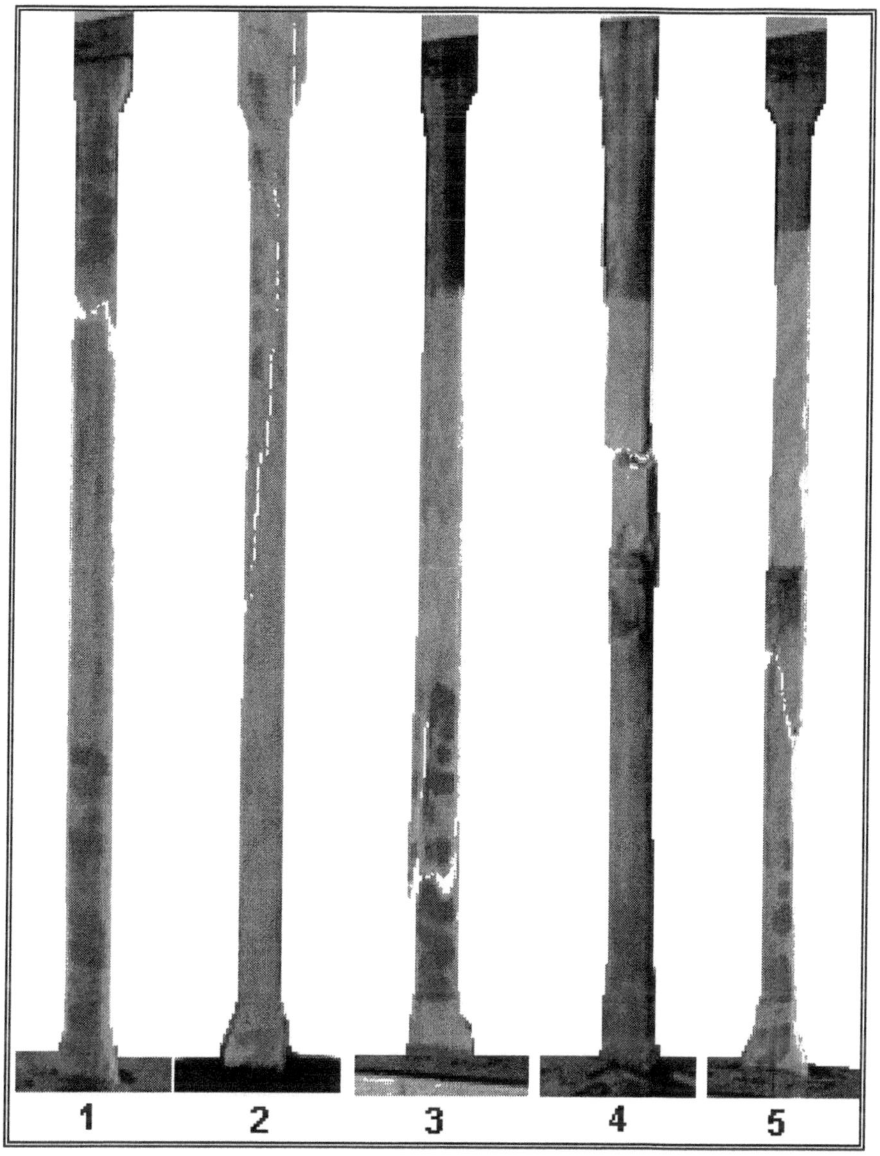

Abbildung 26: Zugversuchsproben, von links: Probentyp ohne Knoten: Stumpfer Bruch (1), Langsplitteriger Bruch (2), Kurzsplitteriger Bruch (3); Probentyp mit Knoten: Stumpfer Bruch (4) und Kurzsplitteriger Bruch (5).

Die berechneten Mittelwerte der Zugfestigkeit sind in den Abbildungen über dem Feuchtigkeitsgehalt und der Querschnittfläche aufgetragen.

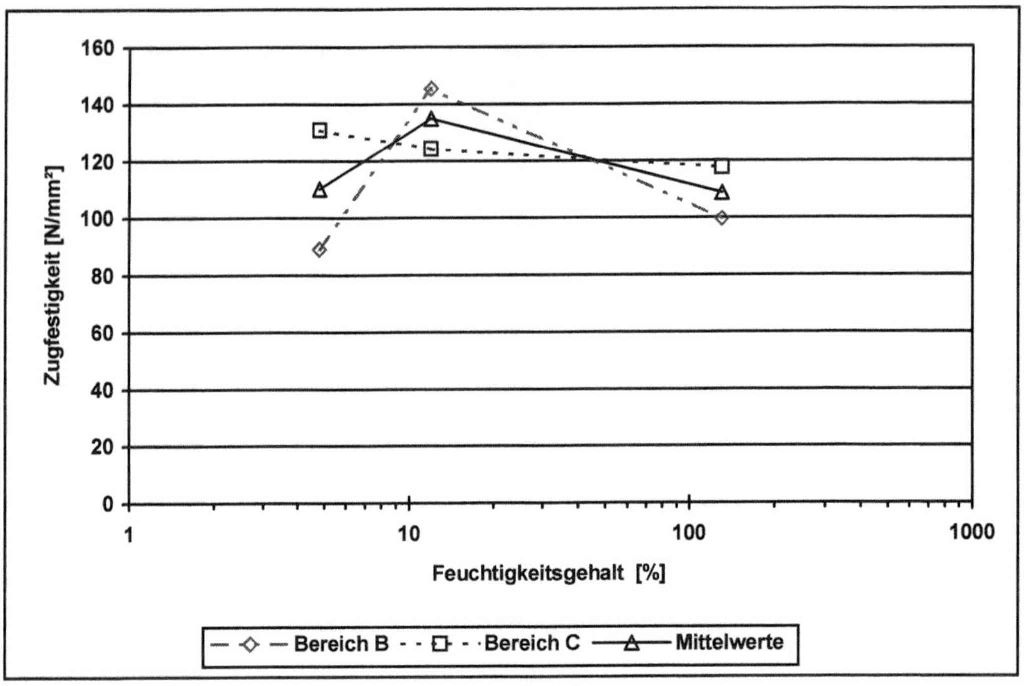

Abbildung 27: Einfluß des Feuchtigkeitsgehaltes auf die Zugfestigkeit beim Probentyp ohne Knoten

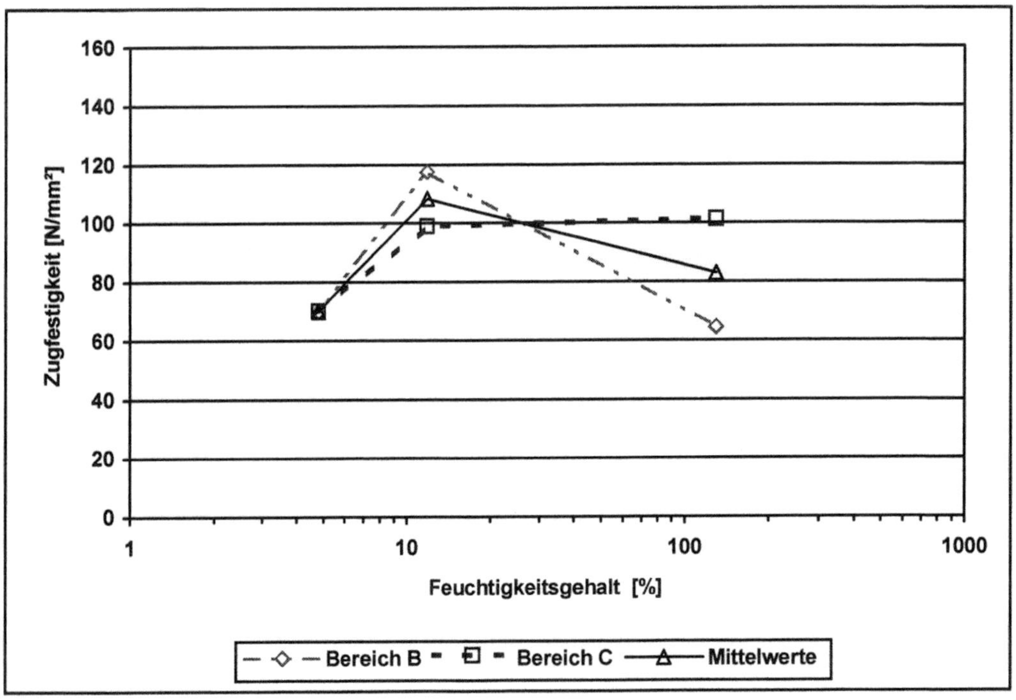

Abbildung 28: Einfluß des Feuchtigkeitsgehaltes auf die Zugfestigkeit beim Probentyp mit Knoten.

Die *Abbildung 27* und *Abbildung 28* zeigen, daß unabhängig vom Probentyp die Zugfestigkeit vom Darrzustand zum Normalzustand zunimmt, außer Bereich C, und sie dann zum wassergesättigten Zustand wieder abfällt. Jedoch kann man feststellen, daß die Zugfestigkeit in geringerem Maße mit der Feuchtigkeit abnimmt als die Druckfestigkeit.

Dies wird auch im Vergleich der [*Abbildung 27, Abbildung 28*] und [*Abbildung 31, Abbildung 32*] deutlich. (Lit. 27)

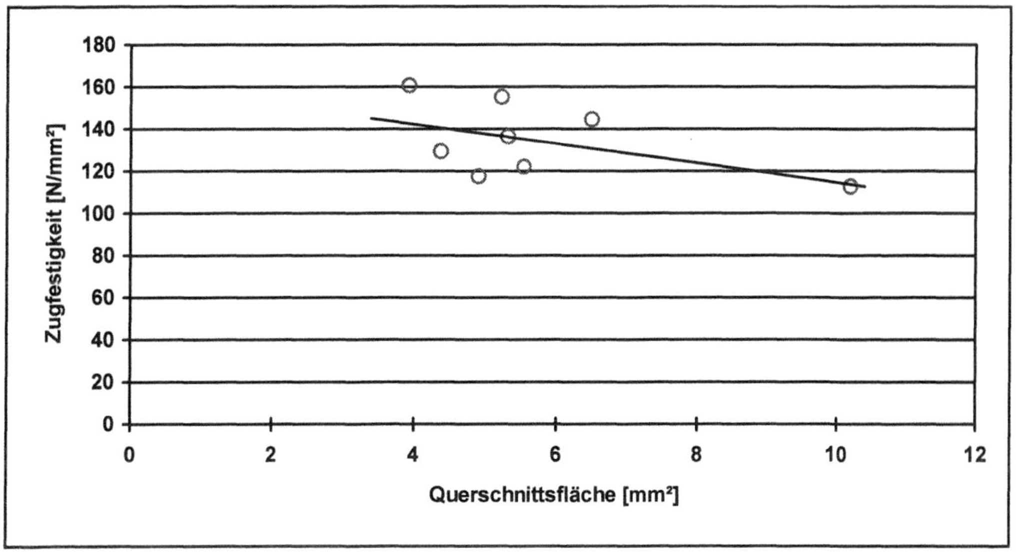

Abbildung 29: Abhängigkeit der Zugfestigkeit von der Querschnittsfläche beim Probentyp ohne Knoten.

- **Druckversuch**

Die Druckfestigkeit von Reet mit 12% Feuchtigkeitsgehalt ergab sich als mittlerer Wert aus je achtzehn Proben :

Für Typ 1 (Proben ohne Knoten) zu 48,9 N/mm².

Für Typ 2 (Proben mit Knoten in der Mitte) zu 48,6 N/mm².

Für den Vergleich der zwei Typen können nur die Mittelwerte herangezogen werden, wobei zwischen beiden Typen kaum ein Unterschied besteht. Über ähnliche Ergebnisse berichtet J.L. Arops bei Druckversuchen an Bambus (Lit. 15).

Die Druckfestigkeit des Reets längs der Faser erreicht im Durchschnitt nur ca. 40% der Längszugfestigkeit.

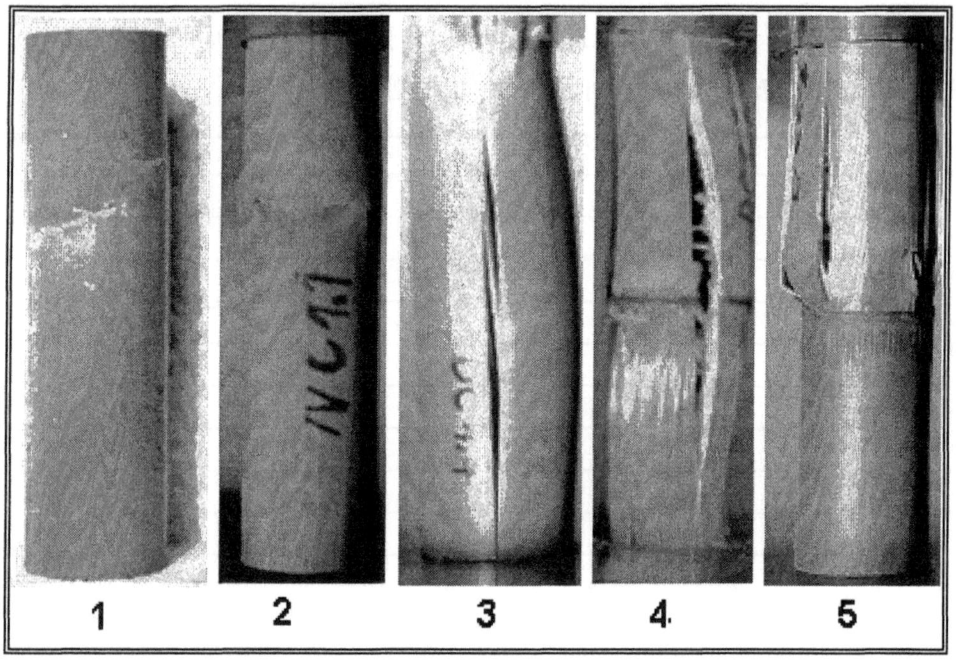

Abbildung 30: Druckversuchsproben in Faserrichtung, Darstellung des Bruchbildes, Probentyp ohne Knoten: (1) Bildung zweier schräger Gleitebenen durch Abgleiten schräg zur Druck- und Fasserrichtung, (2) Bildung örtlichen Einknickens (Einbeulen), (3) Bildung von Längsspaltung; Probentyp mit Knoten: Bildung von Längsspaltung (4, 5),.

Feuchtezustände	Druckfestigkeit ohne Knoten Mittelwerte [N/mm²]	Druckfestigkeit mit Knoten Mittelwerte [N/mm²]
Darrzustand u = 4,8 %	59,96 (22,99)	49,53 (15,71)
Normalzustand u = 12 %	48,86 (17,88)	48,61 (10,41)
wassergesättigter Zustand u = 130 %	27,87 (9,03)	25,65 (6,71)

Tabelle 2: Druckfestigkeit in Abhängigkeit vom Feuchtezustand Variationskoeffizienten in % als Klammerwerte.

In den Abbildung 31 und Abbildung 32 sind die berechneten Mittelwerte der Druckfestigkeit parallel zum Feuchtigkeitsgehalt, zur Rohdichte und Querschnittsfläche aufgenommen.

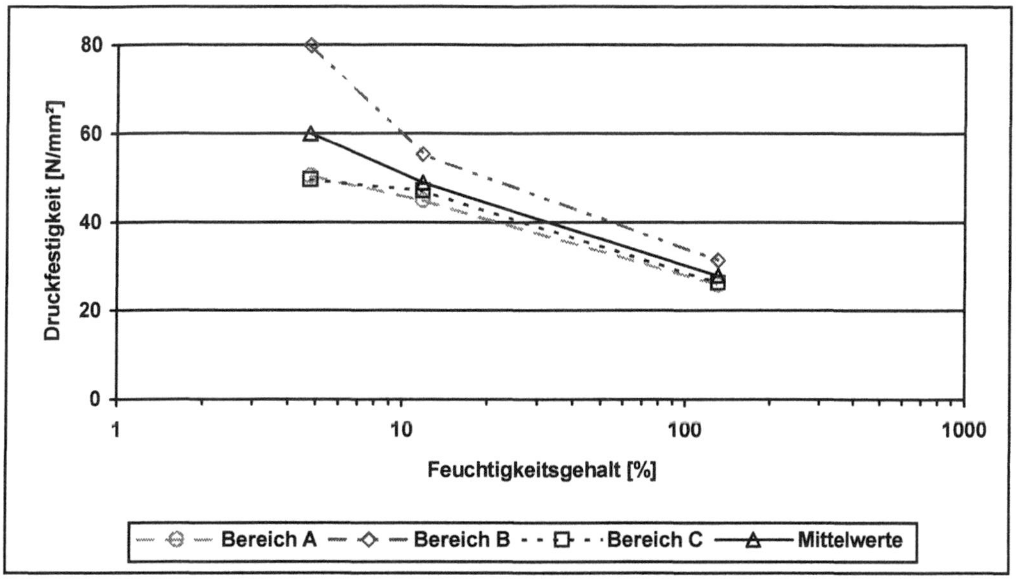

Abbildung 31: Einfluß des Feuchtigkeitsgehaltes auf die Druckfestigkeit. beim Probentyp ohne Knoten

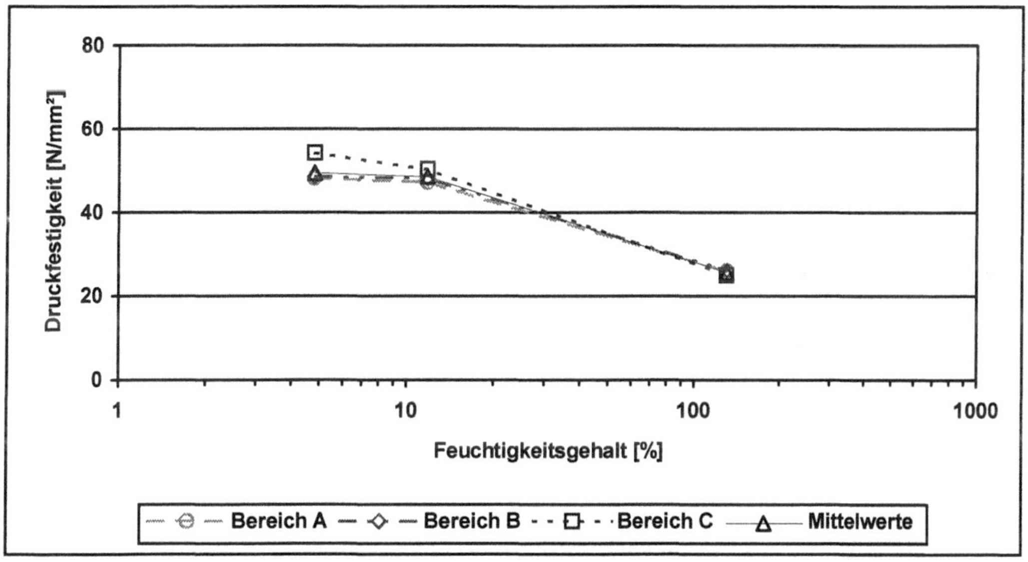

Abbildung 32: Einfluß des Feuchtigkeitsgehaltes auf die Druckfestigkeit. beim Probentyp mit Knoten

Die Druckfestigkeit nimmt in Abhängigkeit von der Rohdichte von 39 N/mm² auf 78 N/mm² zu. Dabei steigt die Rohdichte auf 0,35 g/cm³. Dieses Ansteigen der Druckfestigkeit ist bei den Proben mit Knoten nicht festzustellen. Dies läßt darauf schließen, daß für diese Proben die Festigkeit des Knotens ausschlaggebend ist. (Lit. 27)

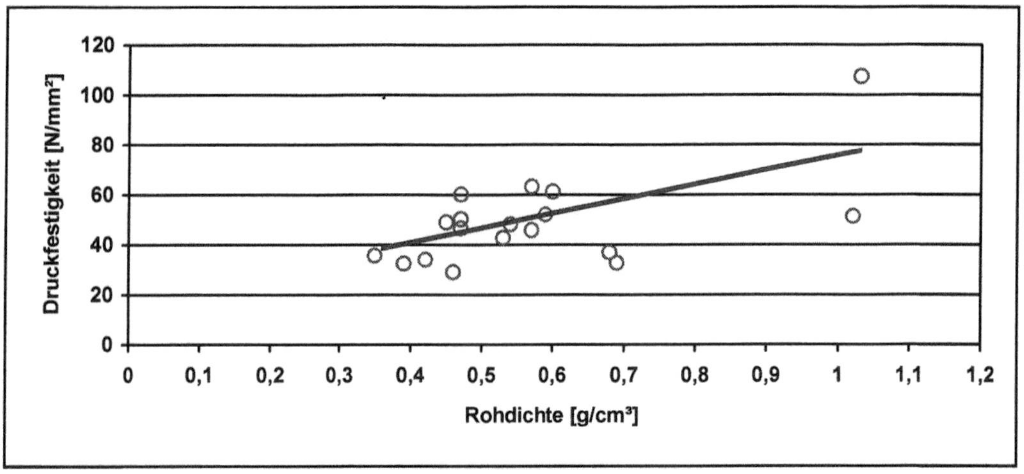

Abbildung 33: Zusammenhang zwischen Druckfestigkeit und Rohdichte bei 12% Feuchtigkeit beim Probentyp ohne Knoten

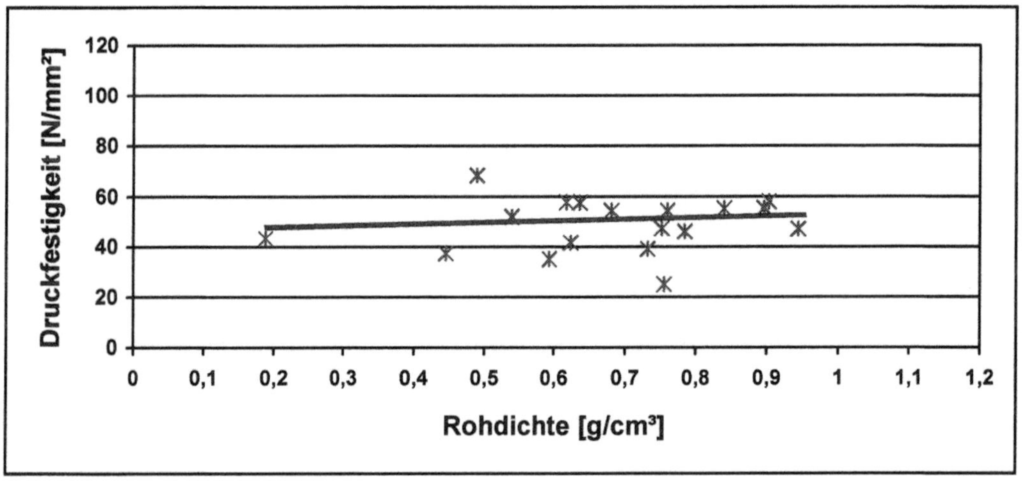

Abbildung 34: Zusammenhang zwischen Druckfestigkeit und Rohdichte bei 12% Feuchtigkeit beim Probentyp mit Knoten

Die Abbildung 35 und Abbildung 36 zeigen, daß die Festigkeit unabhängig von der Querschnittsfläche ist. Das bedeutet aber, daß in unterschiedlich starken Halmbereichen immer die gleiche Druckfestigkeit erreicht wird, daß die Druckfestigkeit also eine näherungsweise konstante Größe in den unterschiedlichen Halmbereichen ist. (Lit. 27)

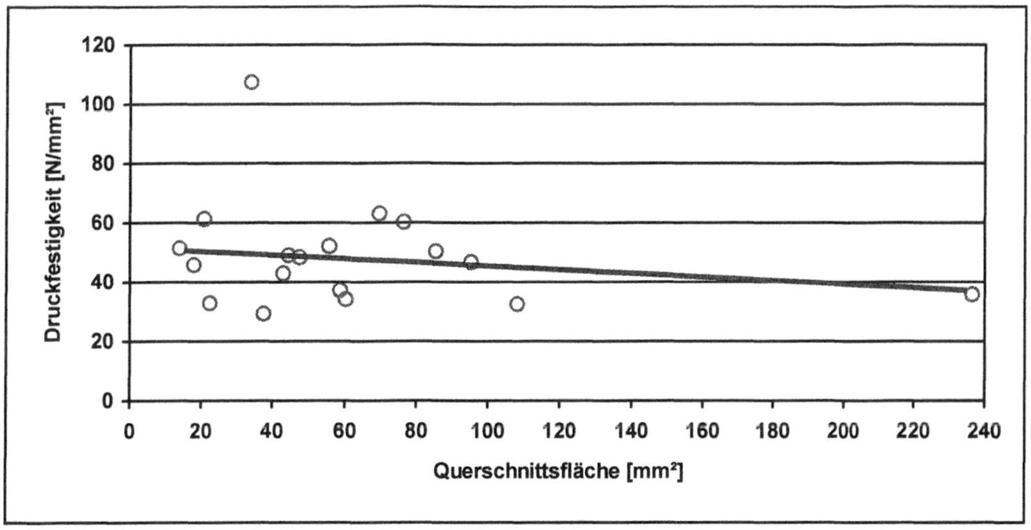

Abbildung 35: Abhängigkeit der Druckfestigkeit von der Querschnittsfläche beim Probentyp ohne Knoten

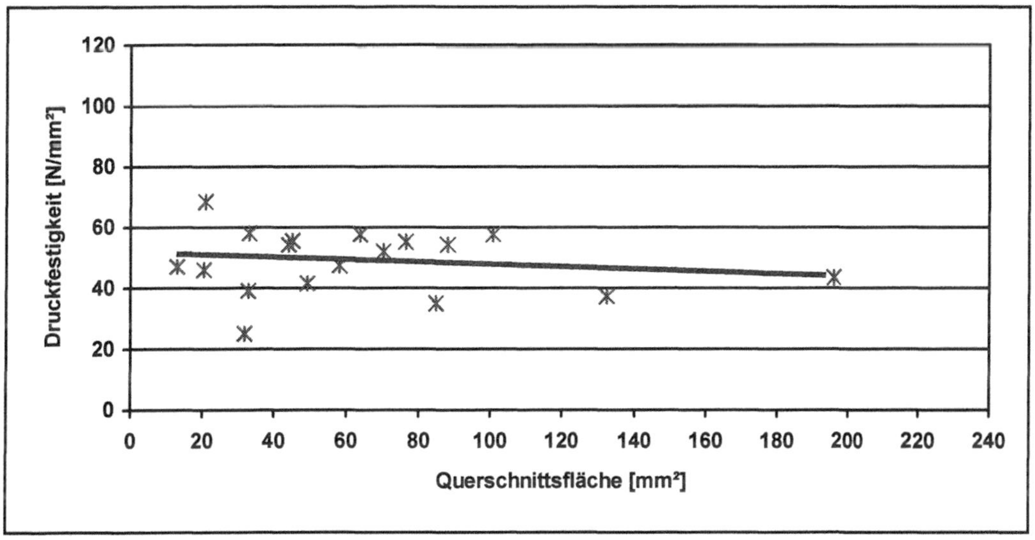

Abbildung 36: Abhängigkeit der Druckfestigkeit von der Querschnittsfläche beim Probentyp mit Knoten

- **Biegeversuch**

Die durchschnittliche Biegefestigkeit im Normalzustand (ca. 12% Feuchtigkeitsgehalt) ergab sich zu :

Für Probentyp 1 (ohne Knoten) 30,8 N/mm².

Für Probentyp 2 (mit Knoten in der Mitte) 64,0 N/mm².

Bemerkungen:

Dünnere Stäbe (ca. 1,3 cm, Bereich B) besitzen eine höhere Biegefestigkeit als dickere Rohre (> 1,3 cm, Bereich C).Vergleiche 1.2.2.3.

Beim Bruch knickten meist die äußersten Druckfasern zuerst aus oder bildeten eine Querfalte. Die Höhe des effektiven Querschnitts verringerte sich dadurch. Nach möglicher Lasterhöhung trat die Zerstörung durch Herausreißen der Zugfasern ein.

Abbildung 37: Versuchsaufbau des Biegeversuches

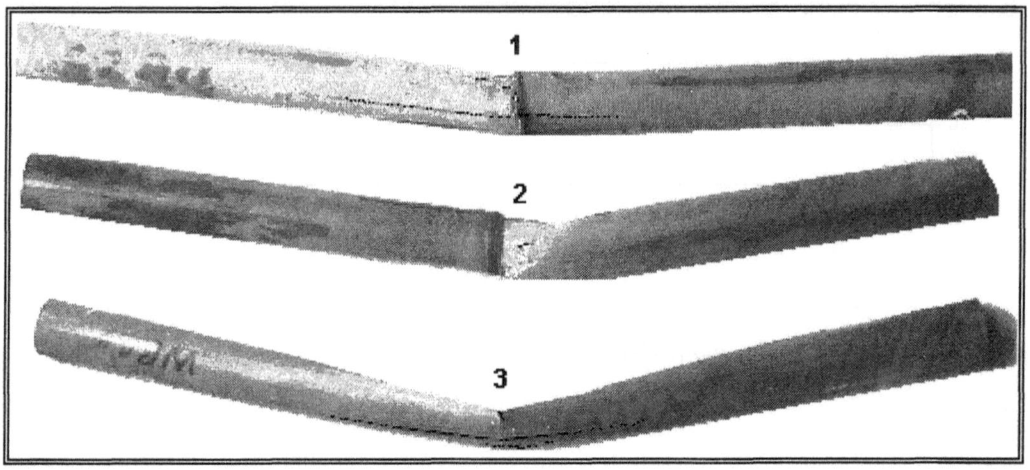

Abbildung 38: Biegeversuch Darstellung des Bruchbildes: Proben mit Knoten: langfaseriger splitteriger Bruch (1), zackiger Bruch (2); Probe ohne Knoten: langfaseriger splitteriger Bruch (3)

Bei den Ergebnissen der Biegeversuche konnte bei Proben mit Knoten eine mehr als doppelt so große Festigkeit festgestellt werden als bei Proben ohne Knoten. Diese Differenz ergibt sich durch die aussteifende Wirkung des Knotens. Diese verhindert ein Ausknicken der Druckfasern.

Feuchtezustände	Biegefestigkeit ohne Knoten Mittelwerte [N / mm²]	Biegefestigkeit mit Knoten Mittelwerte [N / mm²]
Darrzustand u = 4,8 %	28,0 (0,9)	61,0 (3,1)
Normalzustand u = 12 %	30,8 (0,8)	64,0 (3,6)
wassergesättigter Zustand u = 130 %	21,1 (0,8)	44,0 (1,5)

Tabelle 3: Biegefestigkeit in Abhängigkeit vom Feuchtezustand Variationskoeffizienten in % als Klammerwerte.

Die Abhängigkeit der Biegefestigkeit von Feuchtigkeitsgehalt und Rohdichte ist in den Abbildung 39 bis Abbildung 42 aufgetragen.

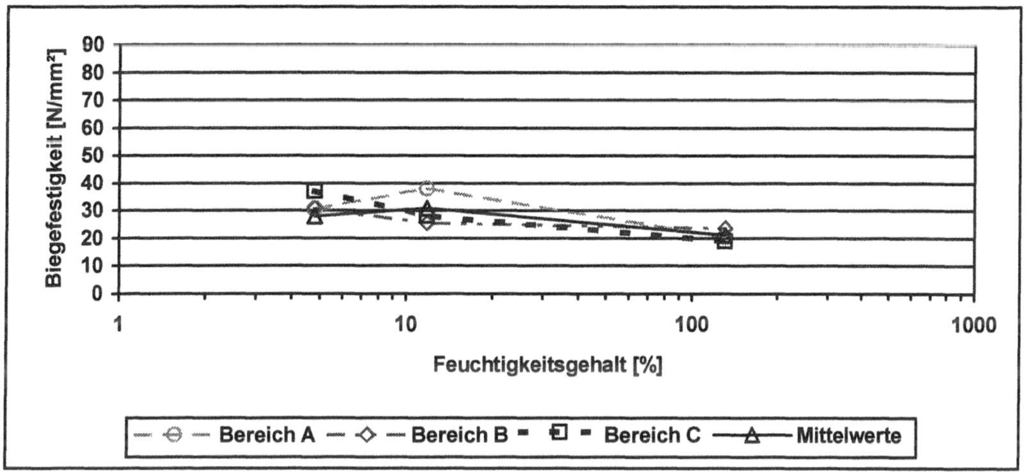

Abbildung 39: Einfluß des Feuchtigkeitsgehaltes auf die Biegefestigkeit beim Probentyp ohne Knoten

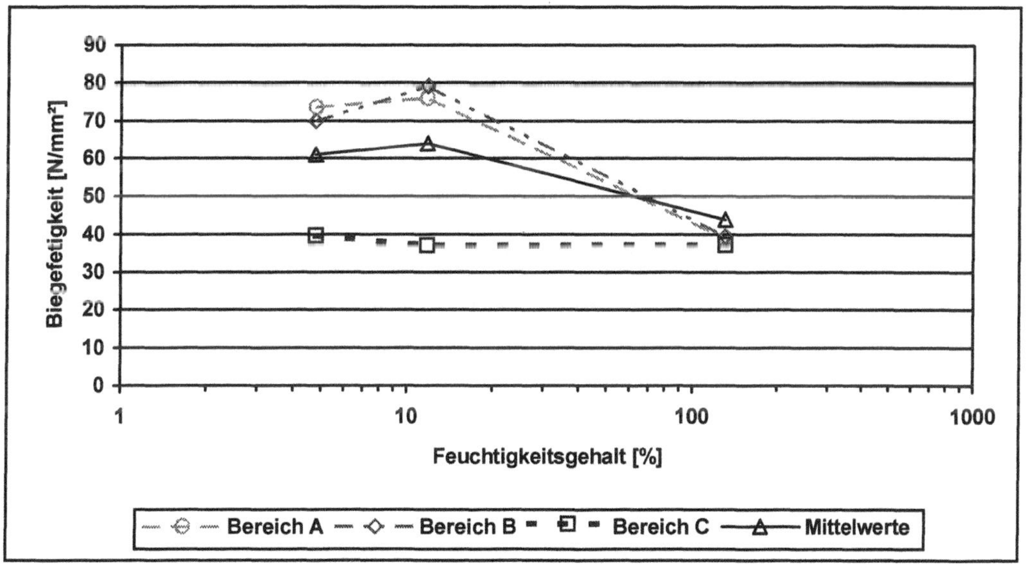

Abbildung 40: Einfluß des Feuchtigkeitsgehaltes auf die Biegefestigkeit beim Probentyp mit Knoten

Gleich anderen Festigkeitsarten unterliegt auch die Biegefestigkeit dem starken Einfluß von Feuchtigkeitsgehalt und Rohdichte. Der Einfluß des Feuchtigkeitsgehalts ist etwas geringer als bei der Druckfestigkeit. Mit der Rohdichte nimmt die Biegefestigkeit zu. Dies ist aus den Abbildung 41 und Abbildung 42 zu ersehen.

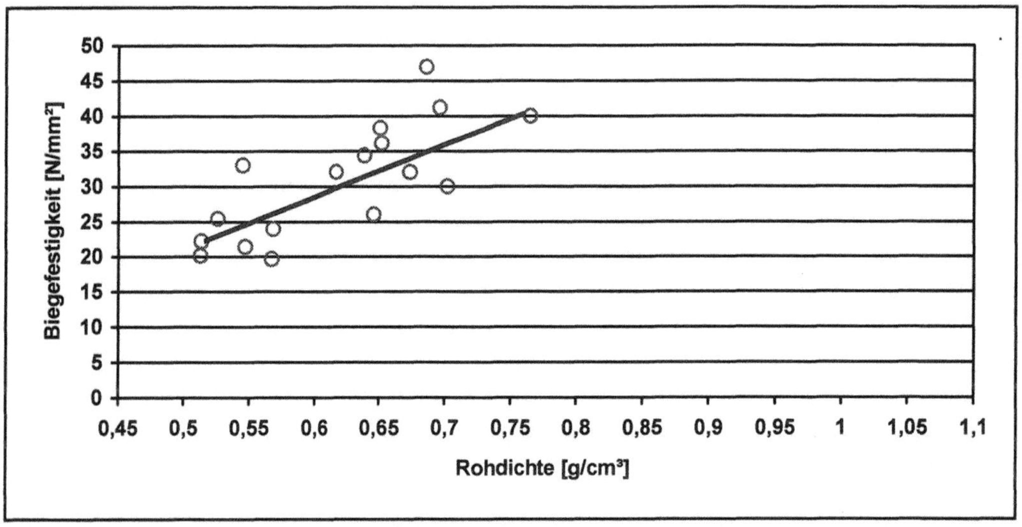

Abbildung 41: Zusammenhang zwischen Biegefestigkeit und Rohdichte bei 12% Feuchtigkeit beim Probentyp ohne Knoten

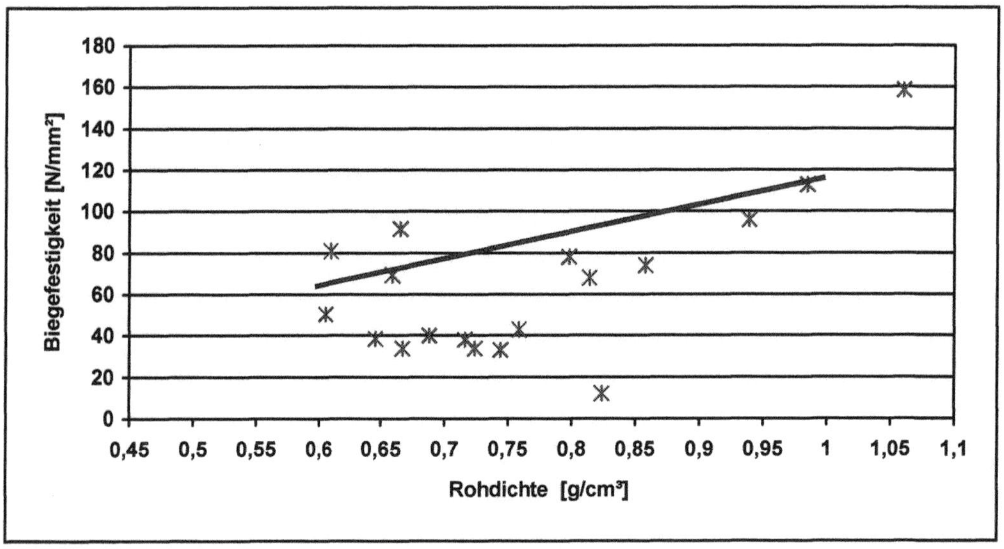

Abbildung 42: Zusammenhang zwischen Biegefestigkeit und Rohdichte bei 12% Feuchtigkeit beim Probentyp mit Knoten

- **Schlagbiegeversuch**

Der gemittelte Wert der Bruchschlagarbeit im Normalzustand (ca. 12% Feuchtigkeitsgehalt) lag bei :

41,7 kJ / m² für Probentyp 1 (ohne Knoten)

45,1 kJ / m² für Probentyp 2 (mit Knoten in der Mitte).

Feuchtezustände	Bruchschlagarbeit ohne Knoten Mittelwerte [kJ / m²]	Bruchschlagarbeit mit Knoten Mittelwerte [kJ / m²]
Darrzustand u = 4,8 %	37,5 (13,1)	36,4 (6,1)
Normalzustand u =12 %	41,7 (14,1)	45,1 (14,6)
wassergesättigter Zustand u = 130 %	49,0 (13,3)	58,5 (11,0)

Tabelle 4: Bruchschlagarbeit in Abhängigkeit vom Feuchtezustand Variationskoeffizienten in % als Klammerwerte.

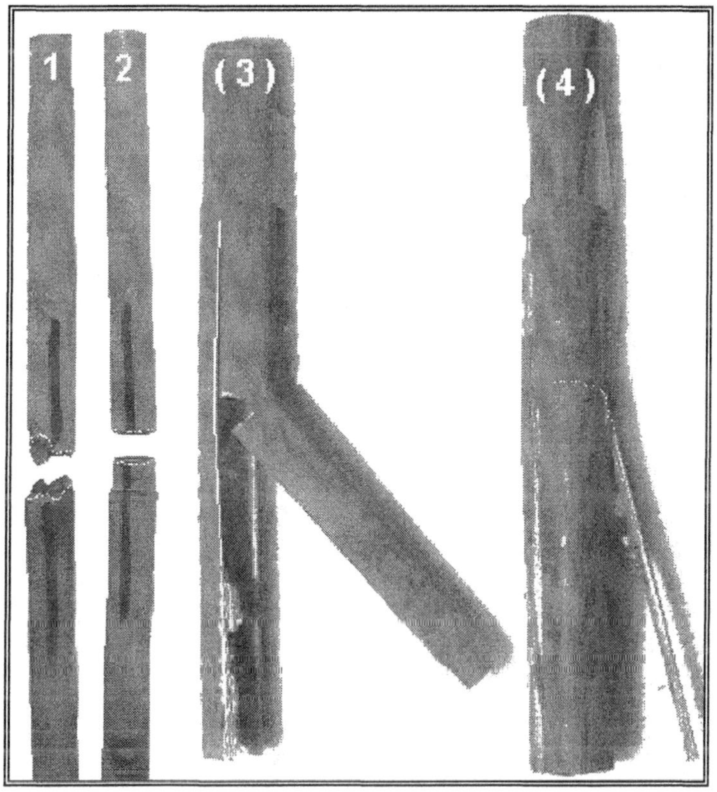

Abbildung 43: Bruchbild der Schlagversuche Stellung des Bruchbildes: Proben mit Knoten: zackiger Bruch beim Schlag auf den Knoten (1), glatter Bruch (2); Proben ohne Knoten: Aufspaltung beim Schlag auf den Schaft (3), (4).

In den Abbildung 44 bis Abbildung 45 sind die berechneten Mittelwerte der Bruchschlagarbeit über Feuchtigkeitsgehalt, Rohdichte und Querschnittsfläche aufgetragen.

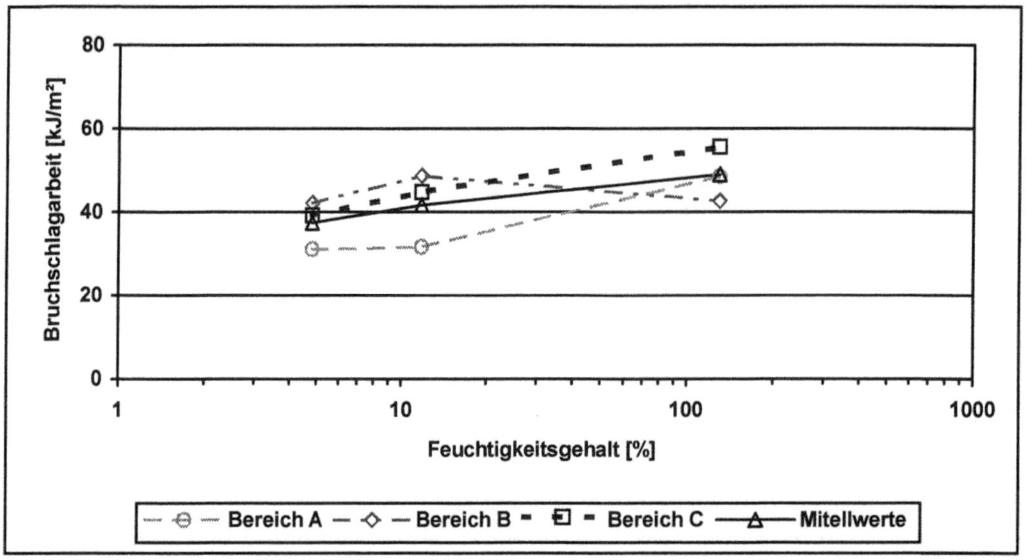

Abbildung 44: Einfluß des Feuchtigkeitsgehaltes auf die Schlagbiegefestigkeit beim Probentyp ohne Knoten

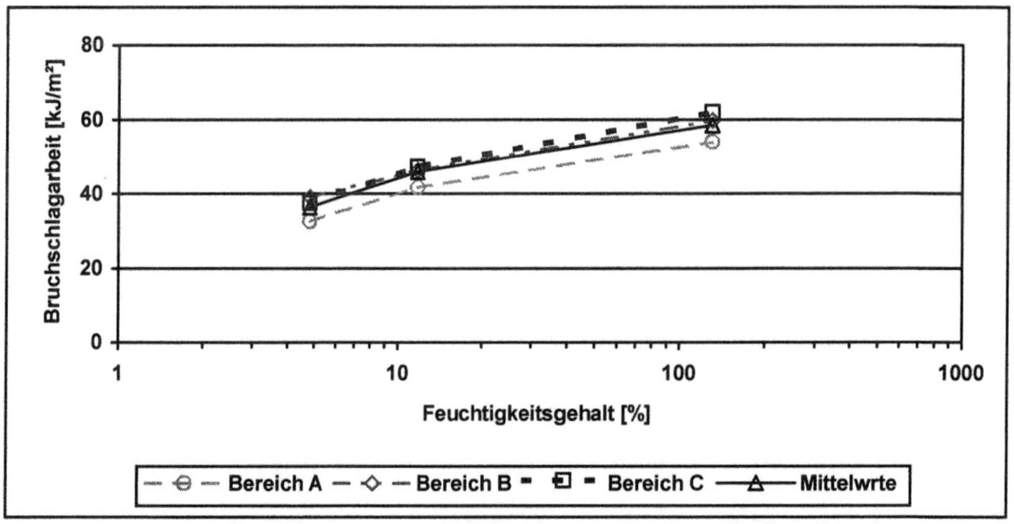

Abbildung 45: Einfluß des Feuchtigkeitsgehaltes auf die Schlagbiegefestigkeit beim Probentyp mit Knoten

Mit steigender Reetfeuchtigkeit erhöht sich die Festigkeit bzgl. der Bruchschlagarbeit geringfügig, während sich alle übrigen mechanischen Eigenschaften (Zug-, Druck- und Biegefestigkeit) mit steigendem Feuchtigkeitsgehalt verschlechtern.

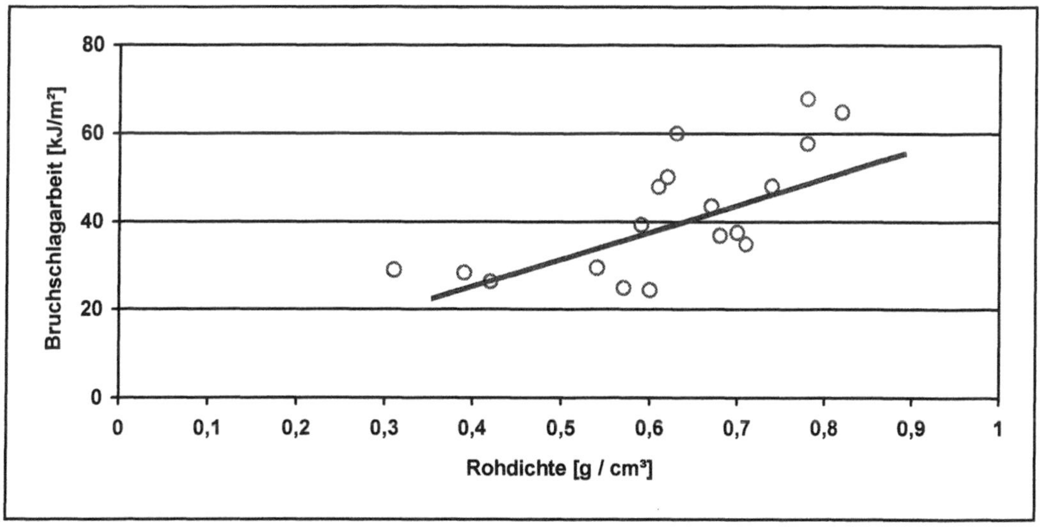

Abbildung 46: Zusammenhang zwischen Schlagbiegefestigkeit. und Rohdichte bei 12% Feuchtigkeit beim Probentyp ohne Knoten

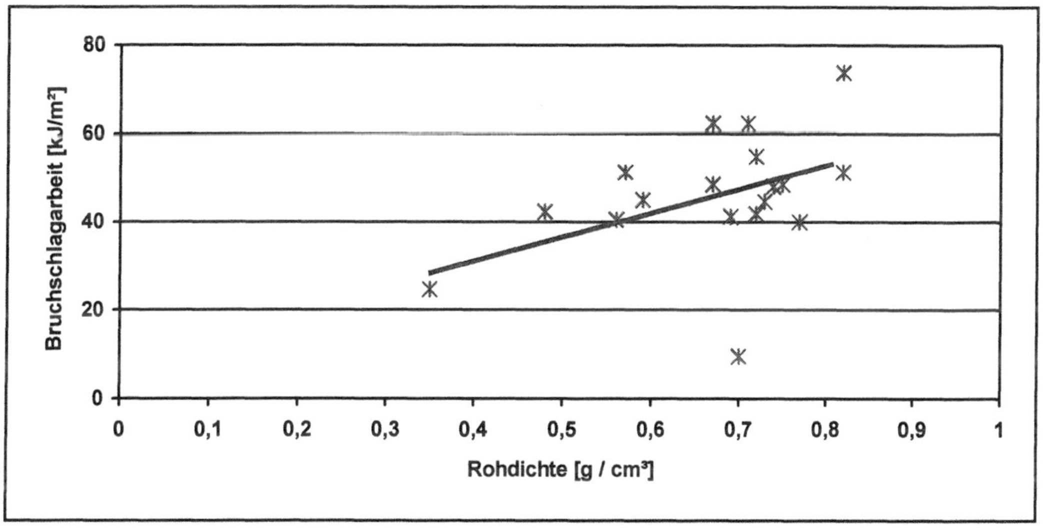

Abbildung 47: Zusammenhang zwischen Schlagbiegefestigkeit und Rohdichte bei 12% Feuchtigkeit beim Probentyp mit Knoten

Die Abbildung 48 und Abbildung 49 zeigen, daß die Schlagbiegefestigkeit unabhängig von der Querschnittsfläche ist.

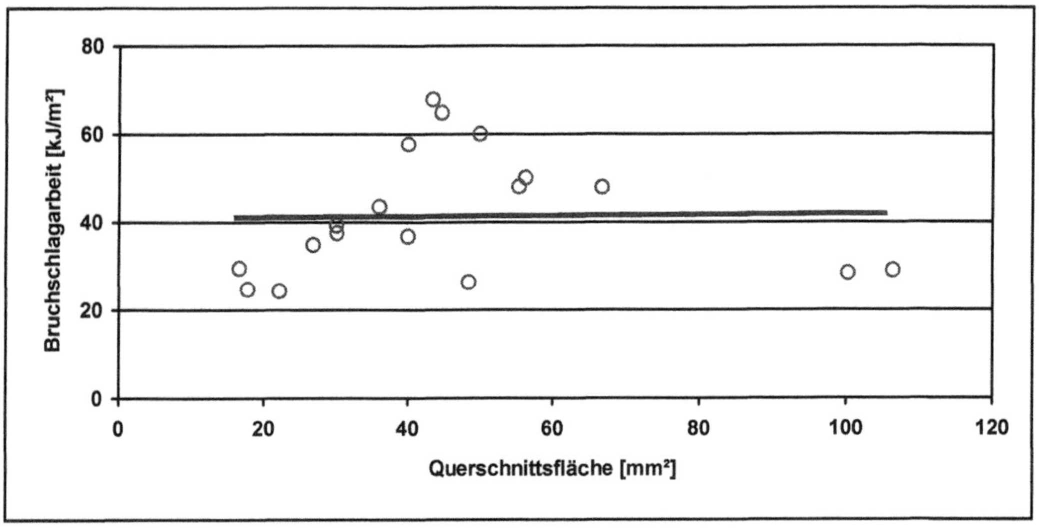

Abbildung 48: Abhängigkeit der Schlagbiegefestigkeit von der Querschnittsfläche bei 12% Feuchtigkeit beim Probentyp ohne Knoten

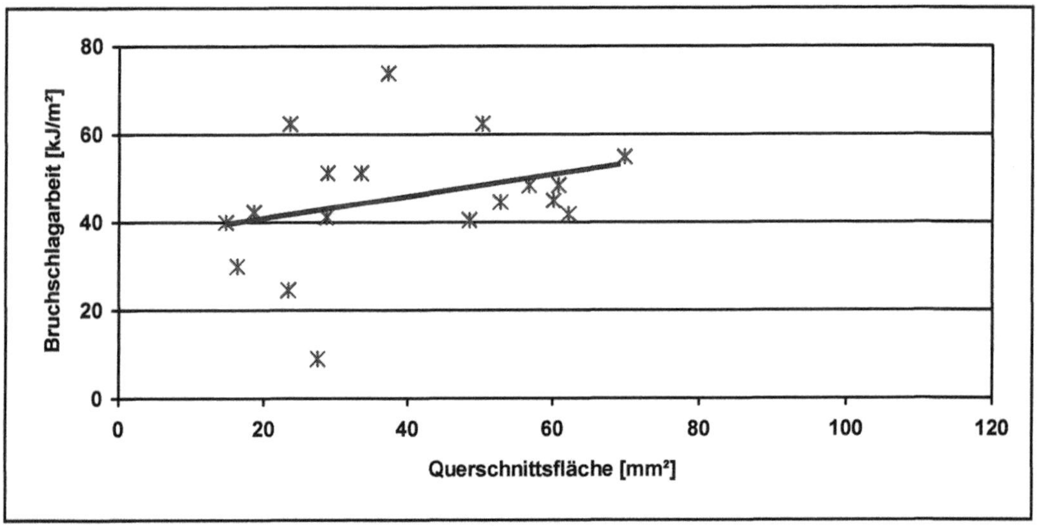

Abbildung 49: Abhängigkeit der Schlagbiegefestigkeit von der Querschnittsfläche bei 12% Feuchtigkeit beim Probentyp mit Knoten

- **Wertung**

Die Versuchsergebnisse zeigen, daß Reet im Vergleich zu den aus der Literatur bekannten Werten für Holz und Bambus höhere Festigkeiten besitzt. Die Festigkeiten sind jedoch bei den verschiedenen Beanspruchungen unterschiedlich.

Mit der Rohdichte nimmt die Festigkeit zu, jedoch ist die proportionale Zunahme nicht bei allen Festigkeitsarten gleich.

Beim Zugversuch ist der langfaserige Bruch, der zu vielfachem Aufsplittern parallel zur Streifenachse führte, ein generelles Merkmal für eine hohe Zugfestigkeit.

Die Biegefestigkeitswerte dicker Rohre war geringer als diejenigen dünnerer Rohre.

Die verbrauchte Arbeit beim Durchschlagen war für beide Probentypen nahezu gleich. Von Interesse ist die Beobachtung, daß sich der Schlag auf den Knoten anders auswirkt als jener auf den Schaft.

Aus der Auswertung der Versuchsergebnisse der Festigkeitswerte von Reet wird geschlossen, daß Reet offenbar nicht für Biegebeanspruchungen geeignet ist, dafür aber sehr günstig für Zug- und Druckbeanspruchungen.

* **Festigkeitswerte von Reetstäben (Mittelwerte aller Versuche)**

Probentyp	Zug-festigkeit f_Z [N/mm^2]	Druck-festigkeit f_D [N/mm^2]	Bieg-festigkeit f_b [N/mm^2]	Bruchschlag-arbeit W [kJ/m^2]
ohne Knoten	135,0 (13,07)	48,9 (17,88)	30,8 (0,81)	41,7 (14,06)
mit Knoten	108,0 (31,60)	48,6 (10,41)	64,0 (3,57)	45,1 (14,64)

Tabelle 5: Festigkeitswerte der Reetstäbe Variationskoeffizienten in % als Klammerwerte

* **Anhaltswerte der Festigkeit von Fichtenholz, Bambus, Baustahl u. Reet im Vergleich :**

Material	Zug-festigkeit β_Z [N/mm^2]	Druck-festigkeit β_D [N/mm^2]	Biege-festigkeit σ_b [N/mm^2]	Bruchschlag-arbeit ω [kJ/m^2]
Fichtenholz	90,0	43,0	30,0 - 55,0	50,0
Bambus	148,4 - 384,3	62,1 - 93,0	76,3 - 276,0	260,0 (*)
Baustahl St 37, St 52	340 - 630	210 - 240		
Reet	108,0 - 135,0	48,9 - 48,6	30,8 - 64,0	41,7 - 45,1 (*)

Tabelle 6: Festigkeitswerte von Reet, Fichtenholz, Stahl, Bambus (Lit. 27, 43), (*) Die Werte der Bruchschlagarbeit gelten für einen Rohrkörper.

Aus den Werten der Tabelle ist ersichtlich, daß die Werte von Reet im Bereich der anderen natürlichen Baustoffe liegen.

1.2.3 Elastomechanische Eigenschaften von Reet

Reet zeichnet sich durch eine gewichtsbezogen sehr hohe Steifigkeit aus.

Abbildung 50: hohe elastomechanische Steifigkeit des Bogens, Bogenkonstruktion aus Reet im Irak (Lit. 2)

In Abbildung 50 ist eine Konstruktionsmethode abgebildet, welche im südlichen Irak angewendet wird. Das Baumaterial besteht aus Reet (*Phragmites communis*), welches entlang des unteren Euphrat und Tigris wächst und eine Höhe von 6m erreicht. In Bündel gebunden, wird es in den Boden gesteckt und zu parabolischen Bogen geformt. Aus gespaltenem Reet gewobene Matten dienen als Dach. Für diese Konstruktionsmethode wird die elastomechanische Steifigkeit des Materials Reet ausgenützt.

Bei visko-elastisch bedingter Abnahme von Steifigkeit und Festigkeit durch Eigenschaftsminderung im Alter zeigt Reet keinen plötzlichen totalen Stabilitätsschwund auf, sondern läßt langsam über einen längeren Zeitraum in der Steifigkeit nach, im Gegensatz zu anderen Materialien, welche relativ plötzlich versagen.

Abbildung 51: gebogener Reeteingang einer Villa zeigt hohe Steifigkeit rechts Cafehaus, nach 30 Jahren erste Anzeichen eines Nachlassens der Steifigkeit der Konstruktion)

Das Reet aus dem Gebiet des El-Manzala-Sees gilt im Vergleich zu anderen Reetstandorten als besonders stabil, welches sich auch optisch durch eine größere Halmstärke ausweist.

Da das Reet aus El-Manzala auch eine Sorte des *Phragmites communis* ist, lassen sich Parallelitäten im Vergleich mit der Studie von Stant (1953, Jodrell Laboratory, Großbritannien; [Lit. 36] da kein intensives wirtschaftliches Interesse an der Verwendung der Pflanze Reet besteht, sind keine weiteren, aktuellen wissenschaftlichen Untersuchungen vorhanden) aufzeigen. Stant führt Untersuchungen über die Halmstruktur von *Phragmites communis* mit anderen Reetgräsern, aus Norfolk und anderen Teilen des Landes, bezüglich der Verwendbarkeit in Gebäuden durch. Er stellt fest, daß die Gräser aus Norfolk äußerlich in Größe und Festigkeit positiv abweichen, was sich bei einer Untersuchung der inneren Struktur durch folgende Faktoren bestätigt:

1. Der Ligningehalt in der äußersten Schicht des Reethalmes ist vergleichsweise größer als an anderen Orten.
2. Der Luftraum in dem dünneren Zellgewebe ist viel kleiner.
3. Die Zellfasern in der Wand des lebenden Materials sind länger.

Diese Faktoren bieten eine Erklärung für die größere Festigkeit der Norfolk-Gräser, sowie für ihre größere Widerstandskraft gegen Zerfall

(überwiegend Faktor 1 und 2). Stant vermutet die Ursachen für diese Unterschiede in Umweltfaktoren. In einer Arbeit berichtet der Wissenschaftler der Phytotomie (Anatomie der Pflanzen) Tobler, (1943) [Lit. 37] über seine Versuche die mechanischen Eigenschaften von Gräser durch den Kalk-/Stickstoffgehalt des Bodens, sowie durch den Wasserspiegel zu beeinflussen. Als Ergebnis läßt sich festhalten, daß unterschiedliche Konzentrationen von Kohlenstoff / Stickstoff, Calcium und Natrium, sowie Wasserstoffionen im Boden als kausale Faktoren bei der Zelldifferenzierung und -ausdehnung anzusehen sind. Um genaue Ergebnisse zu bekommen, müßten eine Reihe von Versuchen gemacht werden. (Lit. 24 „Anatomy of the Monocotyledons", Oxford Clarendon Press, 1960 by C.R. Metclafe).
Analog zu diesen Studien kann als Ursache für den größeren und stabileren Reethalm des Gebietes El-Manzala der höhere Nährstoffeintrag durch den Abwasserkanal, sowie im nördlichen Teil des El-Manzala-Sees ein höherer Salzgehalt des Wassers angeführt werden.

Abbildung 52: Natürliche Durchbiegung der Pflanze

Daraus ergeben sich die Fragen: wie verhält sich das Reet bezüglich der Steifigkeit bei Biegebelastung, wie hoch liegt diese Steifigkeit im Vergleich zu anderen bekannten Materialien (z.B. Holz, Stahl) und wie groß ist der Unterschied zwischen dem Verhalten von Reet als einzelner Stab (baupraktisch nicht verwendbar) und bei Verwendung in Form von durch Menschen geformten Stabbündeln (wie in der Praxis üblich).
Um die angeführten Fragestellungen zu beantworten, war es erforderlich die Steifigkeit von Reet durch Biegeversuche zu untersuchen, und zwar sowohl mittels Untersuchungen an Einzelstäben, als auch anhand von Proben in Form von Stabbündeln.
Nachfolgend sind die Versuchsdurchführung bzw. die Ergebnisse und die Erörterung zusammengestellt.

1.2.3.1 Biegeversuche an Einzelstäben zur Bestimmung des Elastizitätsmoduls

Es wurden sechs Serien mit je mindestens drei Einzelstäben geprüft. Unterschieden wurden die Proben zum einen nach ihrem Durchmesser und zum anderen durch das Vorhandensein bzw. Nichtvorhandensein eines Blattknotens in der Probenmitte. Insgesamt wurden 22 Proben geprüft. In Tabelle 7 sind die Bezeichnungen der Probenserien zusammengestellt.

	mit Mittelknoten	ohne Knoten
großer Durchmesser ($a \geq 12$ mm)	Serie 1	Serie 4
mittlerer Durchmesser (9 mm < a <12 mm)	Serie 2	Serie 5
kleiner Durchmesser ($a \leq 9$ mm)	Serie 3	Serie 6

Tabelle 7. Bezeichnung der Probenserien

Innerhalb einer Serie sind die Einzelstäbe durchnumeriert. Die Proben der Serie 1 sind z.B. mit 1-1, 1-2 und 1-3 bezeichnet.

Idealisierend werden die Querschnittsflächen als Kreisringflächen betrachtet. Der Außendurchmesser der Proben wird mit a, der Innendurchmesser mit b, die Querschnittsfläche mit A und das Flächenträgheitsmoment mit I bezeichnet.

In Tabelle 9 sind alle relevanten geometrischen Querschnittsgrößen zusammengestellt.

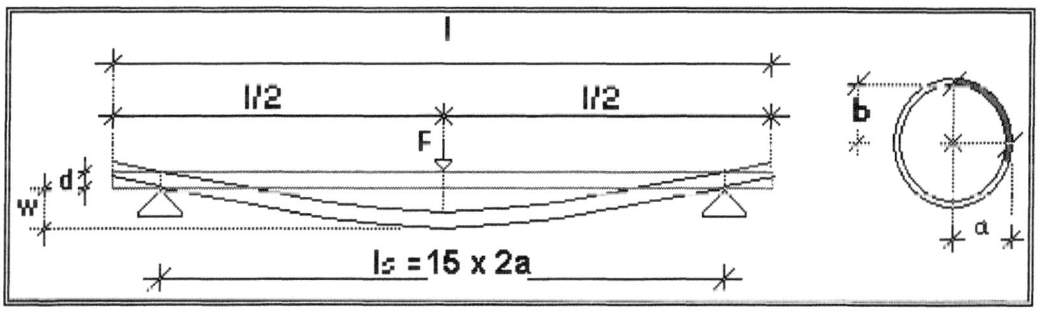

Abbildung 53: Biegeversuchsaufbau für Einzelstäbe

Die Versuche wurden als Dreipunkt-Biegeversuche durchgeführt. Abbildung 53 zeigt das Versuchsschema. Die Stützweite l_S wurde hierbei so gewählt, daß sie durchweg das ca. fünfzehnfache des mittleren Außendurchmessers je Serie betrug.

Die Gesamtlänge l der Proben wurde entsprechend als das zwanzigfache des mittleren Probenaußendurchmessers festgelegt, die Versuchsserie 5 wurde hierbei in zwei Teilserien (5a und 5b) aufgeteilt. Die Längen und Stützweiten der Proben sind in Tabelle 8 zusammengestellt.

Serien- Nr.	Probenlänge l (mm)	Stützweite l_s (mm)
1	278	250
2	239	215
3	178	160
4	267	240
5a	239	215
5b	178	160
6	178	160

Tabelle 8. Probenlängen (l) und Stützweiten (l_s)

Probennummer	a [mm]	b[mm]	A[mm²]	I [mm⁴]
1-1	14,75	10,50	84,28	1726,81
1-2	12,68	9,22	59,51	914,23
1-3	13,07	9,30	66,24	1065,23
2-1	12,32	8,99	55,73	810,24
2-2	11,44	9,00	39,17	518,70
2-3	11,42	8,22	49,36	610,79
3-1	8,81	7,20	20,24	163,8
3-2	8,77	6,16	30,60	219,70
3-3	8,72	7,12	19,91	157,66
3-4	9,66	7,61	27,81	262,81
4-1	13,87	11,06	55,02	1082,17
4-2	12,27	9,95	40,49	631,49
4-3	11,98	9,83	36,83	552,77
5a-1	11,47	9,51	32,30	448,11
5a-2	11,29	8,78	39,56	505,82
5a-3	11,43	8,87	40,82	533,97
5b-1	9,39	7,09	29,77	257,58
5b-2	8,98	6,98	25,07	202,69
5b-3	8,60	6,89	20,80	157,89
6-1	8,54	6,50	24,10	173,47
6-2	8,49	6,83	19,97	148,22
6-3	7,55	5,86	17,80	101,61

Tabelle 9: Querschnittsgeometrien der Proben (Lit.43)

Die Proben wurden bis zur Bruchlast F_{max} belastet. Als Elastizitätsmodul wurde einheitlich der Sekantenmodul zwischen den Lastgrößen 0,1 F_{max} und 0,4 F_{max} ausgewertet. Die somit zugrunde gelegten Punkte der Last-Verschiebungs-Kurve lagen damit generell im linear anzusehenden Bereich.

Probennummer	F_{max} [N]	Biegezugfestigkeit [N/mm²]	Elastizitätsmodul [N/mm²]
1-1	309,12	82,58	12436,6
1-2	176,32	76,36	14475,6
1-3	273,92	105,13	14069,6
2-1	209,92	85,78	11644,7
2-2	186,08	110,14	15781,9
2-3	205,44	103,14	13651,9
3-1	135,84	146,64	14797,1
3-2	150,24	119,82	15520,7
3-3	125,76	139,61	19553,5
3-4	152,32	111,97	16040,1
4-1	104,16	40,08	15169,2
4-2	55,04	32,16	18763,2
4-3	66,56	43,32	25378,3
5a-1	61,92	42,51	24217,4
5a-2	89,76	53,90	18171,0
5a-3	99,84	57,49	21166,4
5b-1	85,92	62,72	22526,8
5b-2	65,60	58,20	26456,5
5b-3	53,76	58,06	19227,5
6-1	62,72	61,75	20218,1
6-2	51,68	59,29	25598,9
6-3	42,24	62,99	21457,8

Tabelle 10: Zusammenstellung aller Einzelversuchsergebnisse betreffend Biegezugfestigkeit und Biege-Elastizitätsmodul (Lit.43)

In Tabelle 11 sind die Serienmittelwerte aller Versuchsergebnisse zusammengefaßt.

Serien Nummer	Biegezugfestigkeit [N/mm²]	Elastizitätsmodul [N/mm²]
1	88,0	13660,6
2	99,7	13692,8
3	129,5	16477,9
4	38,5	19770,2
5	55,5	21960,9
6	61,3	22424,9

Tabelle 11: Serienmittelwerte.

Man erkennt, daß sowohl die Biegezugfestigkeit als auch die Steifigkeit mit zunehmendem Durchmesser kleiner werden. Das Vorhandensein eines Blattknotens erhöht die mittlere Biegezugfestigkeit etwa um den Faktor 2, die Steifigkeiten der Proben mit Blattknoten sind jedoch deutlich geringer als diejenigen, die für Proben ohne derartige Störung ermittelt wurden.

Als mittlerer Rechenwert für den Elastizitätsmodul wird für die folgenden Betrachtungen einheitlich 14 000 N / mm² angenommen. (Lit. 43)

1.2.3.2 Biegeversuche an Stabbündel

In der Praxis wird das untersuchte Material in Form von Bündeln verwendet.

Abbildung 54: Durchbiegen der Bündel eines Reetdaches (Kaffeehaus)

Zur Untersuchung des Biegeverhaltens derartiger Reetbündel standen Probekörper zur Verfügung, die sich aus ca. 20 Einzelhalmen zusammensetzten und mit Kunststoffbindern in Abständen von rd. 35 cm zusammengeschnürt waren. Die einzelnen Halme hatten hierbei einen mittleren Durchmesser von ca. 10 mm. Der Gesamtdurchmesser der Bündel betrug etwa 60 mm. Abbildung 55 zeigt einen repräsentativen Querschnitt der untersuchten Bündel.

Abbildung 55: Repräsentativer Querschnitt eines Stabbündels

Es wurden zwei Vierpunkt-Biegeversuche mit einer Stützweite von 100 cm bei Lasteinleitung in den Drittelspunkten durchgeführt. Gemessen wurden die Verschiebungen der beiden Lastangriffspunkte sowie die Verschiebung des Mittelpunktes. Abbildung 56 zeigt das Schema des Versuchsaufbaues; Abbildung 57 veranschaulicht, wie die Lasteinleitung realisiert wurde. Beide Versuche wurden bis zum Versagen der Proben gefahren. Dieses trat bei Biegemomenten von 70 Nm (Bündel 1) und 100 Nm (Bündel 2) auf. In beiden Versuchen war bei kleinen Lasten ein annähernd linearer Zusammenhang zwischen Krümmung und Biegemoment zu verzeichnen.

Der auf das Biegemoment bezogene Krümmungszuwachs betrug bei dem Probekörper 2 rd. 4*10^9 N / mm^2. Legt man den Wert des mittleren Elastizitätsmodus zugrunde, ermittelt aus der Streubreite der in den einzelnen Querschnittsgruppen gemessenen Werte, so liegt das Flächenträgheitsmoment im Bereich von 18360 mm^4.

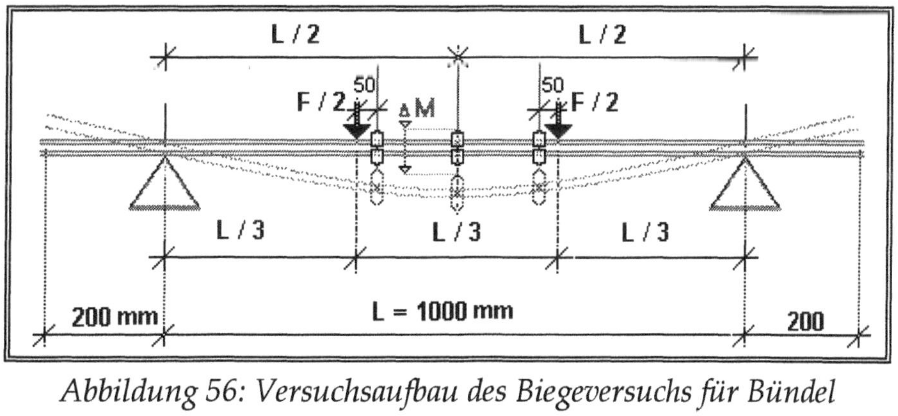

Abbildung 56: Versuchsaufbau des Biegeversuchs für Bündel

Abbildung 57: Lasteinleitung beim Biegeversuch

Nach dem Erreichen der Höchstlast und Beendigung des Versuches wurden die Probekörper aufgeschnitten und zerlegt, um an zwei Querschnitten die tatsächlichen geometrischen Kennwerte zu ermitteln. Für das Flächenträgheitsmoment des Bündelquerschnitts ergeben sich zwei Grenzwerte. Als unterer Wert I_u wurde die Summe der Flächenträgheitsmomente der Einzelhalme bestimmt. Zur Berechnung eines oberen Wertes I_o wurde der Bündelquerschnitt als schubstarr im Sinne der Euler-Bernoulli-Theorie, d.h. aus schubstarr miteinander verbundenen Einzelstäben bestehend, betrachtet. Die Ergebnisse dieser Berechnungen sind in Tabelle 12 zusammengestellt.

	I_u [mm^4]	I_o [mm^4]
Querschnitt 1	12450	139995
Querschnitt 2	10712	128449
Mittelwert	11581	134222

Tabelle 12: Querschnittswerte Bündel 2

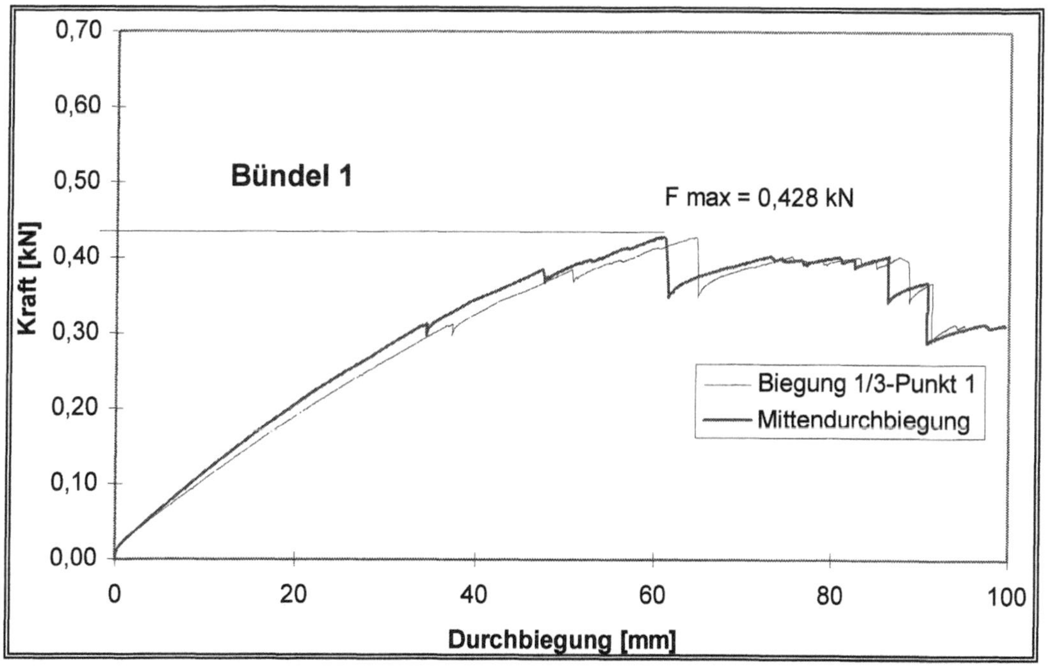

Abbildung 58: Messergebnis Durchbiegeversuch, Bündel 1

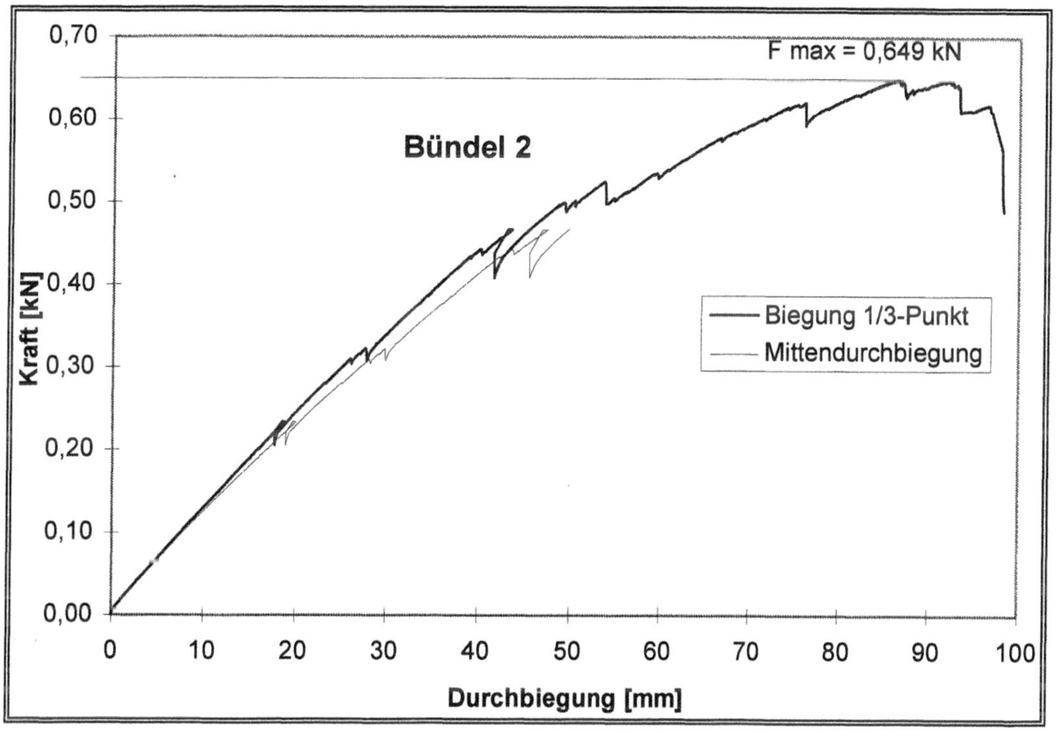

Abbildung 59: Messergebnis Durchbiegeversuch, Bündel 2

Wie erwartet liegt die im Versuch beobachtete Steifigkeit zwischen den theoretischen Grenzwerten, sie liegt jedoch nur unwesentlich über der unteren Grenze, was dem Fall einer vernachlässigbaren Schubübertragung zwischen den Einzelhalmen entspricht.

Es kann davon ausgegangen werden, daß die Steifigkeit des Bündels durch besonders sorgfältige Ausführung der Bindeschlaufen sowie durch Vergrößerung deren Anzahl positiv beeinflußt werden kann.

Man kann unterstellen, daß sich die Traglast des Bündels nicht wesentlich von der Summe der Traglasten der Einzelhalme unterscheidet. Eine grobe Überschlagsrechnung liefert für den betrachteten Probekörper eine Randspannung in dem zuerst versagenden Einzelhalm von rd. 40 N/mm². Dieser Wert stimmt in etwa mit den untersten Werten, die an den Einzelhalmen ermittelt wurden, überein (Mittelwert der Gruppe ohne Mittelknoten: 38,5 N/mm².

1.2.3.3 Axiale Druckversuche an Stabbündel

Vergleichbar den Versuchen zum Biegetragverhalten von Reetbündeln standen zwei Prüfkörper für axiale Druckversuche zur Verfügung. Der Bündelquerschnitt bestand wie im Falle der Biegeversuche aus rd. 20 Einzelhalmen, die mit Kunststoffbändern etwa in den Viertelspunkten der Stablänge zusammengeschnürt waren. Der mittlere Durchmesser der einzelnen Halme betrug rd. 10 mm, die Bündeldurchmesser ca. 60 mm. Die Gesamtlänge der Bündel betrug jeweils rd. 1400 mm.
Beide Bündel wurden als beidseitig gelenkig gelagerte Stäbe (zweiter Eulerfall) geprüft. Zur Realisierung der gelenkigen Lagerung der Aufstandsflächen wurden die Bündelenden, wie in Abbildung 60 schematisch gezeigt, in Halbschalen aus Holz eingebettet.
Die Versuchsdurchführung erfolgte weggesteuert in einer servohydraulischen Prüfmaschine mit jeweils konstanter Querhaupt-Vorschubgeschwindigkeit von 0,017 mm/sec. bei Bündel 1, bzw. mit 0,01 mm/sec. bei Bündel 2. Neben der vertikalen Verschiebung des Lastangriffspunktes (Querhauptweg), im weiteren Stauchung genannt, wurde die Ausbiegung der Bündel in Stabmitte mittels vier Meßuhren (Bündel 1), bzw. mittels Längenmaßstäben (Bündel 2) bei größeren Verformungen registriert.
Im Vergleich dazu ist der Versuchsaufbau mit einem Abschnitt eines einzelnen Stabes im Bruchzustand gezeigt (Abbildung 64).
Die Abbildung 61 und Abbildung 62 zeigen die Druckkraft-Stauchungsdiagramme beider Bündel, Abbildung 63 beinhaltet die Druckkraft-Mittenausbiegungskurven. Wie aus den Druckkraft-Stauchungsdigrammen, bzw. den Druckkraft-Ausbiegungskurven ersichtlich, wiesen die beiden Bündel ein ähnliches mechanisches Verhalten auf.

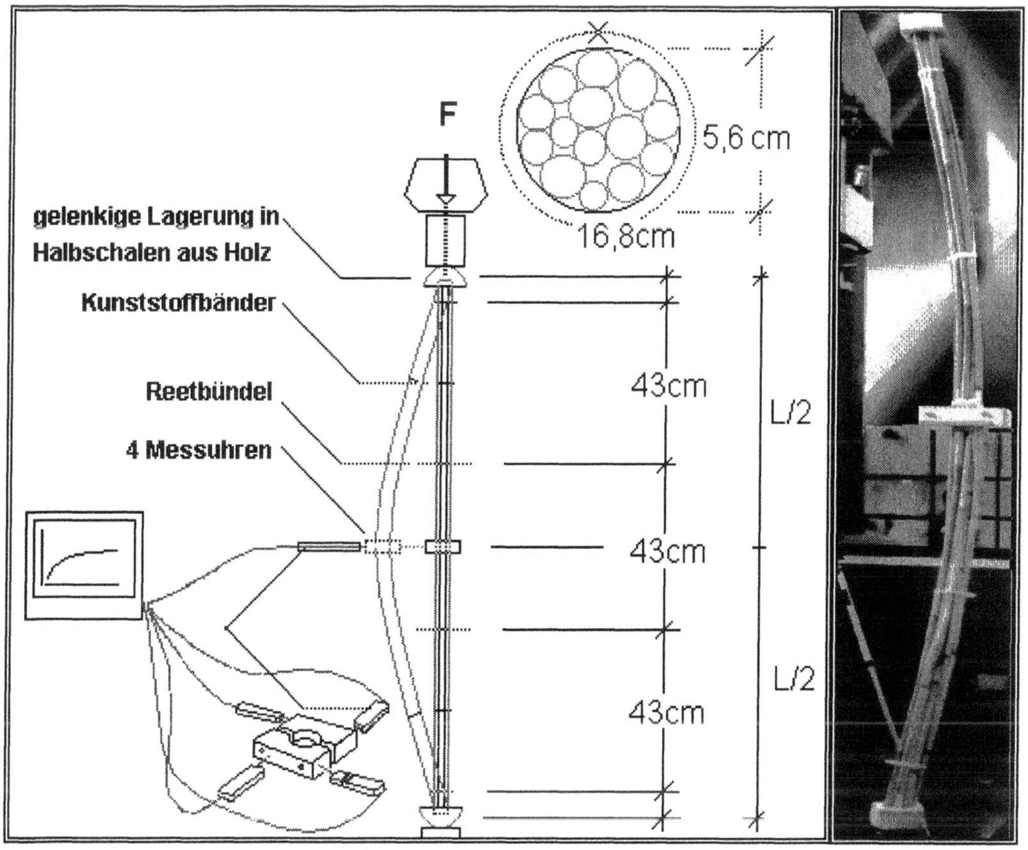

Abbildung 60: Schema des Versuchsaufbaus und der Verformungsmessung, rechtes Bild: Ansicht des Versuchsaufbaues, Druckbündel 1 im Zustand großer Ausbiegung (Lit.43)

Alle Lastverformungskurven waren bis ca. 50 % der maximal ertragenen Druckkraft weitestgehend linear. Nach Überschreiten der Proportionalitätsgrenze und des daran anschließenden nichtlinearen Übergangsbereiches schließt sich sodann ein weiterer linearer Ast bis zum Erreichen der Höchstlast an, die Last-Verformungscharakteristik bis zur Höchstlast konnte somit in grober Näherung als bilineare Kurve idealisiert werden. Die Höchstlasten der beiden Bündel 1 und 2 lagen bei 0,98 kN, bzw. 0,79 kN. Die Mittenausbiegungen der Stäbe betrugen bei der Höchstlast rd. 18 cm, die axiale Stauchung lag bei rd. 2 mm.

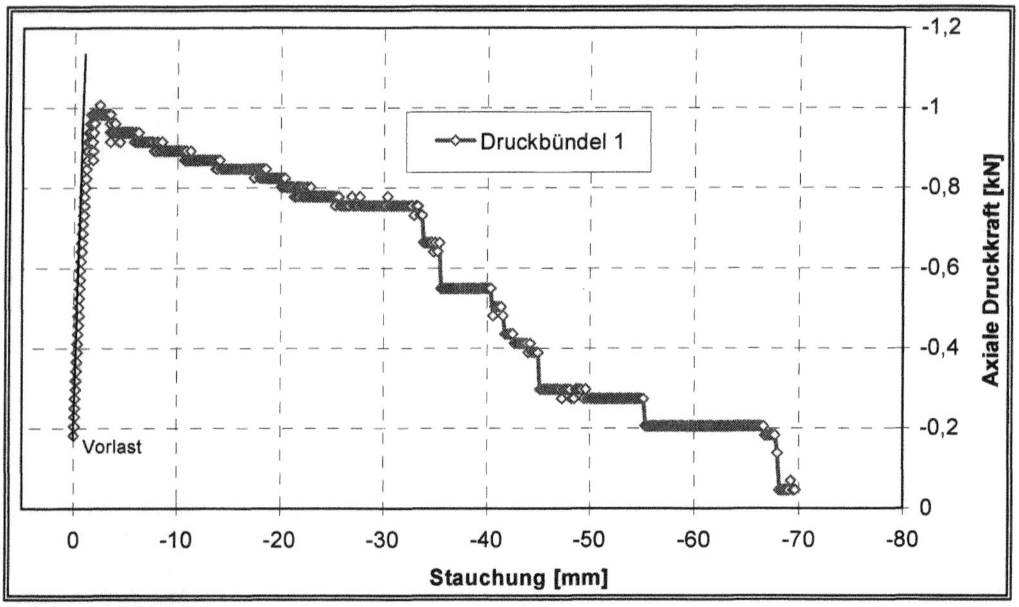

Abbildung 61: Messergebnis Axialdruckversuch, Druckbündel 1

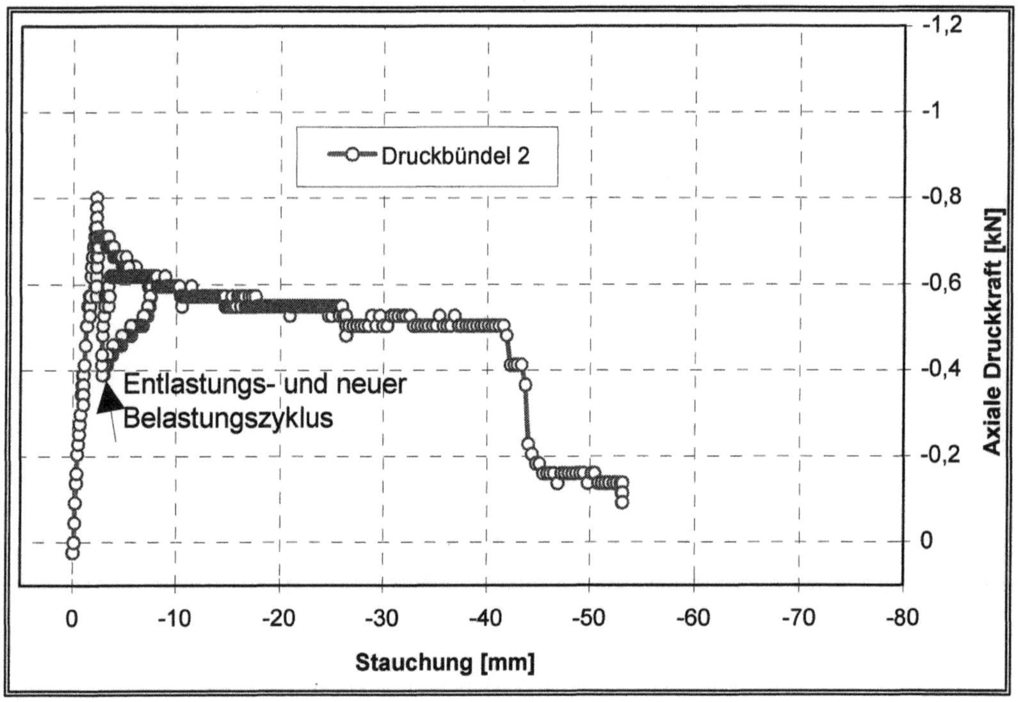

Abbildung 62: Messergebnis Axialdruckversuch, Druckbündel 2

Auch nach Überschreiten der Höchstlast und einem Lastabfall von rund 0,1 - 0,2 kN zeigten beide Druckbündel eine gut vergleichbare Drucklast-Verformungscharakteristik. Wie aus den Abbildung 61 und Abbildung 62 ersichtlich nahmen die Stauchungen und gleichermaßen auch die Ausbiegungen bei zunächst näherungsweise konstanter Last extrem zu. Nach rund 35 - 45 mm Stauchung traten sodann stärkere Lastabfälle auf. Die Ausbiegungen im Post-peak-Bereich betrugen beim versuchstechnisch erforderlichen Beenden der Meßwertregistrierung rund 18 cm.

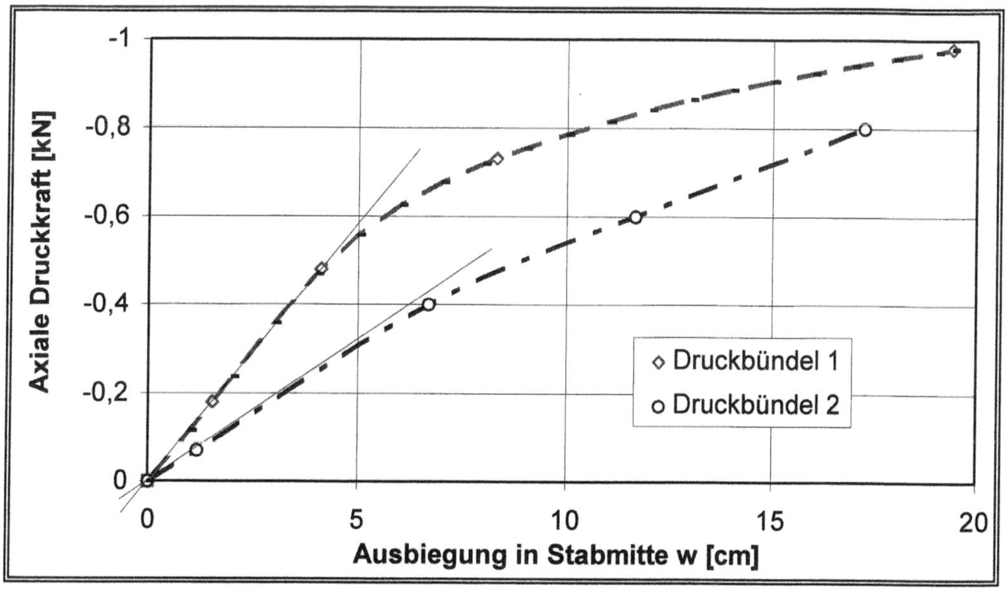

Abbildung 63: Druckkraft-Mittenausbiegungskurven Bündel 1; 2

Der insbesondere bei Druckbündel 1 deutlich ersichtliche Lastabfall (Abbildung 48) im Post-peak-Bereich ist verbunden mit dem Versagen einzelner Reetröhren des Gesamtbündels.

Festzuhalten bleibt, daß das Tragverhalten der untersuchten Reetbündel im überkritischen Bereich äußerst gutmütig ist, was u.a. auf die Möglichkeiten von Lastumlagerungen zwischen den Einzelröhren der Bündel zurückzuführen ist.

Ob das im axialen Druckversuch an zwei weitgehend geometrisch ähnlichen Bündeln erhaltene nichtlineare Druckkraft-Stauchungs- bzw. Druckkraft-Ausbiegungsverhalten hinreichend genau mit der in den Biegeversuchen mit transversalen Lasten ermittelten Verbundsteifigkeit erklärt werden kann, bedarf eingehender nichtlinearer Traglastberechnungen, die nicht Gegenstand der vorgelegten Arbeit sind.

Nach Einschätzung der mit den Prüfungen befaßten Institute für Werkstoffe im Bauwesen (IWB) und der Forschungs- und Materialprüfungsanstalt Baden-Württemberg (FMPA) kann mit dem in den Biegeversuchen festgestellten weitestgehend vernachlässigbaren Verbundwirkungsgrad auch eine größenordnungsmäßig zutreffende Abschätzung des axialen Tragverhaltens der untersuchten Bündelstrukturen vorgenommen werden. (Lit. 43)

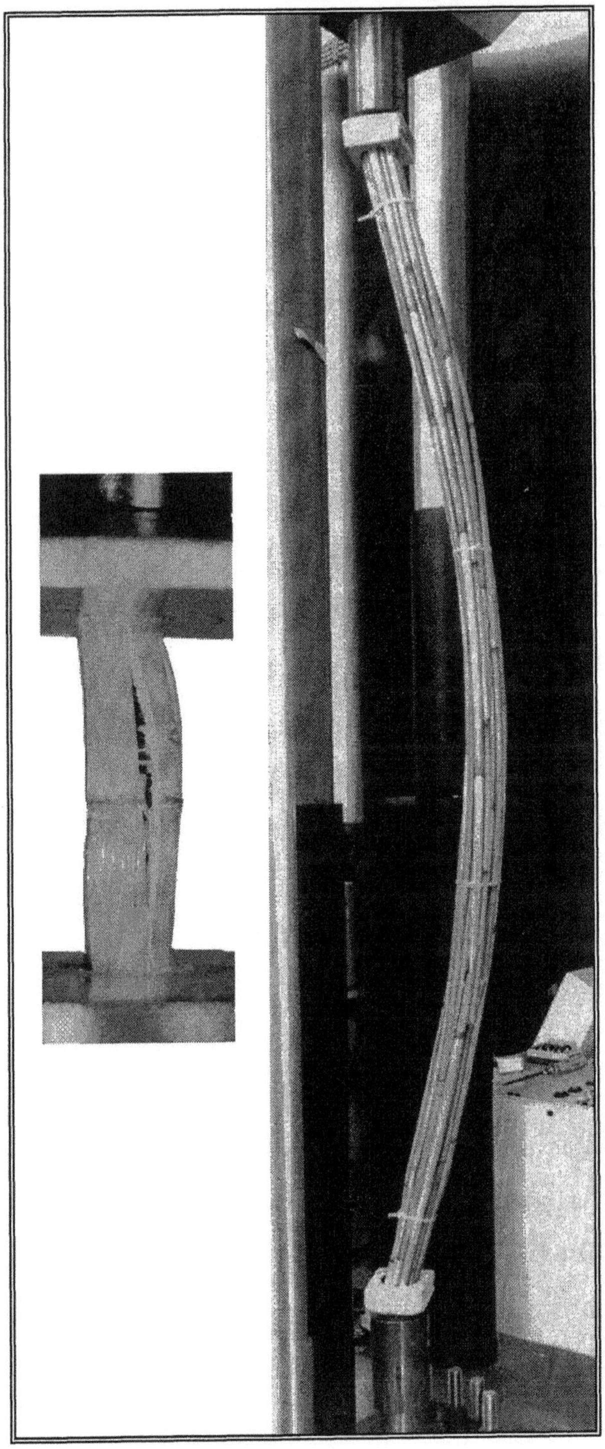

Abbildung 64: Druckbündel 2 im Zustand sehr großer Verformungen (Mittenausbiegung ca. 15 cm) ähnliches Verformungsverhältnis beim Druckversuch von Einzelprobe (Bild links) siehe ***Abbildung 30***

Eine gute Vergleichsgröße ergibt sich, wenn die Festigkeit, bzw. das Elastizitätsmodul auf die Dichte bezogen wird, z.B. E/(δg) mit der Erdbeschleunigung g. Zu Tabelle 13 wird diese Kenngrößen für den E-Modul und die Biegefestigkeit dargestellt. Es zeigt sich, daß Reet im

Vergleich zu Stahl etwa 6 mal so steif und etwa 15 mal so biegefest ist. Auch im Vergleich zu Nadelholz ist Reet deutlich steifer und biegefester.

Material	**Biege-festigkeit**	**Elastizitätsmodul** E_β[N/mm²]		**Rohdichte**	**Rohdichte normierter Elastizitäts-modul**	**Rohdichte normierter spezifischer Biege-festigkeit**
		Parallel zur Faser-richtung	rechtwinklig zur Faser richtung			
	σ_B [N/mm²]	E∥	$E_\perp$	δ kg / m³	E∥ / δg [km]	σ_β / δg [km]
Bambus	76,30 - 276,0	22 500	-	≈ 75	30 000	100 - 360
Reet	**30,8 - 64,0**	**13000 - 21000**	**--**	**80 - 130**	**16 000**	**38 - 49**
Eiche u. Buche	35 - 60	12 500	600	400 - 600	2000 -3000	9 - 10
Nadel-hölzer	30 - 55	10000 - 13500	300 - 450	350 - 550	3000	10
Stahl	240	210 000	-	7 800	2 700	3

Tabelle 13: Vergleich von Reet mit anderen Baustoffen hinsichtlich der Biegefestigkeit und Steifigkeit

1.3 *Strukturelle Merkmale der Bebauung von El-Manzala*

Die Bevölkerung konzentriert sich im südlichen Teil des El-Manzala-Gebiets, in dem sich die drei Zuflüsse Bahr-El-Baqer, Bahr-Hadus und Bahr-Ramsis befinden. Dieser Teil ist durch gute Straßen mit den Großstädten El-Mataria, El-Gamalia und El-Manzala verbunden.
Die restliche Bevölkerung dieses Gebietes verteilt sich in kleinen Gruppen auf den zahlreichen Inseln. Im folgenden Abschnitt sollen die Merkmale der Bebauung des südlichen Teils El-Manzalas anhand folgender Gesichtspunkte erörtert werden:

- Struktur der Wohnsiedlungen (linear, zentral, netzartig) und Grundstücksformen.
- Verkehr (Wasserstraßennetz, Straßennetz, Straßenprofil).
- Der öffentliche Raum.
- Baudichte und Wohndichte.

1.3.1 Struktur der Wohnsiedlungen

Prinzipiell gibt es drei strukturelle Hauptformen der Wohnsiedlungen:

1.3.1.1 Die Linearstruktur

Bei dieser Ordnung liegt die Bebauung immer parallel zu den drei Zuflüssen Bahr-El-Baqer, Bahr-Hadus und Bahr-Ramsis.
Die landwirtschaftliche Nutzfläche liegt stets im hinteren Bereich eines Grundstückes, der Wohnbereich direkt am Fluß, da dies für die Erschließung des Wohnbereichs günstiger ist. Die schmale Restfläche zwischen landwirtschaftlicher Nutzung und Fluß läßt nur eine lineare Bebauung zu.

1.3.1.2 Die Zentralstruktur

Diese Ordnung kommt hauptsächlich auf den Inseln vor. Dabei bildet eine größere Insel das Zentrum eines Inselverbandes, von der die Siedlungsentwicklung ausgeht. Auf ihr wohnen neben alten und reichen Leuten auch der Bürgermeister. Öffentliche Gebäude, Moschee, Markt und Café befinden sich auf den anderen Inseln, ebenso der Rest des Stammes. Als Beispiel hierfür kann die Häusergruppe Hamid-Hemdan auf den Bar El-Riqa und El-Paranis Inseln nördlich des Bahr-Ramsis-Zuflusses angeführt werden.

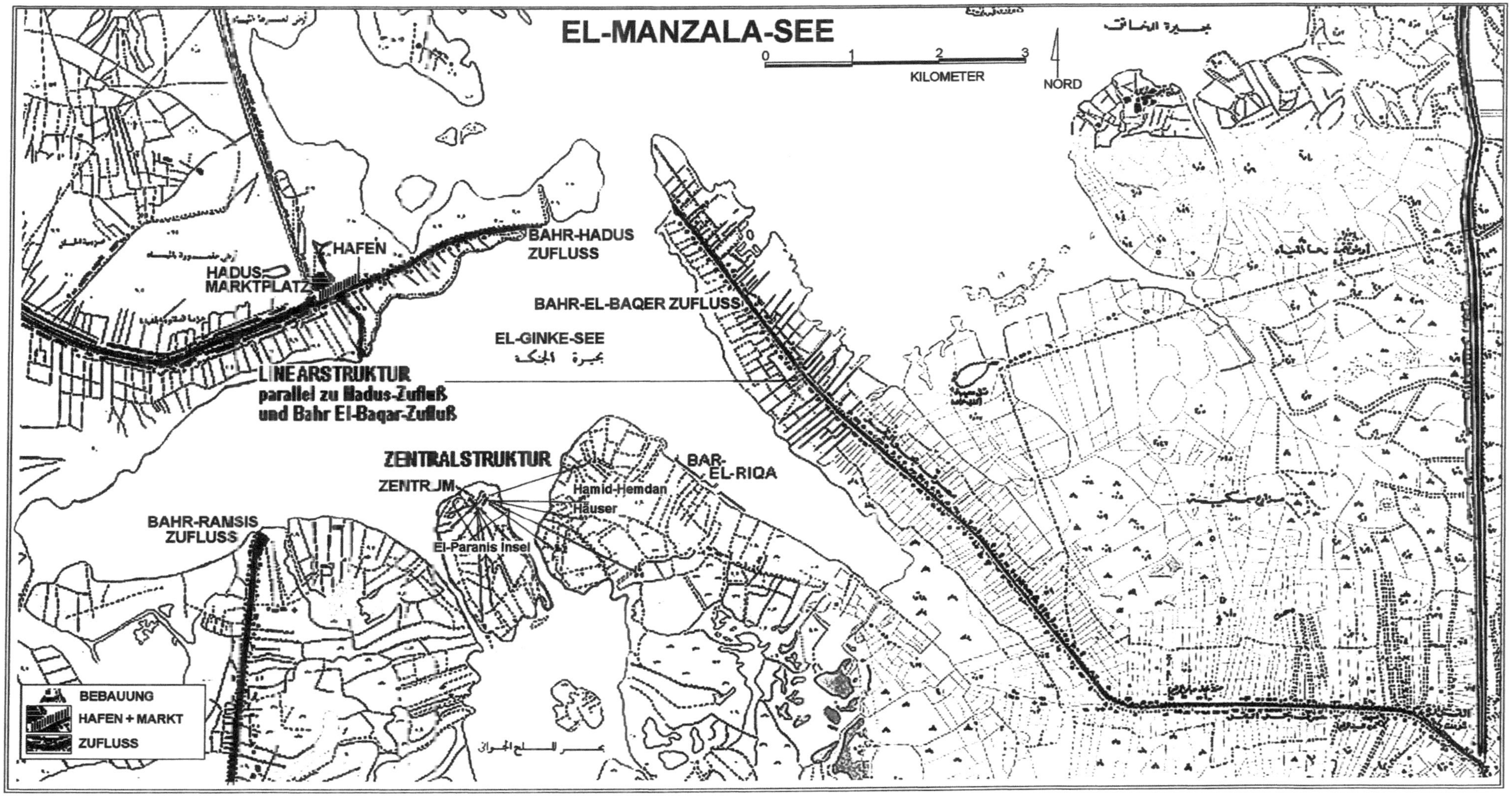

Abbildung 65: Kartenausschnitt des El-Ginke-Sees im südlichen Teil des El-Manzala-Sees, mit den Zuflüssen Bahr-Hadus, Bahr-Ramsis, Bahr El-Baqer
Siedlungsstrukturen der Bebauung:Linearstruktur parallel zu den Zuflüssen Bahr-El-Baqer und Bahr-Hadus; Zentralstruktur auf der Insel El-Paranis, sowie der Halbinsel Hamid Hamad

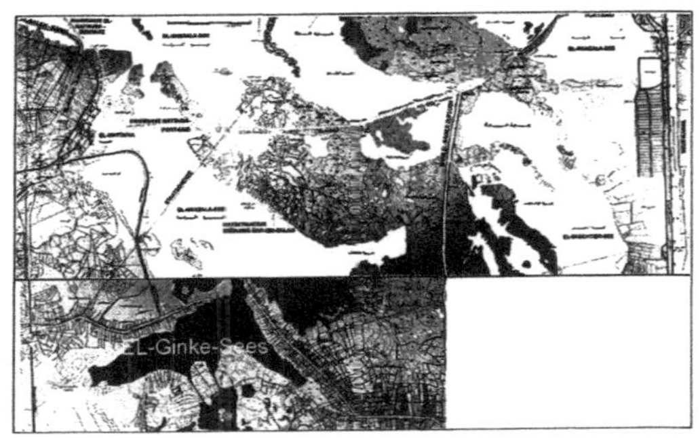

Teil 1 (Abbildung 66)

Teil 2 (Abbildung 65)

1.3.1.3 Die Netzstruktur

Die netzartige Wege- und Siedlungsstuktur findet man nur in einigen begrenzten Gebieten in El-Manzala. Sie ist weniger verbreitet als die zwei zuvor beschriebenen Siedlungsstrukturen.

Die Netzstruktur entsteht meist um ein oder mehrere Binnenbecken herum. Die umgebenden Häuser und Grundstücke besitzen einen Zugang zu den meist für die Fischzucht genutzten Tümpeln. Außerdem sind sie untereinander verbunden, wodurch sich die zwei Wegenetze miteinander zu einem Netz verflechten.

Eine solche netzartige Struktur ist deutlich zu erkennen am Beispiel der Siedlung Bar-Ibn-Salam (Abbildung 66).

Folgende drei Ursachen beeinflussen die aufgezählten Strukturformen:

1. Die topographischen Eigenschaften

Die Linearstruktur ist die natürliche Ordnung für die Wohnsiedlungen an den Zuflüssen (z.B. Bahr-Hadus-Zufluß).

Die Grundfläche zwischen Zufluß und See ist schmal und erlaubt nur diese Form.

Die Zentralstruktur wird ebenfalls durch die Ausnutzung der topographischen Gegebenheit bedingt. Hier ordnen sich Siedlungen in mehr oder weniger radialen Zusammenhängen den Inselgruppen an. Ein Vorteil bei dieser Siedlungsweise ist, daß sich die Inselsiedlungen um eine Hauptinsel verteilen.

In sumpfigen Gebieten haben sich netzförmige Siedlungsstrukturen entwickelt. Hier bildet ein Geflecht aus teils natürlichen, teils künstlich angelegten Gräben die Grundstruktur.

2. Die Berufsstruktur der Bewohner des El-Manzala-Gebietes

Das Wasser ist sowohl für Fischer als auch für Bauern die Quelle ihrer Einkünfte. Deshalb bauen sie immer in der Nähe des Wassers, d.h. entweder entlang der Kanäle oder in der Seenplatte, bzw. den Sumpfgebieten. Besitzt eine Familie ein Fischzuchtbecken in der Seenplatte, so kann sie es von den kleinen benachbarten Inseln aus versorgen. Die Häuser besitzen eine Verbindung zum Wasser, indem die kleinen Kanäle bis unmittelbar an sie herangeführt werden. Daraus entwickeln sich sternförmige Siedlungen, wie sie bei der Netzstruktur und bei der Zentralstruktur anzutreffen sind.

3. Der Baustoff

Als Baustoff verwenden die Bewohner hauptsächlich Reet.

Reet ist leicht brennbar und bietet einen schlechten Schallschutz, zudem ist eine gute Durchlüftung für die Haltbarkeit des Baustoffes wichtig. Daher wird stets auf einen ausreichenden Abstand zwischen den Baukörpern geachtet. Als weitere Schutzmaßnahme in diesem Zusammenhang werden zwischen den Häusern schmale Kanäle angelegt. Aus diesen Gründen ist keine kompakte, zusammenhängende Gebäudeform möglich, sondern eine Struktur bestehend aus vielen Einzelhäusern, wie sie in allen drei Strukturtypen vorkommt.

1.3.1.4 Grundstücksformen

Allgemein gesehen gibt es keinen formalen Städtebau im untersuchten Gebiet. Als einziges Gesetz gelten die Regeln der Eigentumsverhältnisse.

Die Verbindung zum See mittels Kanäle ist sehr wichtig. Deshalb entstand als Hauptgrundstückform ein Rechteck mit einer Breite von ca. 60 Metern parallel zu den Kanälen oder den Zuflüssen und einer Länge von ca. 250 Metern. So gab es für jedes Grundstück den Vorteil der Verbindung zum See und gleichzeitig zum parallel am Hauptkanal gelegenen Fußweg.

Das Erbrecht ist einer der Gründe für diese Rechteckform, da mit jeder Aufteilung des Grundstücks zwischen den Erben die Verbindung mit dem See für jeden Teil bestehen bleiben mußte. Zusätzlich spielt auch die Inselform eine Rolle.

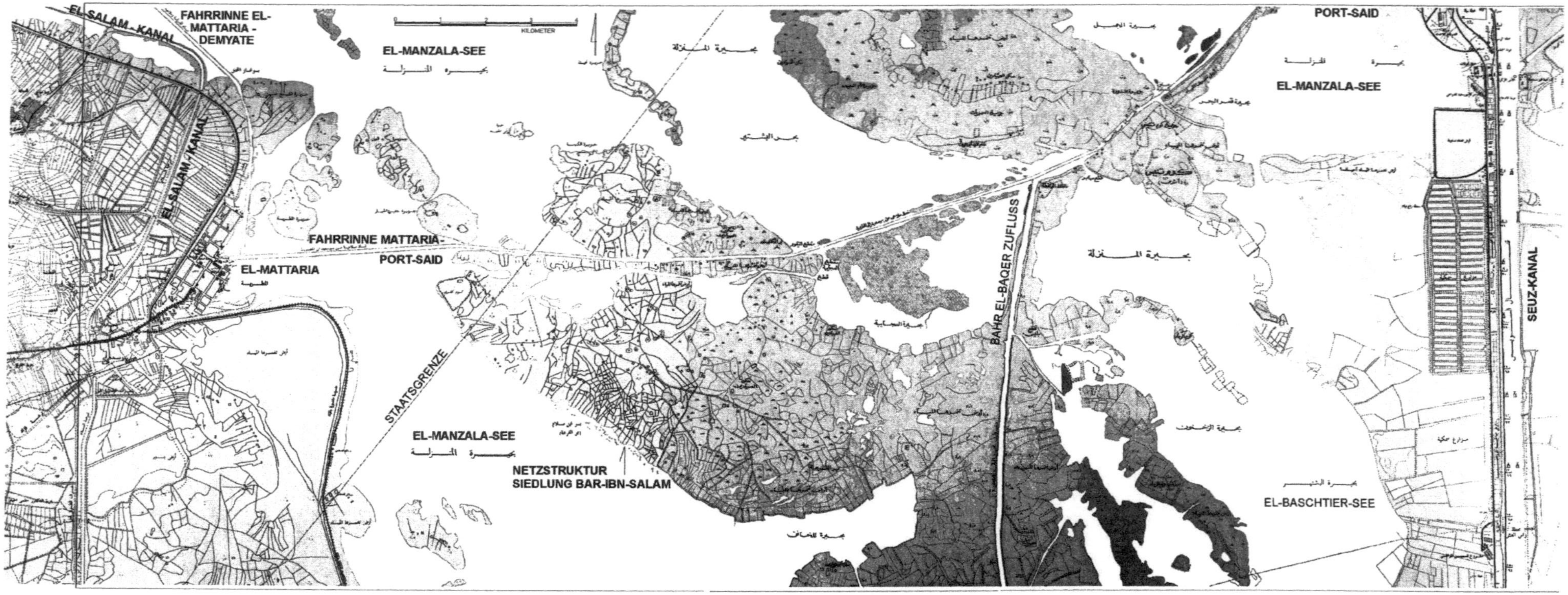

Abbildung 66: Südlicher Teil des El-Manzala-Sees
Siedlungsstruktur: Netzstruktur der Siedlung Bar-Ibn-Salam

Teil 1 (Abbildung 66)

Teil 2 (Abbildung 67)

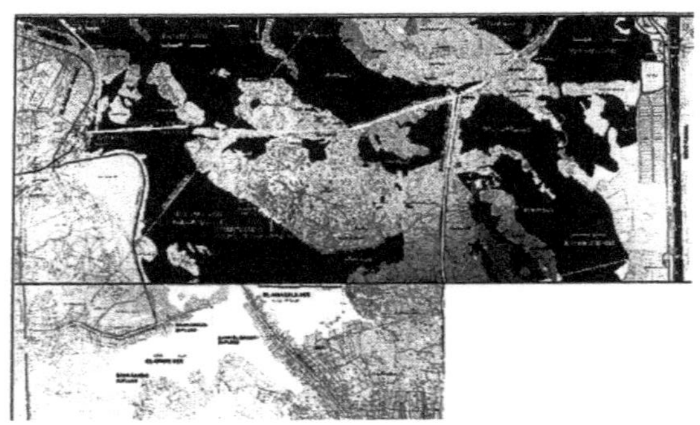

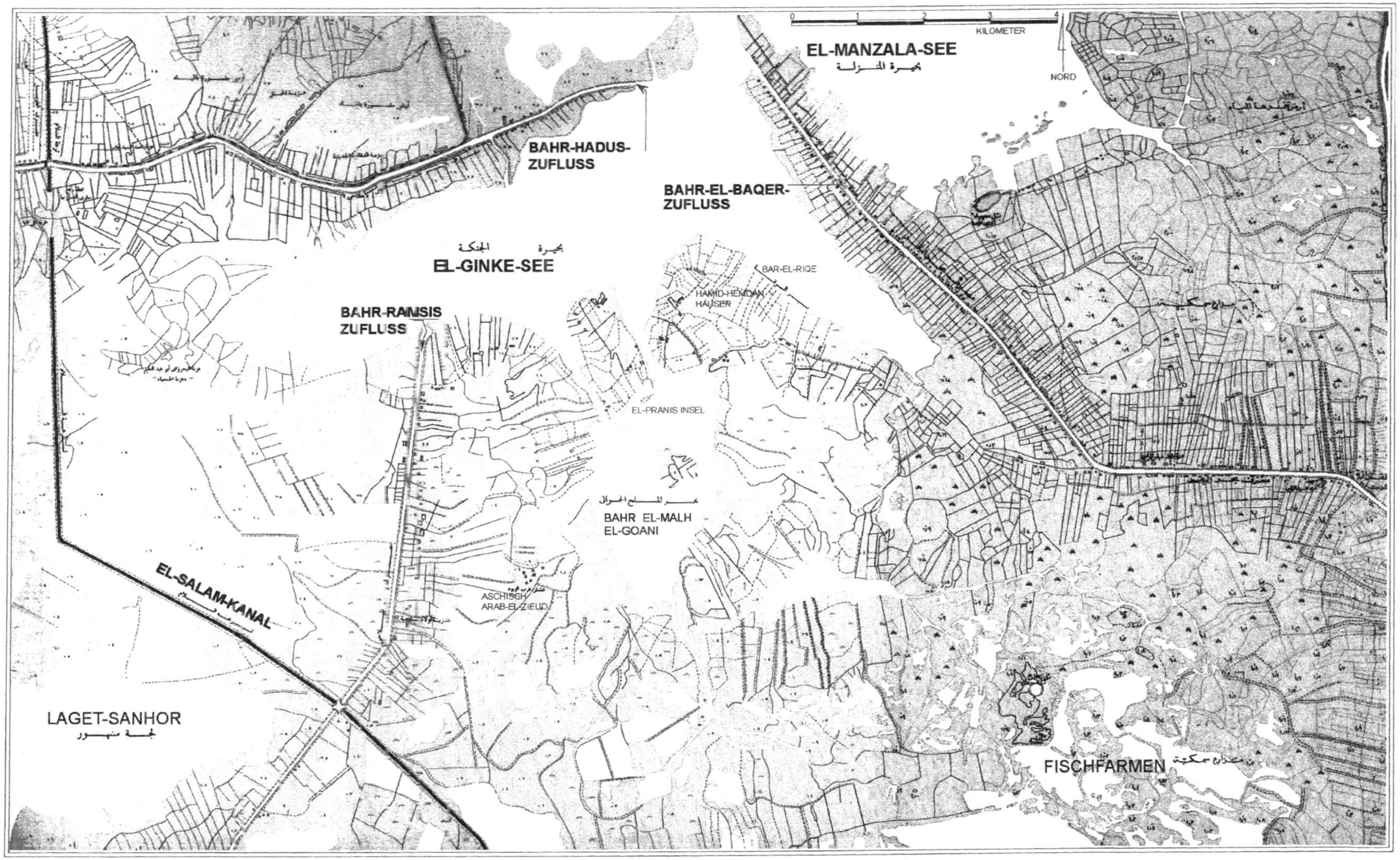

Abbildung 67: vorherrschende Grundstücksform: ein Rechteck mit einer Breite von ca. 60 Metern parallel zu den Kanälen oder der Zuflüssen und einer Länge von ca. 250 Metern

Teil 1 (Abbildung 66)

Teil 2 (Abbildung 67)

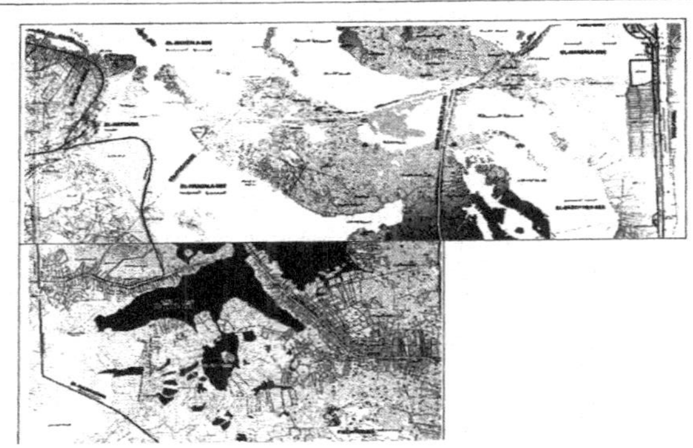

1.3.2 Verkehr

Der Verkehr im El-Manzala-Gebiet ist beeinflußt von den topographischen Eigenschaften und den Haupteinkommensquellen der Bewohner. Das Hauptverkehrsnetz besteht aus den Hauptwasserstraßen mit großen und tiefen Kanälen. Dieses Wasserverkehrsnetz verbindet das El-Manzala-Gebiet mit dem Festland durch die drei Haupthäfen Port-Said (nordöstlich), Demyate (nordwestlich) und El-Mataria (westlich), wo die Ballungszentren liegen. (Abbildung 66) An diesen drei Punkte besteht der Anschluß zum Straßenverkehrsnetz.

1.3.2.1 Das Wasserstraßennetz im El-Manzala-Gebiet

Es ist durch besondere Merkmale charakterisiert. Davon besteht eines in der geringen Wassertiefe. So können Boote mit mehr als einem Meter Tiefgang im Großteil des Gebietes nicht fahren. Das Ministerium für Wasserwirtschaft hat drei Fahrrinnen mit einer Tiefe von fünf Metern, den Hauptwasserstraßen, anlegen lassen. Sie führen von Port-Said über El-Mataria nach Demyate und von dort wieder nach Port-Said.

Abbildung 68: Hauptkanal Ramsis-Zufluß

Das Erschließungssystem der Siedlungen besteht aus einer Hierarchie von Haupt- und Nebenkanälen. Man findet immer ein ähnliches Erscheinungsbild : Als Hauptverbindung zum See dient ein ca. 40 m breiter Hauptkanal, welcher zu den Hauptwasserstraßen führt. An ihn schließen sich 2 m breite Nebenkanäle an, die eine Verbindung zu den

Häusern ermöglichen. Die Verbindungsstelle von Haupt- und Nebenkanal wird aufgeweitet, um als Anlegestelle für Boote genutzt werden zu können. Als Direktverbindung zwischen Nebenkanal und Haus dient ein schmaler Stichkanal.

Abbildung 69: Hauptkanal, im Hintergrund Einmündung des Nebenkanals

Von diesen Hauptfahrrinnen zweigen viele Stiche zu den Siedlungszentren mit durchschnittlich dreieinhalb Metern Tiefe ab. Es gibt eine öffentliche Fähre, ansonsten fahren die Bewohner mit verschiedenen Booten, die dem flachen Wasser angepaßt sind.

Abbildung 70: Stichkanal (2-3m breit), Verbindung von Gebäude und Nebenkanal

Dieses Wasserstraßennetz ist ein einfaches und gut funktionierendes System, besonders nach der Verbesserung der Fahrrinnen. Diese Verbesserung war sehr wichtig für die Entwicklung der Verkehrslinien in den letzten zehn Jahren. Nachdem hauptsächlich Motorboote verwendet werden, sind die Fahrrinnen bequemer zu befahren und die Kurven günstiger für Motorboote.

Für die in den nachfolgenden Abbildungen aufgeführten Landgewinnungsprojekte ändern sich die Fahrrinnen, z.B. verläuft das große Wasserkanal-Projekt des El-Salam-Kanals, um Wasser nach Sinai zu bringen, durch das Gebiet der Studie.

Entsprechend bringt das "Ministerium für Landgewinnung, Landwirtschaft und Siedlungsbau" durch die Planung von Projekten Bewegung in die Entwicklung des Verkehrs.

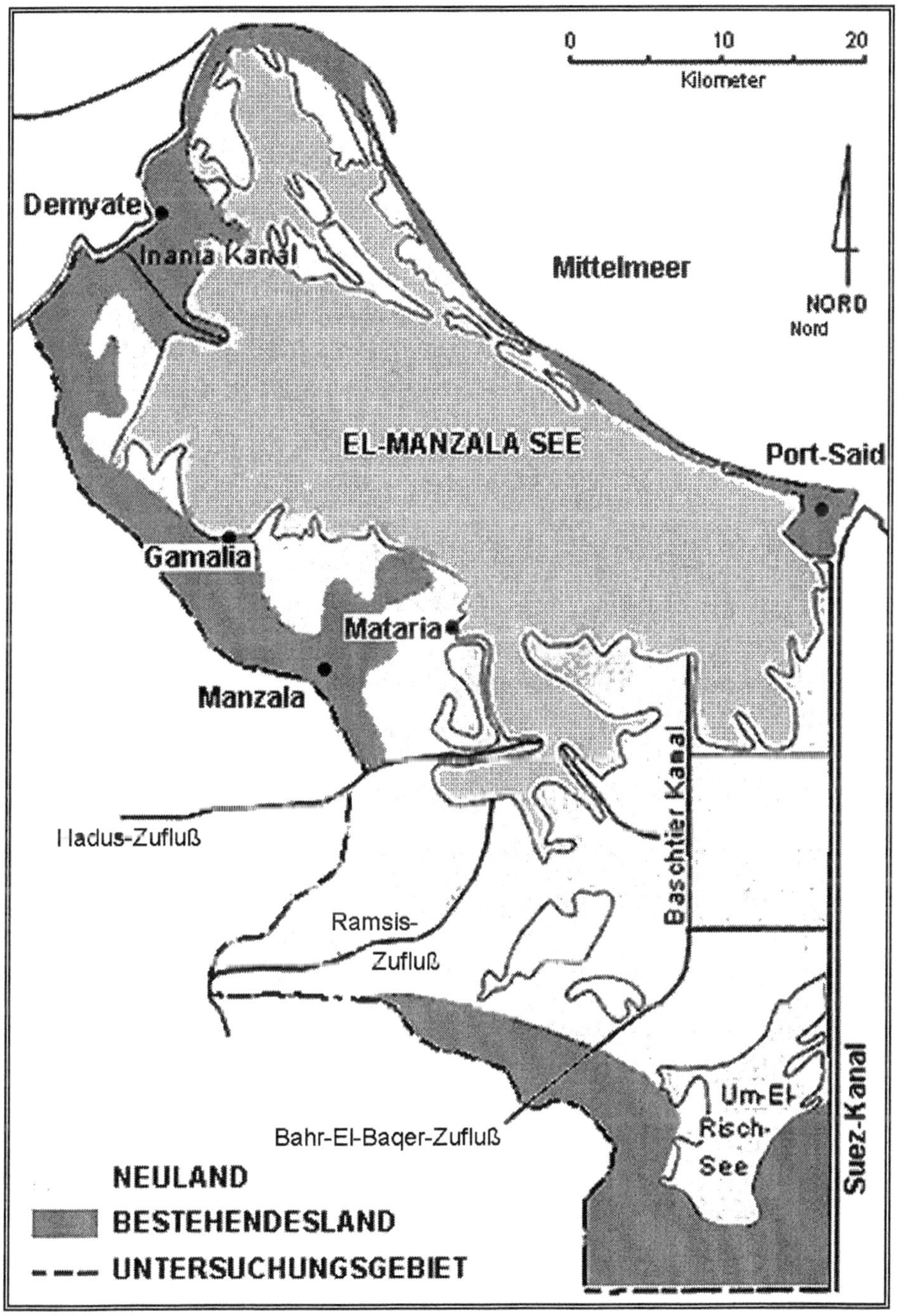

Abbildung 71: Erweiterungsgebiete (Lit. 22 Volume 10)

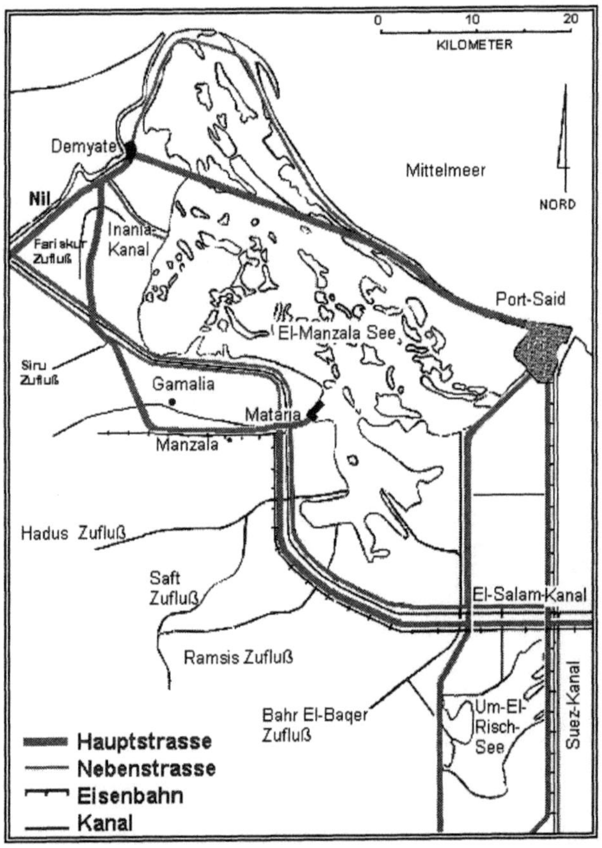

Abbildung 72: Straßen, Eisenbahn und Kanäle (Lit. 22, Volume 11)

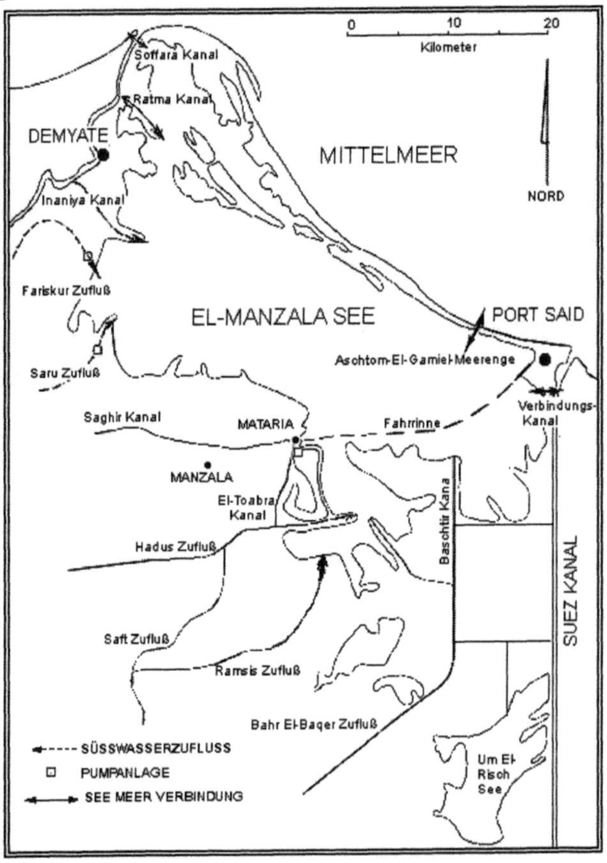

Abbildung 73: El-Manzala See, wichtige Zuflüsse und Abflüsse des Sees

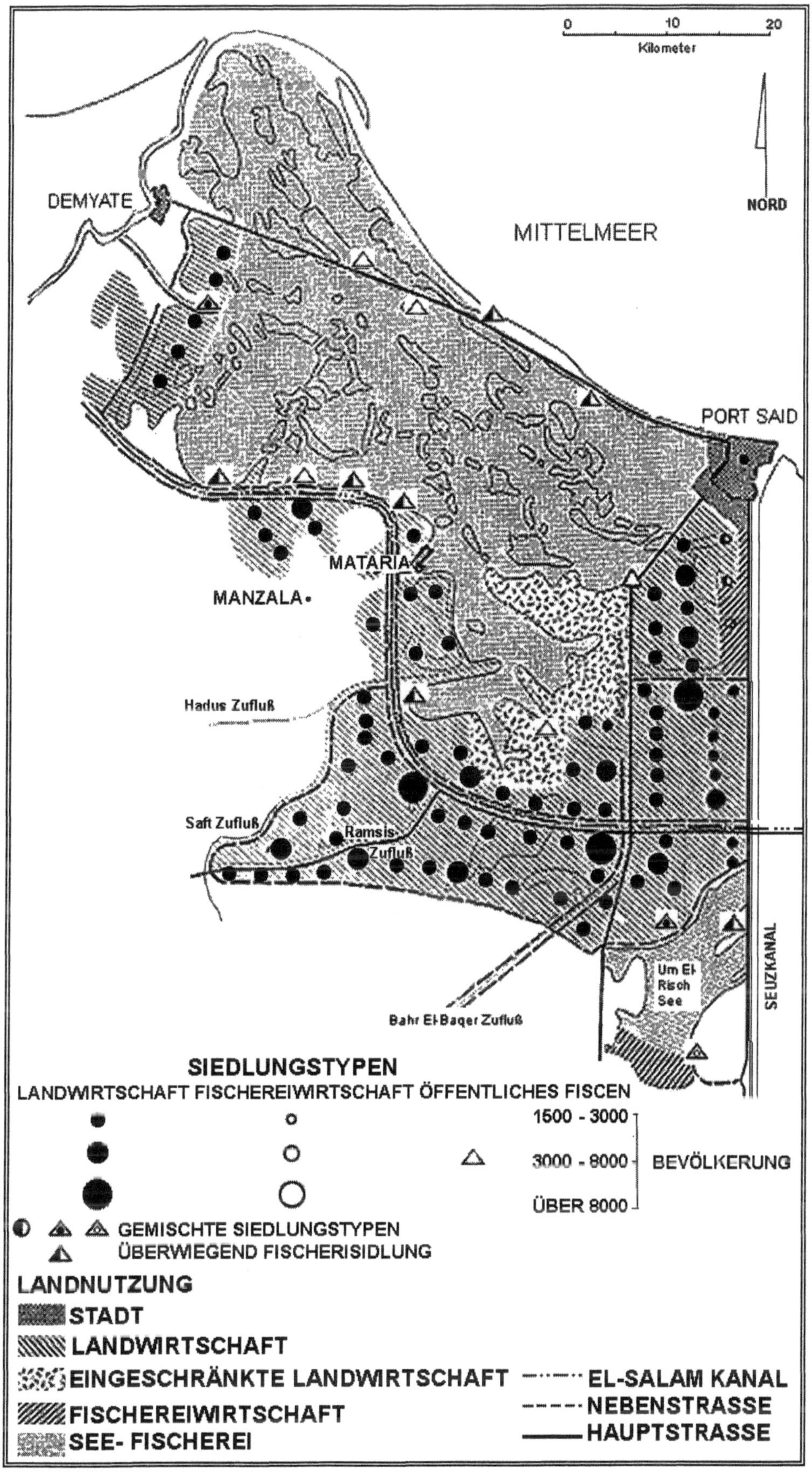

Abbildung 74: Entwicklungsprogramm der Siedlungsstruktur (Resultat aus der Studie „Lake Manzala Study") (Lit. 22)

1.3.2.2 Das Straßennetz auf dem Festland

Das Gebiet der Studie ist mit den drei Hauptstädten Port-Said (30 km entfernt), Demyate (50 km entfernt) und El-Mataria (10 km entfernt) über eine schmale (sechs Meter breite) Straße verbunden.

Der Großteil der Straßen befindet sich im Bereich des Bahr-Hadus-Zuflusses, der am nächsten zu den Zentren El-Mataria und El-Gamalia liegt, wo sich die Fisch-Großmärkte befinden. Inzwischen führt auch eine befestigte Straße mit sechs Metern Breite und 40 km Länge von El-Manzala nach Süden zum El-Toabra-Kanal und nach Osten zum Bahr-Hadus. (Abbildung 74)

Abbildung 75: Gasse, ca. 3,00 m breit, senkrecht zur Hauptstraße

Abbildung 76: privater Zugangsweg parallel zum Stichkanal

Abbildung 77: Uferstraße

Abbildung 78: Landstraße

Wege von zwei bis drei Metern Breite verbinden die Häuser mit der Hauptstraße, denn nur selten liegt der Hauseingang direkt an der Straße. Straßen- und Wasserstraßennetz sind miteinander verbunden. Parallel zu den Wegen liegen die Kanäle, so daß man mittels Steg jederzeit beide Verkehrsnetze nutzen kann. Den Bewohnern ist es dadurch möglich, Gemüse und Fisch zu transportieren. Aus Mangel an finanziellen Mitteln für moderne Technik ist es für die kleinen Dörfer schwierig, die beiden Netze ideal zu verbinden.

Um die Privatsphäre zu sichern, werden indirekte Eingänge und schmale Wege (1,5 - 2,5 m) zu den Häusern vorgesehen. Manchmal verschieben die Bewohner die Hauseinheit, um eine Fläche für den Eingang zu lassen, ohne aber richtige Wege anzulegen.

Straßen und Wege haben Formen, die der natürlichen Bewegung von Menschen und Tieren angepaßt sind.

1.3.2.3 Straßenprofile

Es gibt keine städtebaulichen Gesetze oder Regeln, die das Verhältnis von Gebäudehöhe zu Straßenbreite regulieren.

Die meisten Gebäude sind eingeschossig und nicht höher als 3,5 m, während die Straßenbreiten entsprechend der Funktion und Wichtigkeit der Straße unterschiedlich dimensioniert sind (6 m, 4,5 m, 3 m).

Der Einzelhauseingang ist etwa 1,5 m breit, der Doppeleingang für zwei benachbarte Häuser ca. 3 m.

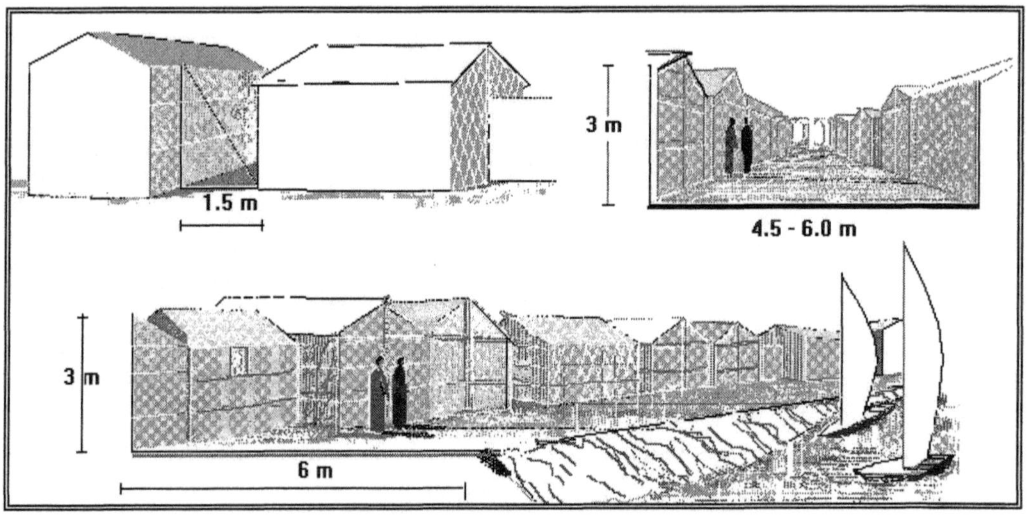

Abbildung 79: typische Straßenprofile

Bild oben: Eingangssituation, Landstraße, Bild unten: Uferstraße

Abbildung 80: durch Kampferbäume gesäumte Straße

Kampferbäume mit einer Höhe von etwa 18 m, welche hauptsächlich im Straßenbereich vorkommen, spenden Schatten. Sie dienen als eine der wenigen hohen Elemente zur Orientierung und helfen ein Gefühl für das Verhältnis von Gebäudehöhe zu Straßenbreite zu bekommen.

1.3.3 Der öffentliche Raum

Hafen, Markt- und Moscheeplätze sowie die Plätze um öffentliche Gebäude, Kaffeehaus und Bootspflegewerkstatt sind die Treff- und Versammlungsorte der Bewohner.

Hafen oder Ankerstelle sind die wichtigsten Treffpunkte, da diese Orte die ersten oder letzten Stationen für die meisten Aktivitäten der Bevölkerung, wie z.B. Fischen, sind.

Die Beziehung zwischen Siedlungs- und Hafengröße ist immer direkt gegeben. Aufgrund seiner großen Bedeutung ist der Hafen von El-Mataria etwa 2 km lang und 500 m breit. Er ist der größte Hafen am El-Manzala-See. Die nächst kleineren sind der westliche Teil des Hafens von Port-Said mit ca. 1 km Länge und 800 m Breite und der Ostteil des Hafens von Demyate mit etwa 500 m Länge und 200 m Breite. Die unterschiedlichen Größen machen auch die Rangfolge der drei Städte bezüglich des Handels deutlich.

Minarette und besondere, hohe Gebäude sind normalerweise als weithin sichtbare Elemente für die Orientierung in Städten und auch in Dörfern wichtig.

Im Gebiet der Studie gibt es wegen des schlechten Baugrunds und der Anwendung des Reets als Baustoff keine Möglichkeit, solche Orientierungselemente aufzustellen.

Abbildung 81: weithin sichtbares Verzierungselement

Die Bewohner benutzen deswegen hohe, schlanke Fahnenmasten als Orientierungspunkte die unmittelbar neben den Anlegestellen plaziert werden. Diese Elemente werden zu besonderen Anlässen, wie z.B. bei Hochzeiten, Trauerfeiern usw. mit Schmuck und Tüchern dekoriert.
Öffentliche Gebäude werden in leuchtenden Farben angestrichen.

1.3.4 Baudichte und Wohndichte

Die bauliche Dichte im El-Manzala-Gebiet beträgt 5% von der Gesamtfläche des Festlandes und der Inseln. Nur 1/20 der Grundfläche ist eingeschossig bebaut, im Gegensatz zu den restlichen Gebieten Ägyptens, z.B. den Oasen mit 30% baulicher Dichte. Dort ist die kompakte Bauweise dem dortigen Klima angepaßt.
Im El-Manzala-Gebiet hingegen verteilen sich die Baukörper auf den Inseln, die umgeben von Ackerland sind. Dazwischen liegen die Kanäle. So ist eine natürliche Belüftung gewährleistet. Diese Bauweise entspricht dem feuchten Klima in El-Manzala.
Da der Baugrund wegen des hohen Grundwasserspiegels und der geologischen Entstehung schlecht beschaffen ist, ist eine kompakte und hohe Bauweise ausgeschlossen. (Vergleiche 3.1.3.) Die geringe bauliche Dichte ist eine Möglichkeit diesem Problem entgegenzuwirken. Reet ist für diese besondere Situation der geeignete Baustoff.
Allerdings sind bei Reet, wenn er in konventioneller Bauweise eingesetzt wird, einige Punkte zu beachten. Es ist ein leicht brennbarer Baustoff und bietet einen schlechten Schallschutz. Die größeren Abstände zwischen den einzelnen Baukörpern wirken dem entgegen und sorgen wiederum für die geringe bauliche Dichte.
Diese Faktoren führen zu einer Wohndichte von ca. 200 Personen/ha. Dies ist im Vergleich mit anderen Gebieten in Ägypten ein sehr niedriger Wert.

1.4 *Architektonische Merkmale von El-Manzala*

1.4.1 Gebäudetyp „Privat Öffentlich"

Grundsätzlich findet man unter den traditionellen Bauten im El-Manzala-Gebiet drei Gebäudeformen in drei Bauweisen.

Dazu zählen die rechteckige Bauten mit Satteldach, genannt Koschk-Bauten, welche in der El-Schibecka-Methode gebaut werden. Sie ist die am meisten verbreitete Bauweise mit 80% der gesamten Bauten. Bei der zweiten Form handelt es sich um die El-Seded-Methode. Es sind ebenfalls Koschk-Bauten, welche mit Gips verkleidet werden. Die dritte ist die El-Schibeka-Methode für runde Hüttenbauten, welche mit 5% nur eine geringe Verwendung findet. Am Ende dieses Kapitels sollen die Konstruktionsmethoden im Detail erklärt werden.

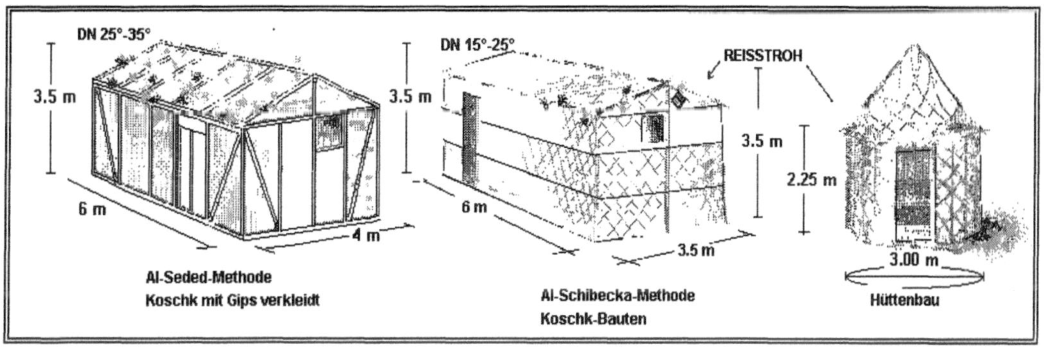

Abbildung 82: Die drei am meisten verbreiteten Bauformen

Einfamilienhäuser wachsen und entwickeln sich organisch durch die Addition verschiedener Räume (Koschks und Hütten), mit der Familie.

Die Aktivitäten und die Hierarchie in der Familie spiegeln sich in der Anordnung der Gebäudeteile wieder. Dabei nimmt das Haus des Familienältesten die wichtigste Stellung ein, gefolgt von den Räumen der anderen Familienmitglieder, entsprechend ihres Alters.

Alle Hauselemente sind separat, um Feuerausbreitung zu vermeiden. Für Inselhäuser ist der „Anlegeplatz" der einzige Eingang. Häuser am Fluß haben zwei Eingänge: Der eine führt von der Straße bis zum Hof, in dem sich die Hauselemente Eß-, Wohn-, Schlaf-, Küchenkoschk befinden.

Das Gastzimmer liegt direkt an dem Straßeneingang. Der zweite Eingang, der Nebeneingang, befindet sich am Ende des Erschließungskanals, auf dem die kleinen Boote bis zum Bootslager fahren. Gleichzeitig liegen Stall und Viehhof neben dem Ackerfeld. Die Beziehung zwischen den Hauselementen zeigt die Lebensordnung der Familienmitglieder.

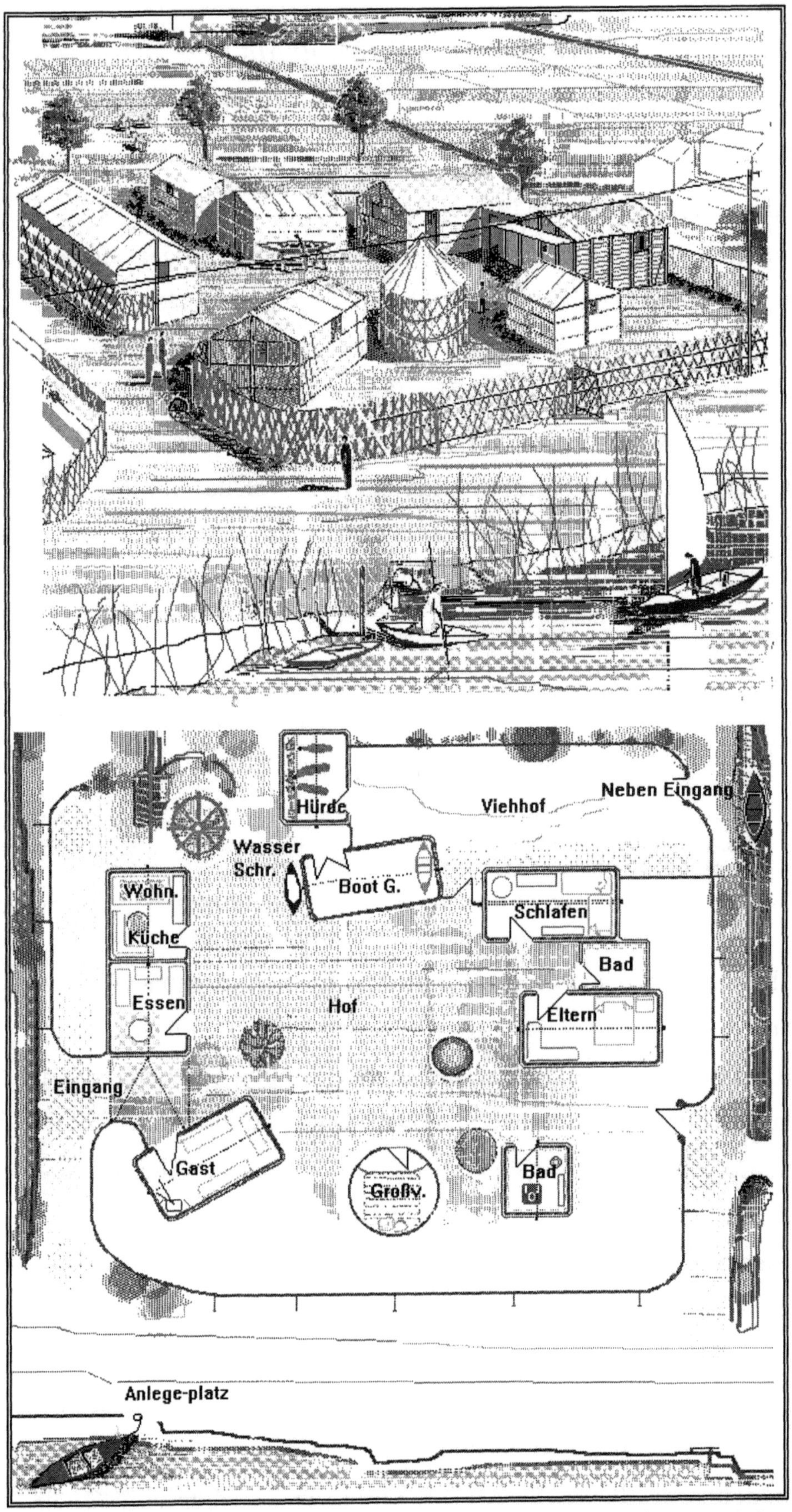

Abbildung 83: Perspektive und Grundriß eines Privathauses (Haus Mohammed Abo-Salm) am Bahr-Hadus-Zufluß mit typischer Anordnung der Häuser 7 Koschk-Bauten der El-Schibeka-Bauweise / 1 Koschk der El-Seded-Bauweise / 1 Rundbau der El-Schibeka-Bauweise

Öffentliche Gebäude wie Moscheen, Café, Bootswerkstatt und Ladengeschäfte sind mit den selben Konstruktionsmethoden (El-Schibeka und El-Seded) der Koschk-Bauten gebaut. Es besteht eine direkte Beziehung zwischen den öffentlichen Gebäuden und dem Wasserstraßennetz, bzw. Straßennetz. Öffentliche Gebäude liegen immer im Siedlungszentrum, das man mit dem Boot oder zu Fuß erreichen kann. Das heißt, es gibt zwei Eingänge. Ein Eingang ist zum Wasser orientiert, der andere Eingang zum Land. Dies ist besonders wichtig bei Moscheen, weil hier viele Leute gleichzeitig zu bestimmten Zeiten kommen und gehen.

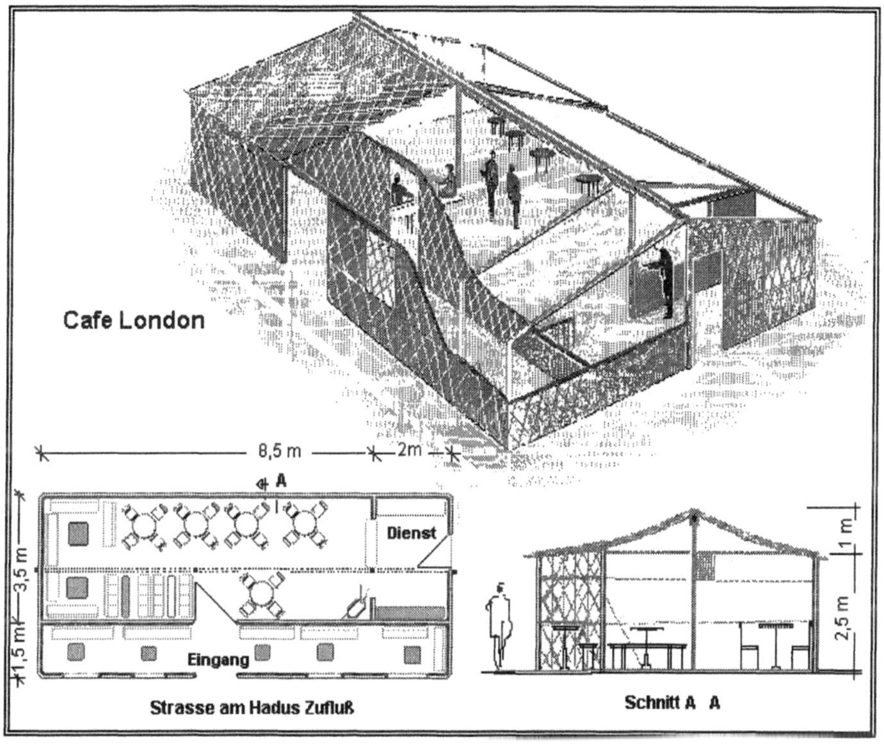

Abbildung 84: Öffentliches Café am Hadus-Zufluß

Abbildung 85: Typischer Laden auf dem Markt am Bahr-Hadus-Zufluß.

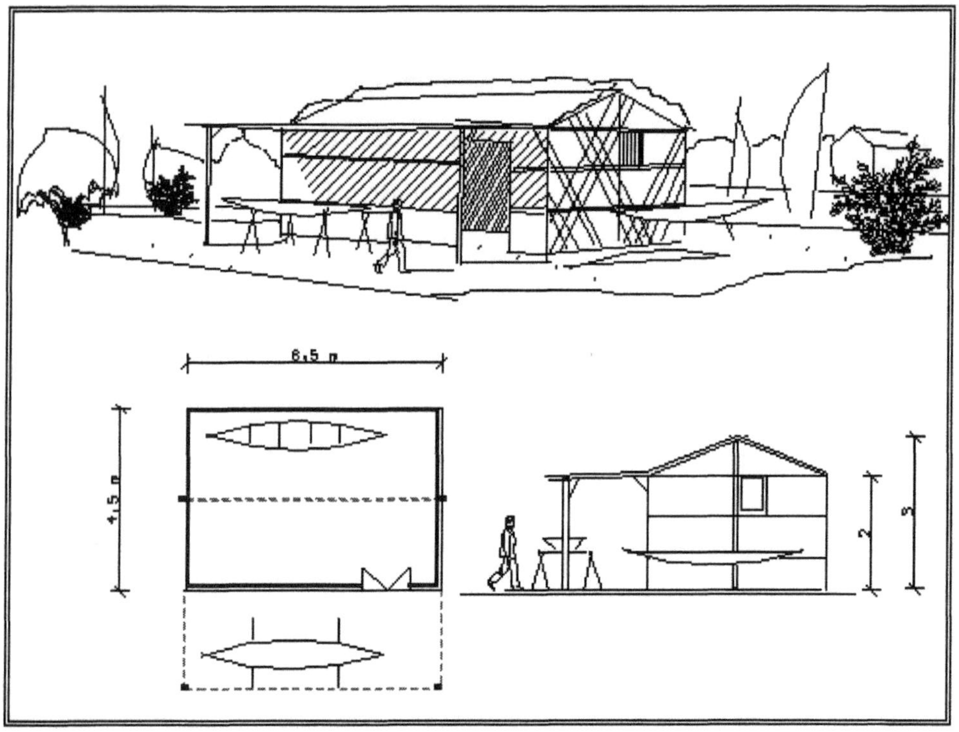

Abbildung 86: Öffentliche Bootswerkstatt hinter dem Haus der Hadus-Zufluß, vor dem Haus die Erschließungsstraße (gebaut in der El-Schibeka-Methode)

1.4.2 Charakter der Baukörper

Grundsätzlich ist der Baukörper mit Reet als Baustoff einfach und von gleichmäßiger Form. Trotzdem haben die Leute im El-Manzala ein gutes Empfinden einem Baukörper von besonderer Bedeutung einen entsprechenden Charakter zu geben.

Geometrisch gesehen gibt es drei Baukörperformen im El-Manzala-Gebiet. Die erste ist der „Koschk" (rechteckige Hütte mit Giebeldach) und die zweite die „Esch" (zylindrische Hütte mit Kegeldach). Die dritte Bauform ist das Flachdach. Damit werden Zwischenräume und Vorplätze zwischen den einzelnen Hütten auf einfache Weise überdacht.

Obwohl es kaum eine bauliche Verbindung zwischen den einzelnen Baukörpern gibt, empfindet man die Gesamtheit einer Hausgruppe als eine Einheit. Die Baukörperformen mit Satteldach und Kegelform sind dem regenreichen Gebiet angepaßt. Zusätzlich sind Eigenschaften des Reets wie z.B. dessen Biegsamkeit für diese Formen vorteilhaft.

Abbildung 87: Dächer mit Reisstroh belegt, Auf den Dächern der meisten Häuser im Untersuchungsgebiet wird Reisstroh gesammelt. Deswegen sieht der Baukörper größer aus.

Obwohl die Baukörper getrennt sind, entsteht durch das gleiche Baumaterial und die Reetumzäunung eine Einheit.

Der Baustoff Reet erfordert aus mehreren Gründen die Trennung der einzelnen Baukörper. Feuer- und Schallschutz, sowie die Durchlüftung, die bereits erwähnt wurde, sind die wichtigsten Gründe für diese Trennung.

Auch der Herstellungsprozeß der Hütten spielt dabei eine entscheidende Rolle. Der Weber benötigt für seine Arbeit rund 90 cm Bewegungsraum zwischen zwei Wänden. Der Abstand zwischen zwei Räumen dient zudem der Wahrung der Privatsphäre.

Abbildung 88: optische Einheit der einzelnen Gebäude

Oft lädt ein vorstehender Baukörper wie der Gastraum zum Eintreten ein, aber ohne Einblick in den Wohnraum oder den Hof zu bieten. Der Wohnraum dagegen, um Abstand zwischen Eingangsbereich und Hof zu erhalten, tritt zurück. Diese Distanz zwischen den Baukörpern zeigt die Verbindung zwischen Landschaft und Hauselementen.

Abbildung 89: Abgrenzung der Häuser untereinander durch Weg und Kanal

Die Umzäunung betont die Orientierung zum Innenhof, und läßt das Haus als Einheit erscheinen.
Integrierte Baukörper wie in Oasen existieren im El-Manzala-Gebiet nicht. Der Unterschied kommt aufgrund des Klimaunterschiedes zustande, da wegen Regen und Feuchtigkeit Raum für die natürliche Belüftung geschaffen werden muß. Auch aufgrund der Reeteigenschaften bezüglich der Konstruktionsfestigkeit und der Möglichkeit für Reparaturen wird der Zwischenraum benötigt.

⇒ **Eckausbildung der Baukörper**

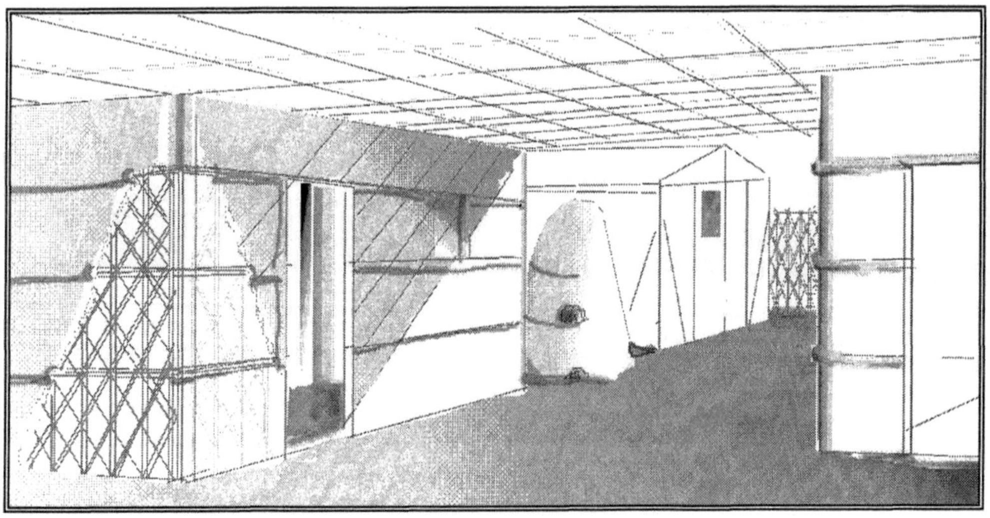

Abbildung 90: Erscheinungsbild der Gebäudeecken im Vordergrund mit Lehm verkleideter Koschk der El-Schibeka-Bauweise mit leicht gerundeten Kanten; dahinter bogenförmiger Getreidespeicher in der El-Schibeka-Bauweise; im Hintergrund Koschk, El-Seded-Methode, mit Gips verkleidet.

Durch die Trennung der Baukörper entstehen viele Hausecken, die bei der Innen- und Außenraumgestaltung eine wichtige Rolle spielen. An den Kanten der Koschks der El-Schibeka-Bauweise treffen die Endpunkte der 2 Wandelemente aufeinander, bestehend aus je einem Reetbündel, von ca. 10 cm Durchmesser. Durch die Lehmverkleidung werden die Kanten leicht abgerundet. Dadurch ergeben sich keine scharfen Ecken, die ein einfaches, schnelles Hindurch-bewegen behindern könnten.

Durch die Stellung der Einzelgebäude zueinander werden Ecken und Räume gebildet, welche die Abgrenzung verschiedener Zonen ermöglichen.

Abbildung 91: Abgrenzung von „Räumen" durch die Gebäudestellung auf dem Grundstück

Die Konstruktion mit Reet erfordert rechtwinklige Ecken ohne Öffnungen, wodurch in der traditionellen Bauweise die Aussteifung gebildet wird.

Für Reparaturen an der Konstruktion ist die Trennung der Wände sehr wichtig, denn so kann die beschädigte Wand abgetrennt werden, ohne die ganze Konstruktion zu beschädigen.

⇒ **Die Silhouette des Baukörpers**

Der Horizont im El-Manzala-Gebiet ist wegen der niedrigen Baukörperhöhen ruhig und ausgeglichen. Die meisten Baukörper bestehen aus einem Geschoß, zweigeschossige Bauten sind selten. Deshalb ist die Silhouette im Prinzip sehr ruhig, Unterschiede in der Baukörperhöhe bleiben unbemerkt. Horizont und Bodenlinie sind nahezu parallel.

Abbildung 92: Ansicht einer Gruppe von Häuser

Durch die Trennung der einzelnen Baukörper ergibt sich in der Ansicht eine Verzahnung mit den natürlichen Elementen, den Bäumen, dem Wasser und der Luft, sowie mit den Häusern anderer Familien. Eine optische Trennung der Einzelelemente ist deshalb kaum möglich.

Die Dachformen der meisten Baukörper sind sehr ähnlich. So nutzt man andere Elemente wie z.B. hohe Holztore, um die Häuser voneinander zu differenzieren. Markante Wegzeichen sind drei Stangen mit farbigen Flaggen, oder Palmen, welche einen besonderen Wuchs haben. Diese Elemente bilden Markierungs- und Orientierungspunkte in der Silhouette der Häusergruppe, entsprechend der Bedeutung von Moscheen, Minarette, Kuppeln oder hohen Gebäuden in den großen Städten. Bei besonderen Anlässen wie z.B. Geburt oder Tod werden hohe Holztore erstellt, geschmückt mit Lampen, Ketten und Fahnen, welche über die Gebäudesilhouette herausragen und die Nachricht dieses Anlasses weit sichtbar übermitteln.

Die Silhouette der Baukörper ist zu vergleichen mit Segelbooten im Hafen oder beim Fischen auf dem See. Das Auf und Ab der Dächer auf den Inseln wirkt wie die Wellen des Wassers, so daß sich die Häuser so harmonisch in die Umgebung einfügen wie die Segel der Segelboote im Hafen.

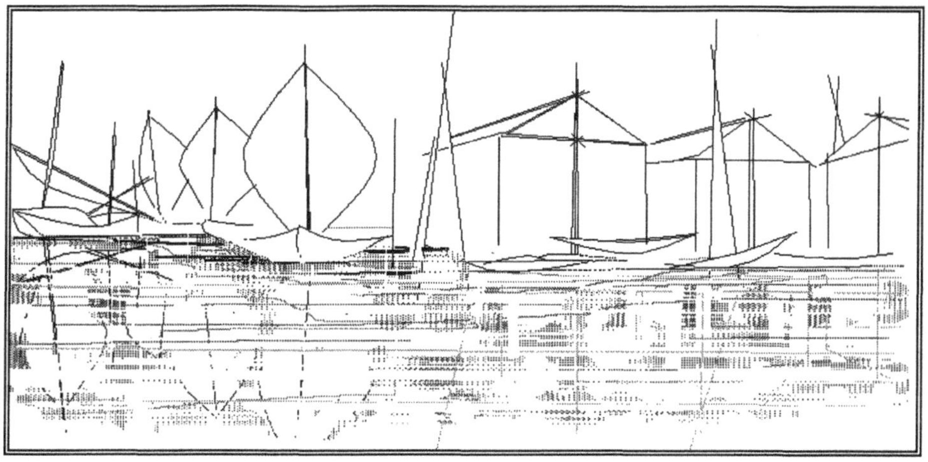

Abbildung 93: Hafen am Bahr-Hadus-Zufluß mit Gebäude im Hintergrund

⇒ **Textur und Einteilung der Oberfläche der Baukörper**

Fensteröffnungen in der Oberfläche sieht man selten, da sie die Festigkeit der Oberfläche herabsetzen. Zur Belüftung in Küche und Toilette gibt es nur kleine rhombenförmige Öffnungen mit der Größe von 15 cm x 15 cm. Als Gestaltungselement spielen die Öffnungen keine Rolle.

Abbildung 94: Geflochtener Zaun, El-Schibeka-Bauweise

Die geflochtene Struktur der El-Schibeka-Bauweise weist als Erscheinungsbild an der Außenseite eine reliefartige zickzackförmige Fläche auf.

Drei waagerechte Latten auf der Oberfläche verbinden die verschiedenen Strukturschichten. Es gibt keine vorspringenden Elemente wie die Ornamente an Gebäuden in Oasen oder wie Verschattungselemente.

Die Proportionen der Oberflächenstruktur sind wichtig aufgrund der Anpassung an das Reet als Baustoff und die Baukörperproportionen. So wird bei den drei Baukörperformen (Koschk, Esch, Flachdach) der El-Schibeka- oder El-Seded-Bauweise die Oberfläche mit senkrechten oder waagerechten Latten eingeteilt. Bei der El-Seded-Bauweise läßt die senkrechte Teilung den Baukörper höher erscheinen, bei der El-Schibeka-Bauweise erhält der Baukörper durch die waagerechte Teilung ein auf die Größe eines Menschen abgestimmtes Maß.

Abbildung 95: Textur und Einteilung der Oberflächenstruktur (El-Schibeka-Methode), Wohnhaus

Abbildung 96: Kleine Öffnungen: linkes Bild: rechteckiges Fenster, rechtes Bild: rhombenförmige Lüftungsöffnung

Da das Reet, wenn es anschließend verkleidet wird, nicht geschält wird, weisen die Gebäude eine rauhe Oberflächenstruktur auf. Der geschälte Reethalm dagegen ist weich und glänzend. Geschälte Halme werden für Fensterflächen verwendet, die nicht mit Lehm verkleidet werden. Dies führt zu einem Kontrast der Oberflächen. Als weiterer Kontrast ist, besonders während des Sommers, der Unterschied zwischen den älteren, verputzten Gebäuden und den neuen Baukörper, welche noch ohne Lehmverkleidung sind, anzuführen.

⇒ **Oberflächengestaltung**

Alle Farben der Baukörper stammen aus der Umgebung. Die vorherrschende Farbe ist die Farbe Beige derjenigen Baukörper, welche mit Lehm verkleidet und nicht bemalt sind. Dazu gruppieren sich die Farbe Goldgelb, die Farbe des Reets, für Baukörper ohne Verkleidung, sowie die Farben des Kalkanstrichs Himmelblau, Grün und Weiß. Mit diesen Farben ist es nicht schwer, die Baukörper zu identifizieren. Da die

Farben, wie die Materialien, aus der Natur stammen, sind die Baukörper auch mit der Umgebung verbunden.

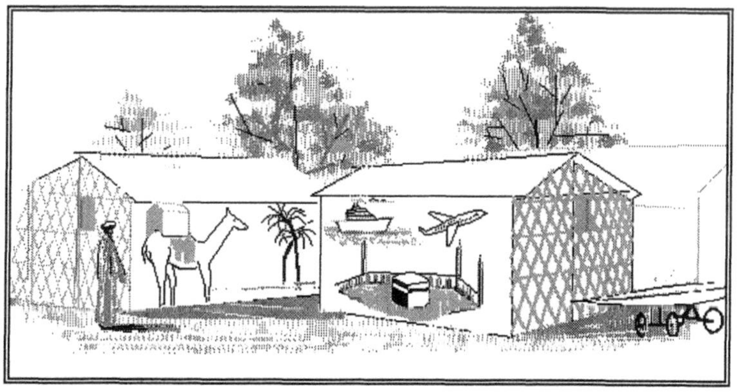

Abbildung 97: Typische Ornamentenform und Bemalung der Lehmwände

Die Flechtstruktur der El-Schibeka-Bauweise ist das Hauptornament. Es ist ein in der Architektur oft angestrebtes Ideal, daß die Baumethode selbst für die Gestaltung genutzt werden kann und somit Gestalt und Konstruktion eine Einheit bilden. Die Zickzackform ist eine Einheit mit den Rhomben und dient als Hintergrund für den ganzen Baukörper.

Abbildung 98: Unverputzte Reetgebäude - Rhombenstruktur ist deutlich zu erkennen

Abbildung 99: Gebäude, verputzt und mit Kalkanstrich, mit bunten vertikalen Streifen, Seitenansicht

Abbildung 100: Bemalungen auf der Frontseite

Auch nach dem Verputzen mit Lehm zeigen sich die reliefartigen Ornamente auf der Oberfläche des Baukörpers. Manchmal malen die Hausbesitzer Tauben, Palmen, Kamele, Flugzeuge oder Schiffe zur Verschönerung und als Symbole auf die verputzten Wandflächen, besonders zu Anlässen wie Hochzeiten oder der Zeremonie der Pilgerfahrt. Alle diese Symbole haben eine immaterielle Bedeutung für die meisten Bewohner, die als Beduinen aus dem Sinai stammen.

Zusätzlich werden bunte vertikale Streifen im gleichen Rhythmus des gewebten Netzes gemalt, um die symbolischen Bilder zu ergänzen. Das Ornament spielt auch eine wichtige Rolle, um den Blick anzuziehen. So können die Häuser als Wegzeichen für den Seeverkehr genutzt werden.

Das Sonnenlicht hat eine sehr interessante Wirkung auf die Baukörper auf Grund der Lichtdurchlässigkeit des geflochtenen Reets, insbesondere bei der El-Schibeka-Bauweise. Durch die runde Struktur des Reethalmes wird das Licht unterschiedlich gebrochen und in verschiedenen Farbnuancen abgestrahlt. An der Außenseite lassen die Lichtstrahlen durch Fremd- oder Eigenschatten vielfältige Schatten auf Rundungen und Hohlkehlen der Flechtwand entstehen. Dieses Erscheinungsbild des Lichtes in Verbindung mit der Bauweise mit Reet ist nahezu einmalig und bei anderen Materialien nicht möglich

Der Wechsel zwischen Schatten und Licht auf den Flächen aus Lehm und Reet geben den Baukörpern ein lebhaftes Erscheinungsbild.

⇒ **Erschließung der Baukörper**

Fenster, Türen, Öffnungen

Allgemein ist die Erschließungfläche der Baukörper sehr gering. Während die Außenwandfläche eines Koschks 46 m² beträgt, sind im Durchschnitt nur 2 m² davon Erschließungsfläche. Aufgrund der geringen Festigkeit der geflochten Wände sind Fenster- und Türmaße klein. Türen sind meist 2 m hoch und 0,75 m breit. Die rechteckigen Rahmen werden aus leichtem Holz hergestellt. Die Fenstermaße betragen meist 0,75 m in der Höhe und 0,5 m in der Breite.

Abbildung 101: Gebräuchliche Öffnungsmaße, große Fensteröffnungen bei der El-Schibeka-Methode

Lüftungsöffnungen in den Wänden sind ziemlich klein. Obwohl die Reetkonstruktion die Öffnungensgrößen begrenzt, kann bei der El-Schibeka-Methode durch Aussparung in der innersten Schicht der Wandkonstruktion eine große Fensteröffnung erzielt werden. Die beiden äußeren Schichten bleiben erhalten, so daß vor den Fensteraussparungen das Geflecht dieser Schichten zu sehen ist. Diese Art von Öffnungen werden bei öffentlichen Gebäuden wie Moscheen verwendet.

1.4.3 Raumgestaltung

Die aus Reet erbauten Häuser strahlen oft eine einzigartige Harmonie aus. Dieser Eindruck hängt sowohl von der Einheitlichkeit des verwendeten Materials ab, als auch von der Raumqualität und dem architektonischen Rhythmus, der von den in dieser Bauweise traditionellen Regeln bestimmt wird.

Die drei traditionellen Reetbauweisen im El-Manzala-Gebiet ergeben zwei Raumformen: erstens ein Rechteck der Größe 4 m x 6 m mit Giebeldach mit einer durchschnittlichen Höhe von 3,5 m. Diese Raumform zählt zu den Gebäuden der El-Schibeka und El-Seded-Bauweise und ist auf die meisten Aktivitäten in Privathäusern oder öffentlichen Gebäuden abgestimmt. Die variablen Montagemöglichkeiten der Wände zwischen den Räumen war der Hauptgrund für ihre verbreitete Verwendung. Als zweite Raumform gibt es die runde Form mit kegelförmigem Dach. Diese Hütten weisen nur eine begrenzte Fläche von 3 m im Durchmesser auf, sind daher nur für wenige Nutzungen geeignet. Die Rundhütten sind nicht einfach zu möblieren. Auch können die Räume der Hütten nicht wie Koschke erweitert werden. Deswegen werden sie nur als Schlafzimmer mit eingebautem Bett aus Lehm genutzt.

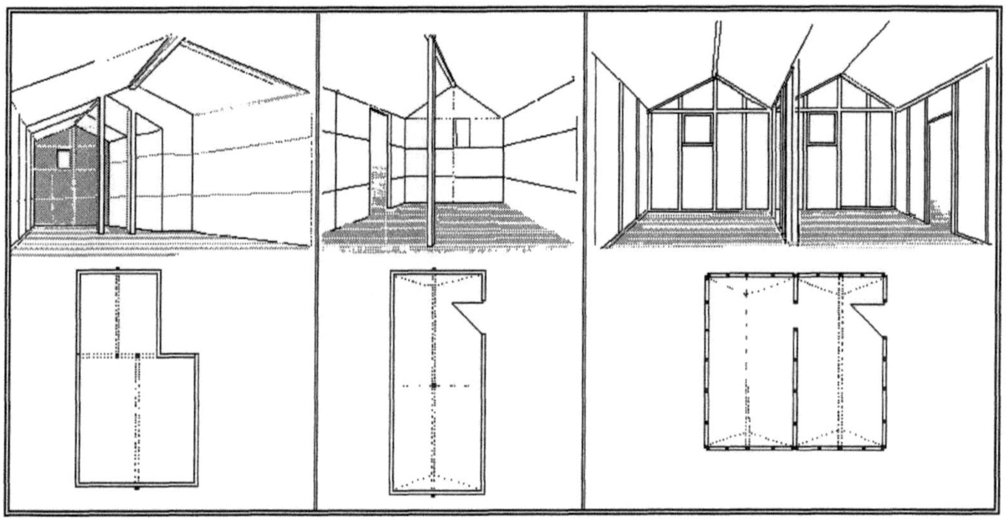

Abbildung 102: Verbindungsmöglichkeiten von Einzelräumen linke Seite: El-Schibeka-Methode, Einfügen einer Holzstütze
rechte Seite: El-Seded-Methode, freistehende Holzstützen. (El-Schibeka-Methode Für Esch, in der traditionellen Bauweise keine Verbindungen dieser Einzelräume).

In der Kombinierbarkeit der einzelnen Räume unterscheiden sich die beiden Konstruktionsmethoden. Bei der El-Schibeka Methode ist es nicht möglich längsgerichtete Wände oder Teile davon zu entfernen und einen zweiten Raum anzufügen, da dadurch die Stabilität verloren ginge. Nur an den kurzen Seiten, die die Stütze für das Dach beinhalten ist eine Ergänzung mit einer weiteren Hütte möglich. Gleiches gilt für die zylindrischen Hütten dieser Bauweise, bei der ebenfalls die Last des Daches über das Reet abgetragen wird. Bei der El-Seded Bauweise hingegen ist es aufgrund der Holzkonstruktion keinerlei Problem Teile der Längswände zu entfernen und auch hier eine Erweiterung vorzunehmen.

Der Hof von Privathäusern oder öffentlichen Gebäuden wie Moscheen gilt als Außenraum in Gebieten mit feuchten Klima als ein sehr wichtiges Element. In El-Manzala weisen die Höfe die geometrische Form eines Quadrates oder Rechtecks auf. Dies ergibt sich aus der Verteilung der Konstruktionselemente durch die Trennung der Baukörper.

Abbildung 103: Innenhof eines Privatgebäudes

Die Innenräume sind durch die kleinen Öffnungen und Fenster relativ dunkel, nur 5 % der Gesamtwandfläche sind Öffnungen. Hauptgründe dafür sind Tradition, der Wunsch nach Wahrung der Privatsphäre und die Erzielung einer guten Isolierung.

Prinzipiell sind die meisten Räume wegen des oben erwähnten Feuer- und Schallschutzes getrennt. Trotzdem gibt es manchmal unmittelbare Beziehungen, z.B. zwischen Service- und Kaffeeraum, oder Wasch- und Betraum in der Moschee.

Die Oberflächenstruktur des Innenraums ist ähnlich der Äußeren. Die Innenwände sind mit Lehm verstrichen und mit Kalkfarben wie Hellblau, Hellgrün und Weiß bemalt. Das Dach bleibt ohne Lehmverkleidung. So ergibt sich ein schöner Kontrast zwischen Wand und Dachfläche.

Abbildung 104: Unteransicht des Daches (Flechtwerk - Dach; verputzte Fläche - Wand)

Abbildung 105: Wirkung des Lichts durch ein Reetgeflecht

In der Raumgestaltung wird deutlich, welchen Einfluß das Reet hat. Die Wandstärke beträgt höchstens 12 cm. Deshalb sind Einbauschränke oder dergleichen unmöglich. In den Ecken werden Auskragungen für Wandbretter und Konsolen oder Simse für Fernseher oder andere Gegenstände angebracht.

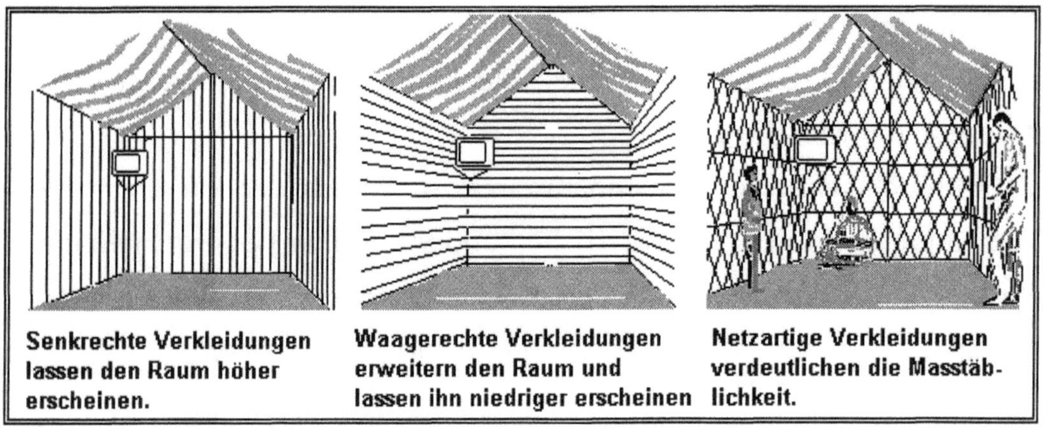

Abbildung 106: Oberflächenstruktur der Innenräume

1.4.4 Konstruktionsmethoden

Es gibt drei traditionelle Konstruktionsmethoden im El-Manzala-Gebiet, welche nachfolgend näher erklärt werden.

*** Vorbereitung der Reethalme**

Die Vorbereitung des Reets vor dem Bauen erleichtert das Verflechten und spart viel Zeit. Das Reet soll gut ausgereift, gesund, geradhalmig (etwa 3 m lang) und getrocknet sein. Reet, welches länger als 3m ist, kann für die stärkste, die vertikale Stützschicht verwendet werden. Reetlieferungen mit diesen Eigenschaften kommen aus drei Orten am El-Manzala-See: El-Gamza, El-Beschtier und El-Kibliea. Das Reet wird als Normbund, in El-Manzala „Schada" genannt, verkauft. Ein Bund sollte einen Umfang von ca. 75 cm haben. Benötigt werden für einen Koschk etwa 20 Normbündel Reet. Dieser Bund wird in kleine Bündel weiterverarbeitet, die in El-Manzala „Kabscha" genannt werden. Für Wände haben sie einen Durchmesser von ca. 7 cm und für Dächer rund 10 cm. Reet soll ungeschält, aber gesäubert und frei von abstehenden Schilfblättern und Fremdpflanzen sein. Die Bündel werden so lange geschüttelt, bis alles Unkraut und die kurzen Teile herausgefallen sind.

1.4.4.1 El-Schibeka- Methode für Koschkbauten

* **Baustellenvorbereitung**

Die Fläche für einen Koschk beträgt ca. 24 m², im allgemeinen (6 m x 4m). Nach dem Planieren und Einebnen wird das Baufeld mit Hilfe von vier Holzpflöcken und Kunststoffschnüren festgelegt. Hierfür wird an einer Ecke des Baufeldes ein Holzpflock 15 cm tief in den Boden gesteckt. Mit Hilfe der Kunststoffschnur wird nun ein Dreieck mit den Seitenlängen 3 m, 4 m und 5 m erstellt, so daß man einen rechten Winkel erhält. Durch Wiederholung dieses Vorganges erhält man die vier Eckpunkte, welche jeweils mit einem Holzpflock gekennzeichnet sind. Danach verbindet man die vier Holzpflöcke mit der Kunststoffschnur in 20 cm Höhe über dem Boden. Ist der Boden trocken, wird Wasser auf die Baugrenze gegossen, um leichter graben zu können. Mit der Schaufel gräbt man einen Graben mit ca. 25 cm Tiefe und 20 cm Breite, so daß das Reet tief eingesteckt werden kann.

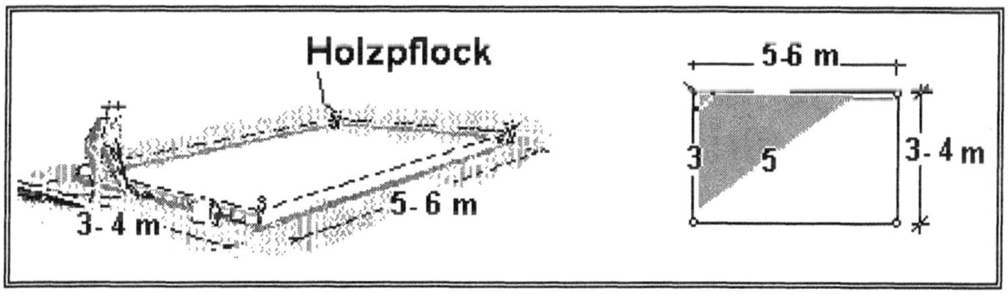

Abbildung 107: Abstecken des Baufeldes

* **Flechten der Wände**

Als erstes wird die mittlere Schicht, die in El-Manzala „El-Koaaem" genannt wird, erstellt. Dies sind senkrechte Bündel, die im Abstand von 15 bis 20 cm bis zu 15 cm tief in den Boden gesteckt werden. Der Platz für die Tür wird frei gelassen.

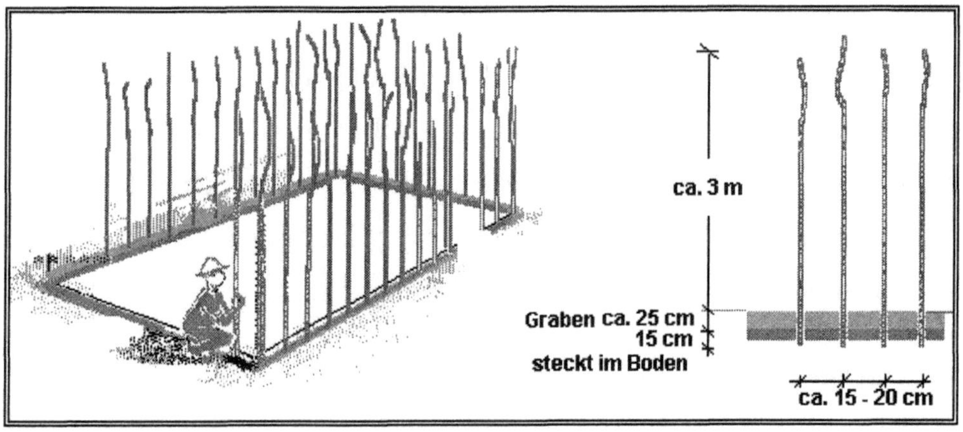

Abbildung 108: Errichten der senkrechten Reetbündel für die Wandkonstruktion (El-Koaaem)

Danach wird die äußere Schicht „El-Schibeka" mit zwei schrägen Bündeln, die mit je 60° zur Horizontale und gegeneinander geneigt sind, etwa 15 cm tief in den Boden gesteckt. An dem Kreuzungspunkt der Bündel der ersten beiden Schichten werden diese netzförmig wie ein Gitter oder ein geflochtener Zaun miteinander verbunden. Bei der El-Schibeka-Methode wird die Wand an der Ecke beendet. Die Verbindung zwischen beiden Wänden an der Ecke besteht nur aus einer Seilverbindung, um die Möglichkeit einer Auswechselung einer ganzen Wand zu haben. Mit einem Messer kann man das Verbindungsseil zerschneiden, die Wände an der Ecke voneinander trennen und die gesamte Wand aus dem Boden ausstechen, ohne die ganze Konstruktion zu beschädigen.

Die dritte, innerste Schicht wird in El-Manzala „El-Tatkiel" genannt und stellt die Dichtung dar. Einzelne Reethalme werden direkt hinter der ersten Schicht etwa 15 cm tief in den Boden gesteckt.

Die Verbindung wird zwischen den drei Schichten mit Kunststoffschnur hergestellt, in El-Manzala „El-Flesa" genannt. Die Knotenmethode heißt „Chalbet El-Wated". Es sind keine komplizierten Knoten. Es handelt sich um Knoten aus der Fischerei, die sich nicht von selbst lösen, und den meisten Bewohnern, welche Fischer sind, geläufig sind.

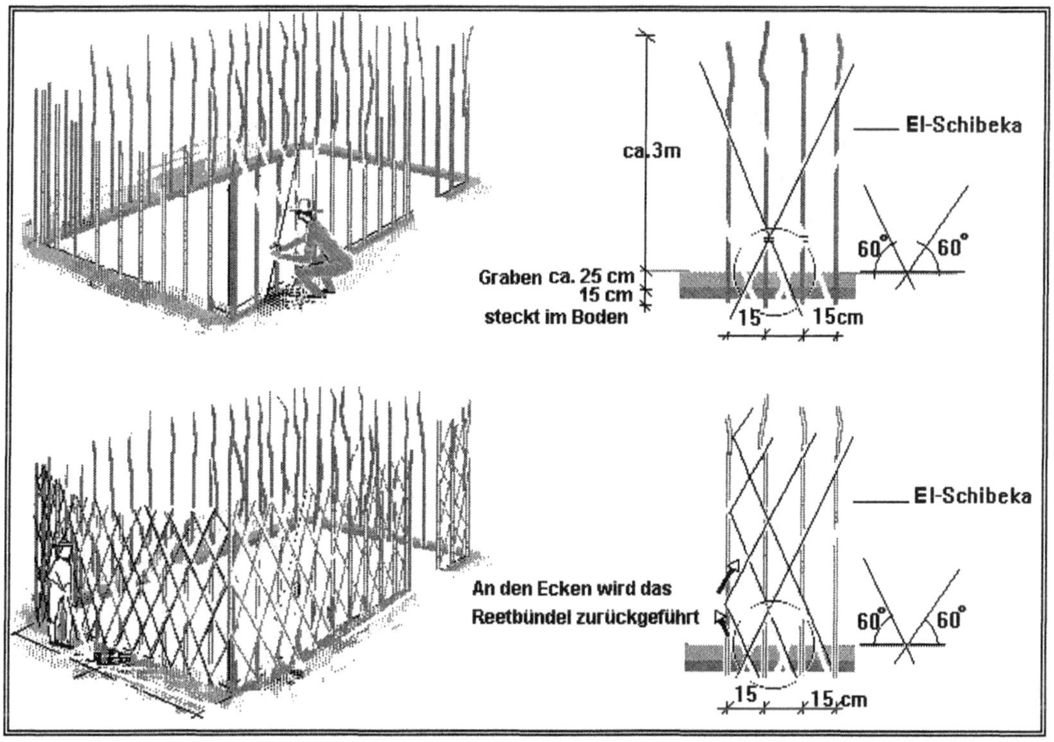

Abbildung 109: Flechten der Wände

Mittlere (El-Koaaem) und äußere Schicht (El-Schibeka) der Flechtwand, unterschiedliche Detailausbildung innerhalb einer Wandfläche und an einem Eckpunkt. An den Ecken wird grundsätzlich das Reetbündel zurückgeführt um die beiden aufeinanderstoßenden Flächen nicht miteinander zu verflechten. Nur so ist eine Trennung der Wandelemente gewährleistet.

* **Die Stützen**

Nach den Flechtarbeiten beginnt man, Löcher für zwei Stützen in der Mitte der Querwände zu graben. Die Tiefe soll etwa 50 cm betragen der Durchmesser 40 cm. Die Stützen werden aus Baumstämmen mit einer Höhe von ca. 3,5 m hergestellt. Um die Dachpfetten zu befestigen, sind gegabelte Enden am besten. Die Stützen werden in die Gruben gesetzt, und diese nach dem Verfüllen gut verdichtet. Anschließend werden drei Querbündel (etwa 15 cm Durchmesser) aus Reet von innen und außen, „El-Ntakat" in El-Manzala genannt, in drei unterschiedlichen Höhen (etwa 75 cm, 150 cm und 250 cm über dem Boden) waagrecht an den Wandelementen und Stützen befestigt.

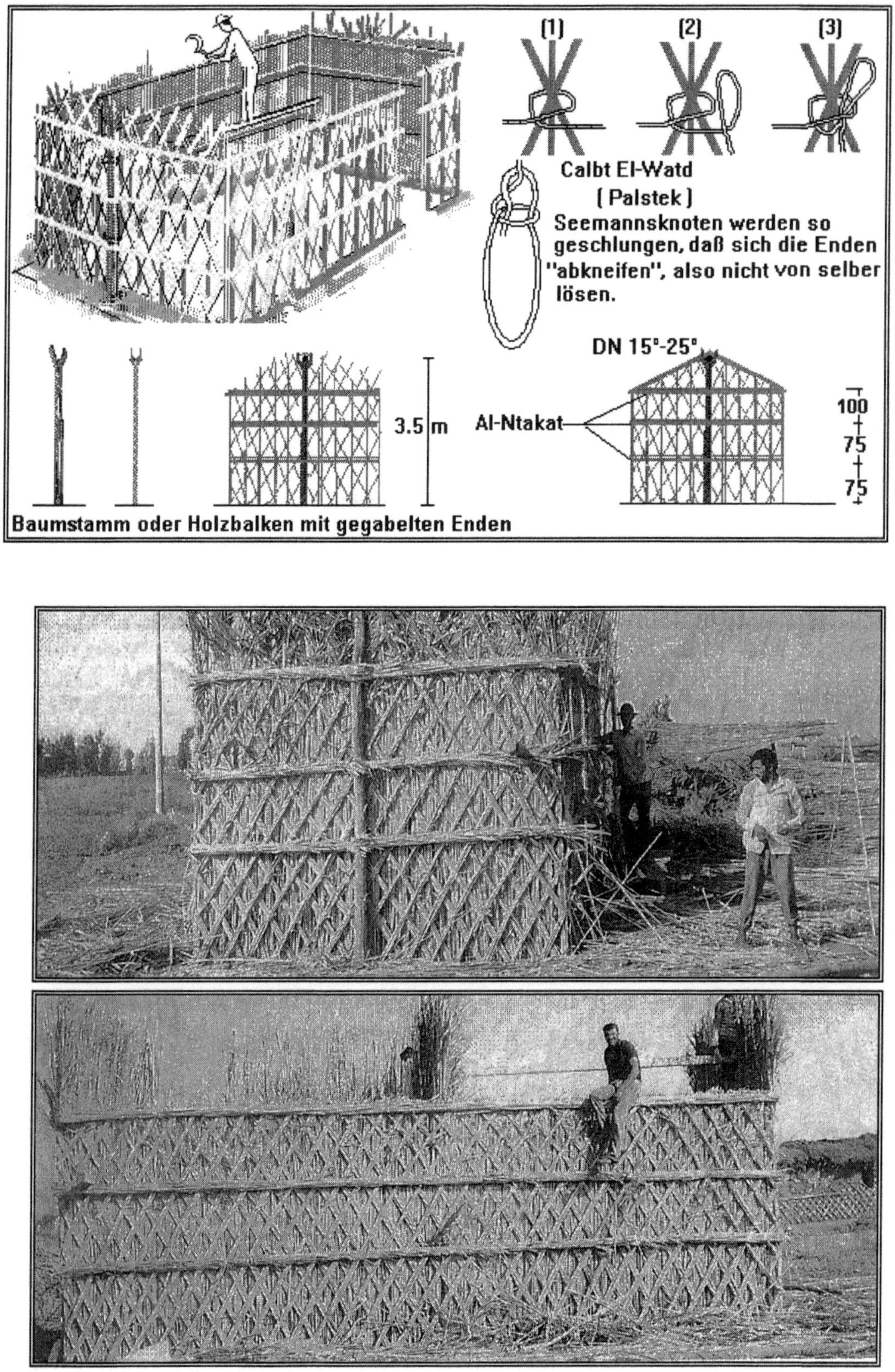

Abbildung 110: Erstellen der Giebelstützen, Abschneiden der Wandüberstände, Giebelstützen aus Holz mit waagrechten Reet-Verbindungsbündel (El-Ntakat), Auflegen der Dachpfette

* **Das Dach**

Für die Errichtung des Daches schneidet der Arbeiter zuerst die Überstände der Reethalme der Wandelemente mit einem gekrümmten Messer (in El-Manzala „Scharschare" genannt) gerade ab. Dann wird die Dachpfette aus geraden Baumstämmen oder Holzbalken auf die zwei Giebelstützen genagelt. Durch die Länge der Stütze, auf die die Dachpfette aufgelegt wird und die Höhe der Wandoberkante ist die Dachneigung auf ungefähr 25° festgelegt. Diese Neigung wird üblicherweise verwendet, da eine stärkere Neigung Probleme mit den angreifenden Windkräften bringen würde.

Die erste, innerste Dachschicht besteht aus Reetbündel (ca. 10 cm Durchmesser), im El-Manzala-Gebiet „El-Hamaal" genannt, welche die Tragbalken bilden. Sie werden mit Kunststoffseilen an der Dachpfette und auf den Wänden mit 20 cm Auskragung als Traufe befestigt. Darauf kommt die zweite Schicht in Netzform, „El-Ariesch" genannt. Sie besteht aus normal dicken Bündeln (7 cm ∅) und wird in der Web- und Knotenmethode der El-Schibeka-Methode hergestellt. Darauf legt man die dritte und oberste Dachschicht aus Reetmatten, „El-Seded" genannt. Sie wird parallel zur Richtung der Dachsparren mit Kunststoffseilen an den darunter liegenden Schichten befestigt.

Abbildung 111: Flechtwerk der Dachkonstruktion

Abbildung 112: Fertige Dachkonstruktion außen und innen

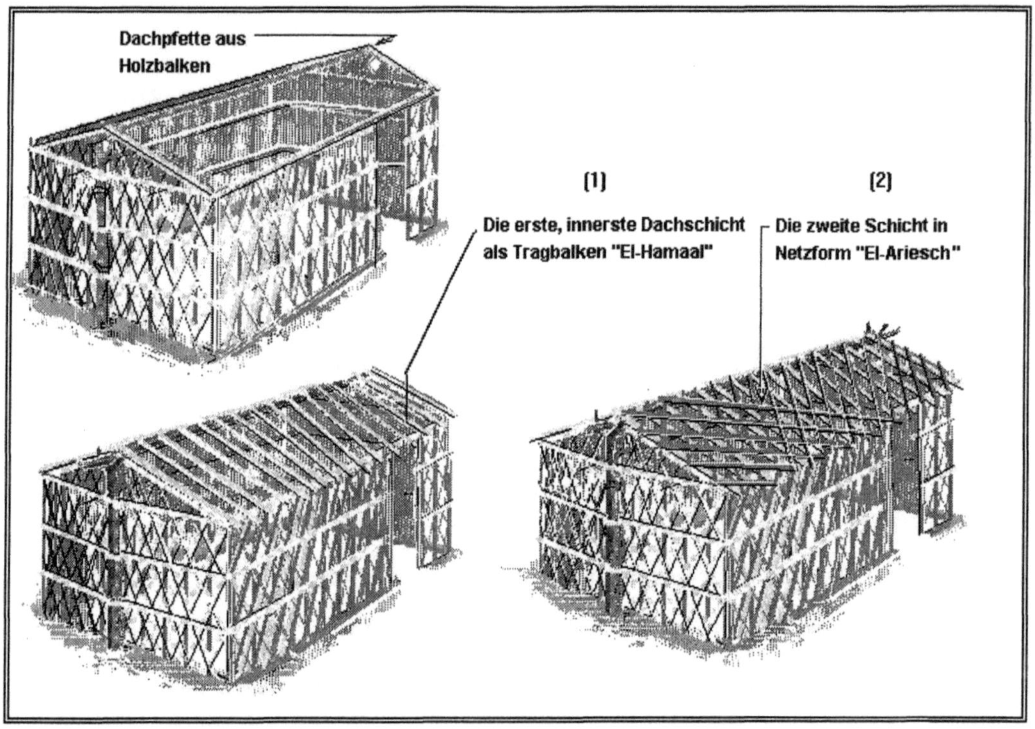

Abbildung 113: Dachkonstruktion Dachpfette aus Holz, Tragschicht aus Reetbündel (El-Hamaal), Diagonale Schicht aus Reetbündel (El-Ariesch)

* **Isolierung gegen Regen**

Früher benutzte man zur Abdichtung der Dächer Reisstrohbündel, welche auf die oberste Schicht gelegt wurden. In El-Manzala werden mittlerweile leere Kunststoffsäcke, die als Verpackung für Pflanzenschutzmittel dienten, zur Isolierung auf die dritte Schicht des Daches überlappend aufgelegt und mit Reisstroh und Seilen befestigt. Diese Abdichtung funktioniert zuverlässiger als die Reisstrohdichtung. Auch sind die Kunstsoffsäcke haltbarer und brauchen nicht wie das Reisstroh erneuert werden. Die Verwertung dieses Abfallmaterials ist praktisch, da es leichter zu erhalten, zu transportieren und zu verarbeiten ist als die großen Mengen des Reisstrohes. Das durchschimmernde Licht wird je nach Kunststoffarbe eingefärbt, was als angenehmer Nebeneffekt gesehen wird. Der Hauptnachteil dieser Abdichtung ist die Einschränkung der natürlichen Belüftung und die Dampfdichte.

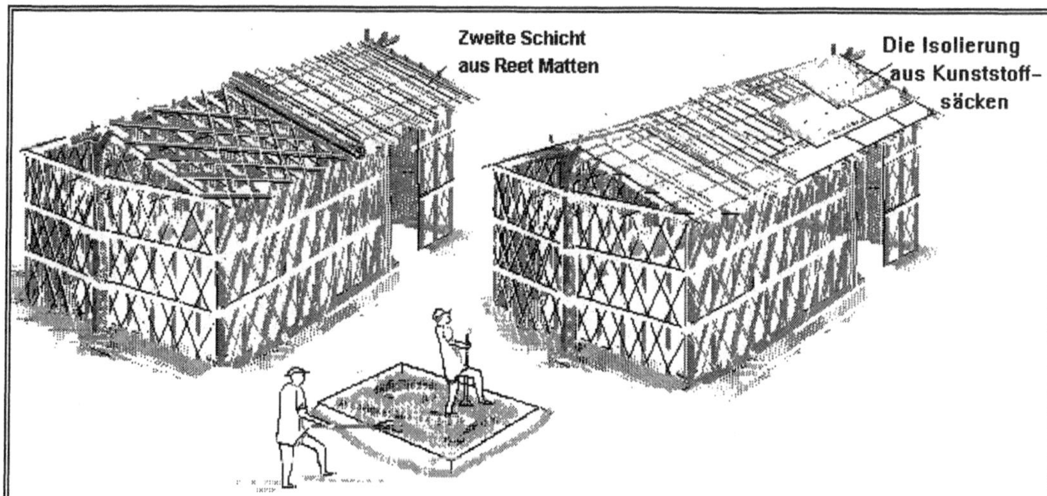

Kinder stampfen den feuchten Lehm zu einer geschmeidigen Masse.

Abbildung 114: Schichten der Dachabdeckung

* **Bodenarbeiten**

  Üblicherweise erhöht man in El-Manzala den Boden im Gebäude mit einer Lehmschüttung um 10 cm gegenüber dem äußeren Boden, um eine Schwelle gegen eindringendes Wasser auszubilden. Besonders im Gastraum werden auch Schalen der Rißschnecke von der Küste der nördlichen Inseln mit zwei Dritteln Lehm gemischt und eingebracht, um eine ebene Bodenfläche zu erhalten.

* **Einsetzen von Öffnungen, Fenstern und Türen**

  Zum Einsetzen von Türen werden sechs, etwa 30 cm lange Holzpflöcke zwischen die Wandschichten gesteckt und an ihnen die Türpfosten mit Nägeln befestigt. Genauso werden die Fenster in die Wandaussparungen eingebaut. Wenn die Raumfunktion (wie die Küche) eine natürliche Entlüftung erfordert, dann werden zwei kleine rhombenförmige Öffnungen oben in der Giebelwand eingesetzt.

* **Verkleidung mit Lehm**

  Der Lehmmörtel besteht aus Lehm des Seebodens, Streu und zerkleinertem Stroh in einer Mischung von zwei drittel Lehm und ein drittel Zusatzstoffe. Diese Mischung wird drei Tage vor der Verarbeitung angesetzt, um ein ausreichendes Aufweichen der Zusatzstoffe zu erreichen.

Abbildung 115: Verkleidung mit Lehmmörtel

Man beginnt mit der Verkleidung der Wände von innen, danach erfolgt die Verkleidung an der Außenwand.

Diese Schicht hat eine Stärke von etwa 2 cm. Mit großem Druck wird der Lehmmörtel zwischen die Reetschichten gepreßt. Wenn diese erste Schicht nach fünf Tagen trocken ist, wird der Vorgang noch einmal wiederholt, mit starkem Druck, um auch bei aufgerissenen Flächen eine saubere, glatte und dichte Wand zu erhalten. Dach und Stützen bleiben ohne Verkleidung da es schwierig ist, mit dem Lehmmörtel von unten das Dach zu verputzen. Das Dach läßt auch ohne Verkleidung mehr Licht in den Innenraum. Wenn der Lehm trocken ist, erfolgt das Streichen mit Kalkfarben.

Abbildung 116: Lehm-Außenputz, mit Kalkfarbe angestrichen

Vor dem Winter wird jährlich der Lehm-Außenputz erneuert, um Risse zu schließen.

* **Die Baukosten**

Ein Koschk-Bau der El-Schibeka-Methode von etwa 20 Quadratmetern kostet ungefähr 180 ägyptische Pfund (ca. 90,- DM) für Baustoffe wie Reet,

Stützen, Türen, Fenster, Verbindungsseile, Isolierungsmaterial, Verkleidung, Anstrich und Schalen der Rißschnecke für den Boden.
Der Hausbesitzer macht meistens die Arbeit selber, lädt aber manchmal zur Hilfe Nachbarn ein oder bezahlte Arbeiter. In diesem Fall kostet die ganze Arbeit (Reet weben, Verkleidung und Bodenarbeit) für Tagelöhner etwa 240 ägyptische Pfund (ca. 120,- DM).
Die Kosten für ein Koschk-Gebäude betragen im Durchschnitt 420 ägyptische Pfund (ca. 210,- DM) oder 21 ägyptische Pfund pro Quadratmeter.

* **Bauzeit**

Durchschnittlich brauchen drei Arbeiter zwei Tage für die Erstellung der Reetkonstruktion eines Gebäudes, jeweils einen Tag für die erste und zweite Verkleidung und für den Boden. Daraus ergibt sich eine Arbeitszeit von insgesamt fünf Tage für die Erstellung eines Koschk-Baues, ohne Abbindezeit des Lehmverputzes.

1.4.4.2 *El-Schibeka-Methode für Esch (Rundhütten)*

Prinzipiell gibt es keine großen Unterschiede zwischen der El-Schibeka-Methode für Koschke (Rechteckbauten) und Esch-Bauten (Rundhütten), abgesehen von Flächenbedarf und Kosten sind beide gleich.
Der Grundriß für die Rundhütte ist ein Kreis mit durchschnittlich 3 m Durchmesser. Die Wand bildet einen Zylinder, der ein kegelförmiges Dach hat. Insgesamt beträgt die Höhe einer solchen Hütte ca. 3,5 m. Ein Vorteil dieser Bauweise ist, daß man keine Stützen braucht. Das senkt die Kosten etwa um drei Viertel. Allerdings kann die Fläche nicht mehr als ca. 7 m² betragen, Das heißt, daß man die Hütte nur für bestimmte Nutzungen gebrauchen kann. Benötigt werden 10 Normalbunde (Schada) für eine Hütte, darüber hinaus eine Matte von 2 m x 4 m mit den selben Reeteigenschaften der El-Schibeka-Methode für Koschk-Bauten.

Abbildung 117: Beispiel eines Esch-Baus, Zimmer des Großvaters linkes Bild: Seitenansicht, Rechtes Bild: Frontansicht

* **Baustellenvorbereitung**

Für eine Hütte wird eine Kreisfläche von ca. 7 m² mit ca. 3 m Durchmesser planiert. Danach zeichnet man einen Kreis mit einem Seil, wofür ein Holzpflock im Zentrum der Fläche befestigt wird.

Dann zieht man einen Graben von etwa 20 cm Tiefe und ca. 20 cm Breite, um auf eine feuchtere und lockere Bodenschicht zu kommen, (in welche die Reetbündel gesteckt werden).

Abbildung 118: Grundform eines Esch-Baus

* **Herstellung der Wände**

Fast genau wie bei der ersten Methode erwähnt, steckt man eine mittlere Schicht (El-Koaam) mit kleinen senkrechten Bündeln (ca. 7 cmØ) im Abstand von 15 cm in die Erde. Danach beginnt die Arbeit an der Außenschicht (El-Schibeka-Bauweise mit schräg gesteckten Bündeln von 60°, gegeneinander in beiden Richtungen verlaufend, dazwischen mittig die senkrechten Bündel der ersten Schicht). Während dieser Arbeiten muß laufend der Radius der Netzkonstruktion anhand des anfänglich abgesteckten Seiles überprüft werden, um eine möglichst gleichmäßige Form zu erhalten, welche erheblich zur Stabilität beiträgt. Um die Innenschicht aus einer Reetmatte (senkrecht) mit den zwei anderen Schichten zu verbinden, benutzt man ein Kunststoffseil (El-Flese) und die selben Knoten (Chalbet El-wated), die von Seeleuten benutzt werden. Drei Quersprossen aus Reetbündeln von innen und außen um den Zylinder herum, ca. 0,75 m, 1,5 m und 2,25 m vom Boden entfernt, verbinden die drei Schichten.

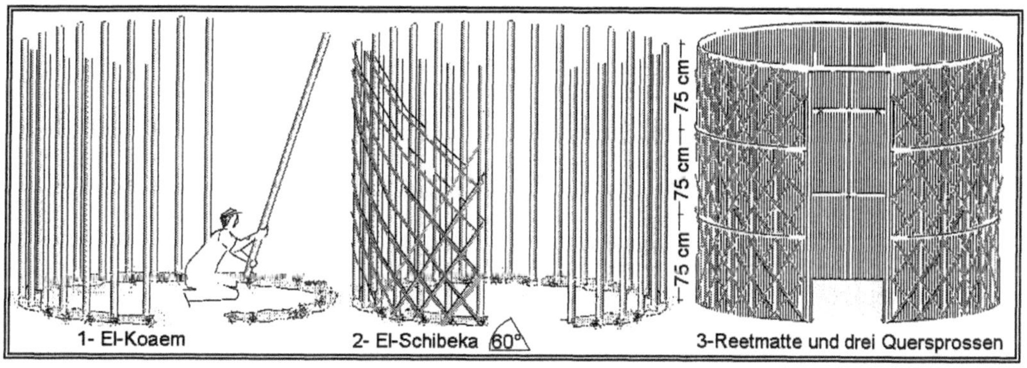

Abbildung 119: Esch-Bau, Konstruktion des Flechtwerks erste Reetschicht (El-Koaam) und äußere Schicht (El-Schibeka)

* **Das Dach**

Das Dach ist kegelförmig mit etwa 1,5 m Höhe. Es beginnt mit einer Erweiterung der senkrechten Bündel an der Zylinderwand und führt bis zur Spitze, an der alle Bündel mit einen Seil gut verknotet werden. Darauf kommt eine zweite Schicht der El-Schibeka-Bauweise aus Reetbündel von ca. 7 cm ∅, mit 60° geneigt.

Als dritte Schicht werden einzelne Reethalme in drei Reihen mit Überlappung gegen Regen aufeinandergelegt.

* **Die Isolierung**

Als Isolierung legt man nur Kunststoffsäcke (wie bereits bei den Koschk-Bauten erwähnt) auf das Dach. Zur Befestigung werden die Säcke entweder mit einer langen Nadel übereinander vernäht oder vor der dritten Schicht aufgelegt.

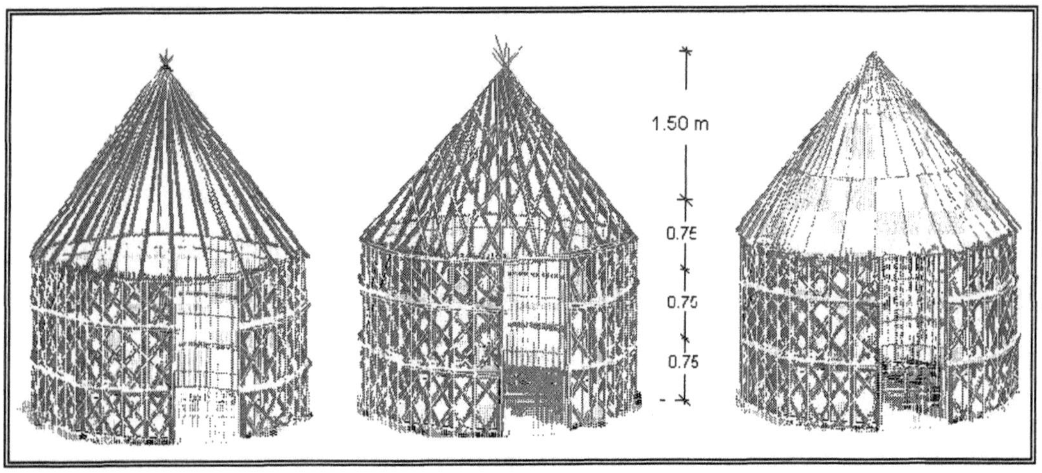

Abbildung 120: Esch-Bau, Dachkonstruktion;
Dachkonstruktion, sowie erste Schicht des Daches und Dachabdeckung

* **Bodenarbeit**

  Auf Grund der kleinen Fläche und der Zylinderform der Hütte ist der Einbau von Möbel einfach. Zwei Drittel der Fläche werden für ein Einbaubett, sowie für Kleideraufbewahrung verwendet. Der restliche Raum wird mit einer Lehmschüttung versehen, um einen sauberen Boden zu erhalten. Manchmal wird der Lehm mit Schalen der Rißschnecke gemischt.

* **Einsetzen von Öffnungen (Türen, Fenster)**

  Außer der kleinen Türöffnung gibt es, auf Grund der Stabilitätssicherung, keine Öffnungen. Die Tür wird auf ähnliche Art wie bei den Koschk-Bauten hergestellt.

* **Verkleidung mit Lehm**

  Die Hüttenverkleidung entspricht den Koschk-Bauten. Manchmal wird zusätzlich der Kegel des Daches von außen verkleidet.

* **Die Baukosten**

  Das Baumaterial (Reet, eine Tür, Schalen der Rißschnecke und Anstrich) für eine Hütte mit ca. 7 m² Grundfläche kostet etwa 120 ägyptische Pfund (ca. 60,- DM).

  Die Kosten für die Tagelöhner für den Hüttenbau betragen etwa 160 ägyptische Pfund (ca. 80,- DM). Man könnte annehmen, daß eine Esch-Hütte billiger sei als der Koschk. Aber ein Esch kostet insgesamt 280 ägyptische Pfund (ca. 140,- DM) oder etwa 40 Pfund/m². Demgegenüber stehen etwa 21 Pfund/m² für den Koschk.

1.4.4.3 *El-Seded-Methode für mit Gips verkleidete Bauten*

Die El-Seded-Methode hat mit den anderen, bereits erwähnten Bauweisen nur die Baukörperform gemeinsam. Reet wird in der Form von Reetmatten (El-Seded) auf einer Holzkonstruktion befestigt und mit Gips verkleidet. Folgen davon sind höhere Baukosten, aber auch eine bessere Qualität der Räume. Die El-Seded Bauweise wird vor allem für Gast- oder Repräsentationsräume angewendet.

Abbildung 121: Gebäude der El-Seded-Bauweise

Gebäude dieser Bauweise besitzen eine größere Dauerhaftigkeit, sind jedoch teilweise wartungsintensiver (z.B. Schädigung der Gipsverkleidung durch Regen). Die Funktion des Klimaausgleiches von Innen nach Außen entspricht den anderen Konstruktionsweisen. In den meisten Fällen benötigt man für die Holzkonstruktion einen Zimmermann.

* **Vorbereitung der Baustelle und des Baumaterials**

Für einen Koschk der El-Seded-Methode muß zunächst eine Fläche von ca. 24 m² (6x4 m) planiert werden.

Anschließend wird die Holzkonstruktion aus ca. 250 cm langen Kanthölzern (5x5cm) vorbereitet. Zusätzlich werden drei Balken mit einem Querschnitt von 10x10 cm benötigt; davon dienen zwei mit einer Länge von 3,5 m als Hauptstützen, einer mit 6,5 m Länge fungiert als Dachpfette.

Darüber hinaus werden 18 Reetmatten für Dach und Wände in einer Größe von 2m x 3m, und ein ca. 160 m langes Metallband benötigt, um das

Reet auf der Holzkonstruktion zu befestigen. Für die Gipsverkleidung sind etwa 800 kg Gips vorzubereiten.

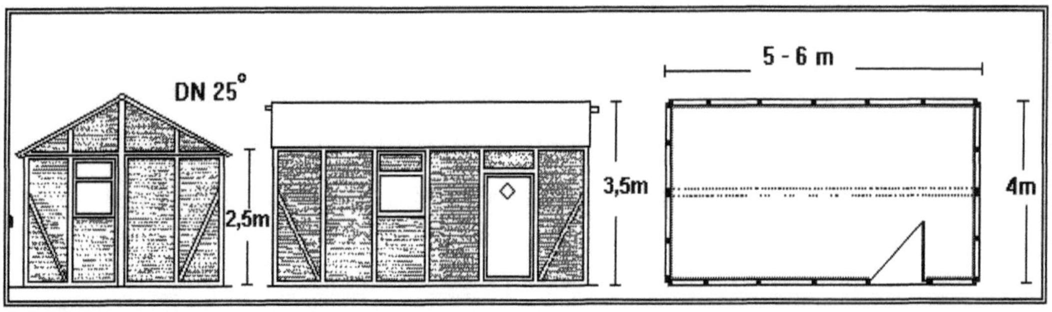

Abbildung 122: Koschk-Gebäude (Rechteckiger Bau) in der EL-Seded-Bauweise und die Grundmaße

* **Wandkonstruktion**

Die Arbeit beginnt damit, daß vier Rahmen, zwei für die Querwände (mit 4 m Länge und 2,5 m Höhe), zwei für die Längswände (mit 6 m Länge und 2,5 m Höhe) aufgestellt werden. Dann werden diese Rahmen in schmale Felder von ca. 75 cm Breite unterteilt. Zur Aussteifung werden schräge Stützen in die Eckfelder eingefügt. In dieser Phase werden auch die Rahmen für die Öffnungen und die Mittelpfosten mit 10 cm x 10 cm x 3,5 m erstellt.

Abbildung 123: Errichten der Wandkonstruktion, El-Seded-Bauweise

Danach werden die Wände aufgerichtet und mit Nägel verbunden.
Hiermit ist die Konstruktion bereit, für die Befestigung der Dachpfette (10 cm x 10 cm x 650 cm).

Bei der Befestigung der Reetmatten an den Wänden müssen die Öffnungen (Fenster, Türen) ausgespart werden. Die Reetmatten werden mit einem Metallband und Nägeln an der Holzkonstruktion befestigt.

* **Verkleidung mit Gips**

Die Verkleidung mit Gips wird vor der Fertigstellung des Daches aufgebracht, um Gipsflecken auf den fertigen Dachschichten zu vermeiden. Die Verkleidung entsteht in zwei Phasen: Zunächst wird von innen eine Schicht aus Gipsmörtel in ziemlich flüssigem Zustand aufgebracht. Wenn diese erste Schicht trocken ist, beginnt das Verputzen mit härterem Gipsmörtel. Dabei werden ca. 6 Liter Wasser mit 30 kg Gips vermengt. Diese Gipsschicht hat ein Gewicht von ca. 30 kg/m². Der Gipsmörtel sollte gut durch die Reetmatten gedrückt werden. Wenn der Innenputz ganz trocken ist, kann außen der gleiche Vorgang wiederholt werden.

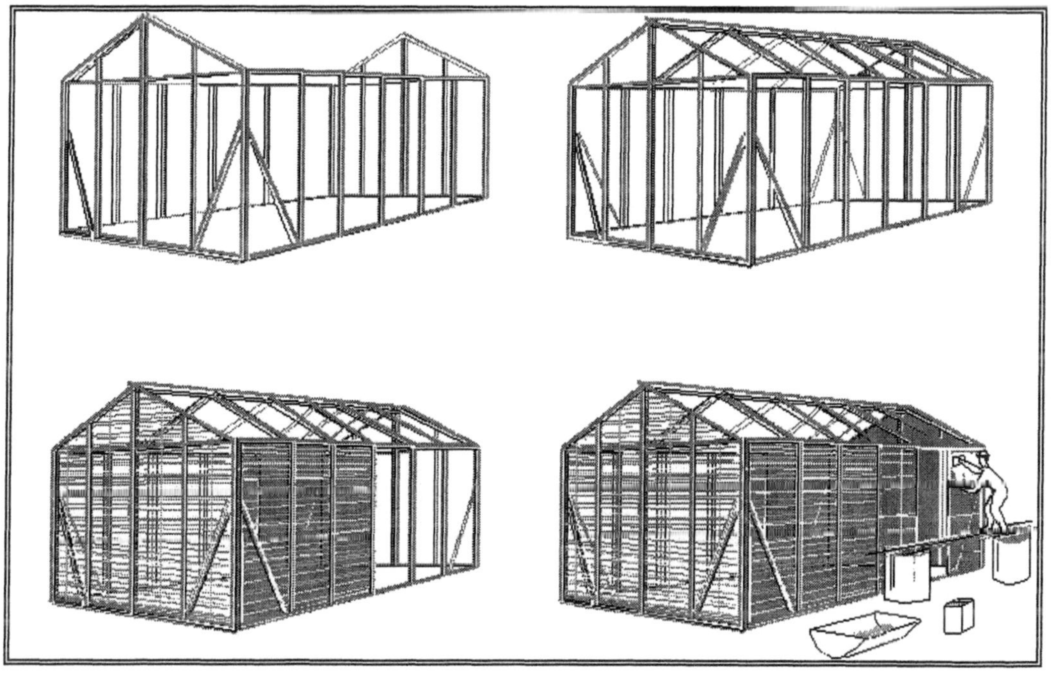

Abbildung 124: Wandkonstruktion, Wandverkleidung, El-Seded-Bauweise

* **Das Dach**

An die Dachpfette werden Dachsparren (5 cm x 5 cm x 2.5 m) im Abstand von 75 cm befestigt. Die Dachabdeckung setzt sich aus drei Schichten zusammen. Die erste Schicht besteht aus Reetmatten parallel zur Firstrichtung und liegt direkt auf den Sparren der Holzkonstruktion auf. Die Befestigung erfolgt mit Metallband und Nägel, so daß die Überlappung der Matten genau auf den Sparren liegen muß.

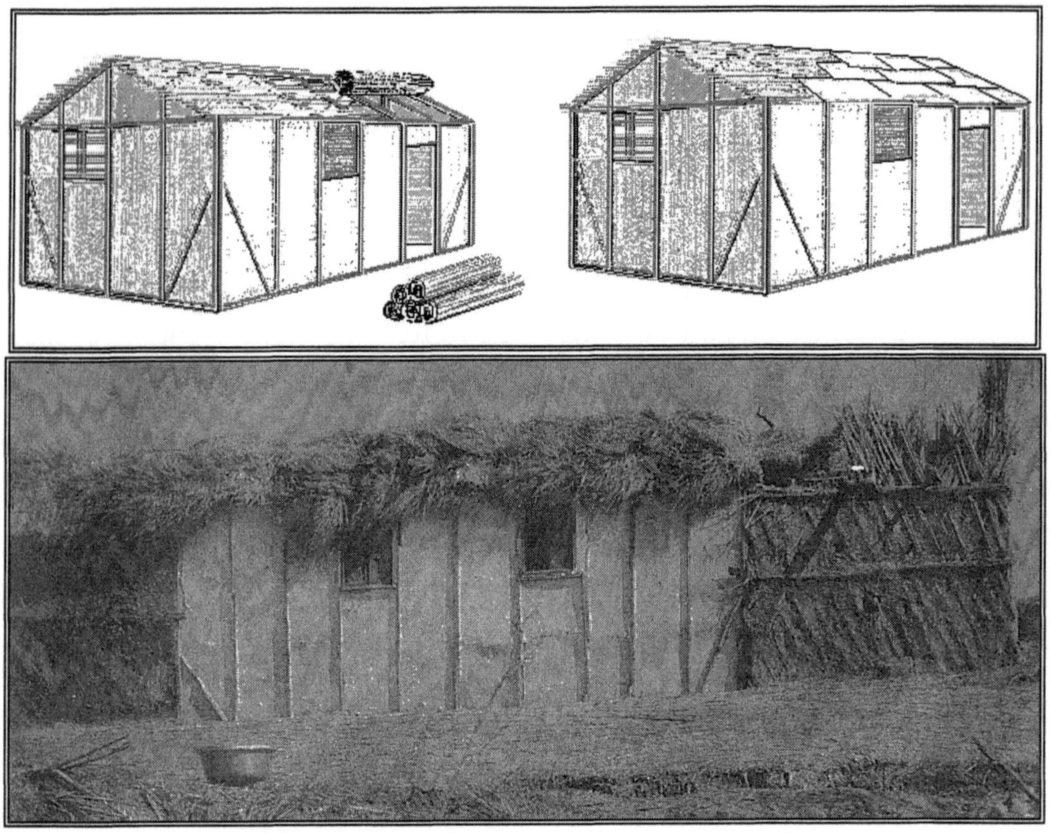

Abbildung 125: Dachabdeckung, El-Seded-Bauweise

Die zweite Schicht aus Kunststoffolien dient als Regenschutz oder Isolierung, wie zuvor bei der El-Schibeka-Methode erwähnt.

Darauf legt man die dritte Schicht aus Reetmatten in Querrichtung zur ersten Schicht. Sie wird auch mit einem Metallband auf den Sparren befestigt. Manchmal wird Stroh auf dem Dach gelagert, womit die Reetmatten zusätzlich beschwert werden.

* **Die Bodenarbeit**

  In den meisten Fällen wird der Boden aus einer Schüttung aus einem Lehm-Rißschneckenschalen-Gemenge, wie bei der El-Schibeka-Methode bereits erwähnt, hergestellt. In den Koschken der El-Seded-Bauweise bringt man ein Gemisch von ca. 200 kg Zement, aus Port-Said oder anderen Städten, und Sand ein, um einen sauberen und glatten Boden zu bekommen.

* **Die Baukosten**

  Das Baumaterial für einen Koschk der El-Seded-Bauweise (Holz, Reet, Gips, Isolierungsmaterial, Metallband, ein Fenster und eine Tür) von etwa 24m² kostet im Durchschnitt 450 ägyptische Pfund. Dazu kommen die Arbeitskosten (Holzarbeit und Verputzen mit Gips, Arbeitszeit jeweils fünf bis sechs Tagen) von insgesamt ca. 360 ägyptische Pfund. Das ergibt etwa 34 ägyptische Pfund / m² (ca. 17 DM,-) pro Gebäude.

2 Vorteile und Nachteile des Reets als Baustoff

2.1 Vorteile des Reets als Baustoff

Reet als Baustoff hat viele Vorteile. Reet ist ein billiger, lokal vorhandener und leicht zu verarbeitender Baustoff. Reet ist diffusionsfähig, luftfilternd, staubsicher, reguliert die Luftfeuchtigkeit des Hauses und ist frei von Kondensatbildungen infolge Wasserdampfdiffusion. Aus diesen Gründen ist der Baustoff Reet dem feuchtwarmen Klima des Gebietes El-Manzala angepaßt.

Reet hat ein geringes Raumgewicht von 130 bis 180 kg/m^3, so daß er für den anstehenden sandigen Boden sehr geeignet ist. Darüber hinaus verursacht Reet bei seiner Verwendung als Baustoff keine Umweltbelastung und weist, im Verhältnis zu seinen Kosten, eine hohe Lebensdauer auf. Das Rohmaterial Reet ist auch in Notzeiten vorhanden.

2.1.1 Die Verfügbarkeit

In allen feuchtwarmen Klimazonen, besonders in Südostasien und den Inseln des Indischen und Pazifischen Ozeans ist Reet vorzufinden, je nach Standort bis zu einer Meereshöhe von 3500 Metern.

Das jährliche Vorkommen von Reet am El-Manzala See reicht für den Bau von ca. 2 Millionen Koschks. Die restliche Reetproduktion verteilt sich auf andere Gebiete.

Die Gesamtproduktion von Reet hat einen Umfang von etwa 10 Milliarden „Schada". Diese Einheit steht für ein Bündel Reet mit einen Durchmesser von ca. 70 cm Ø.

Das Zentrum des Reetmarktes befindet sich in El-Mataria-Stadt südlich des El-Manzala-Sees. Dort wird auch der Hauptanteil des Reets gewonnen. Von hier wird es als Baustoff in alle Teile Ägyptens exportiert.

Abbildung 126: El-Toabra-Hafen, die Reet-Sammelstelle von El-Mataria

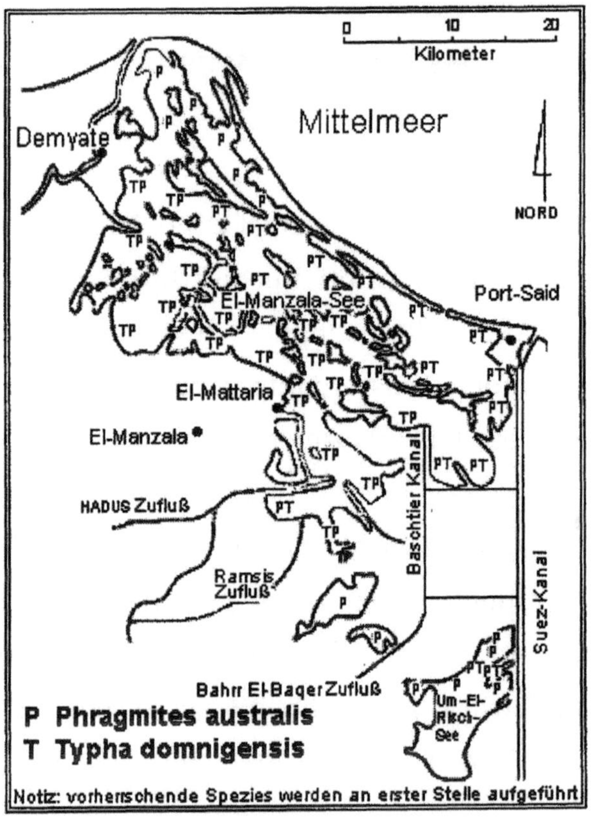

Abbildung 127: Verbreitung der Wasserpflanzen Phragmites und Typha (Lit. 22 Vol. 10)

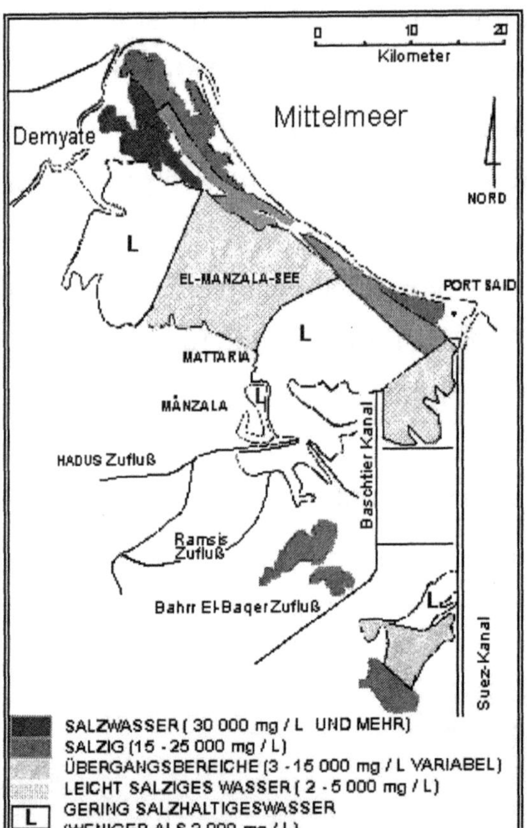

Abbildung 128: Salzgehalt im El-Manzala See (Lit. 22 Volume 10)

Wie aus einem Vergleich der oben abgebildeten Karten hervorgeht, besteht eine Beziehung zwischen dem Salzgehalt des Sees und dem Vorkommen des Reets. Zudem ist festzustellen, daß an Stellen mit hohem Salzgehalt eine gute Reetqualität zu finden ist.

2.1.2 Ökologisches Baumaterial

In Bezug auf das Baumaterial Reet in El-Manzala See ist eine Ausgewogenheit der drei Aspekte Baubiologie, Bautechnik und Baukultur festzustellen, wobei der Baukultur als geistigem Ursprung Führungsanspruch zuzusprechen ist. (Lit. 1)

* **Baubiologie:**

  Baubiologie ist die Lehre von den ganzheitlichen Beziehungen zwischen dem Menschen und der Wohnumwelt. (Lit. 1)

  Reet als Baumaterial ist im Gebiet El-Manzala ein natürlich anfallendes Material, da das Reet zum Freihalten gewisser Bereiche im See regelmäßig geschnitten werden muß. Das Material wird ohne aufwendige Hilfsmittel verarbeitet und ist ideal auf die vorherrschenden klimatischen und Standortbedingungen abgestimmt. Durch seine mechanische Eigenschaften bestimmt das Baumaterial Reet die Gebäudegröße, paßt sich somit in Form und Farbe ideal in die Umgebung ein und kann nach Abnutzung als Naturmaterial wieder in den natürlichen Kreislauf zurückgeführt werden.

Abbildung 129: Reet ist am Bauort natürlich vorhanden

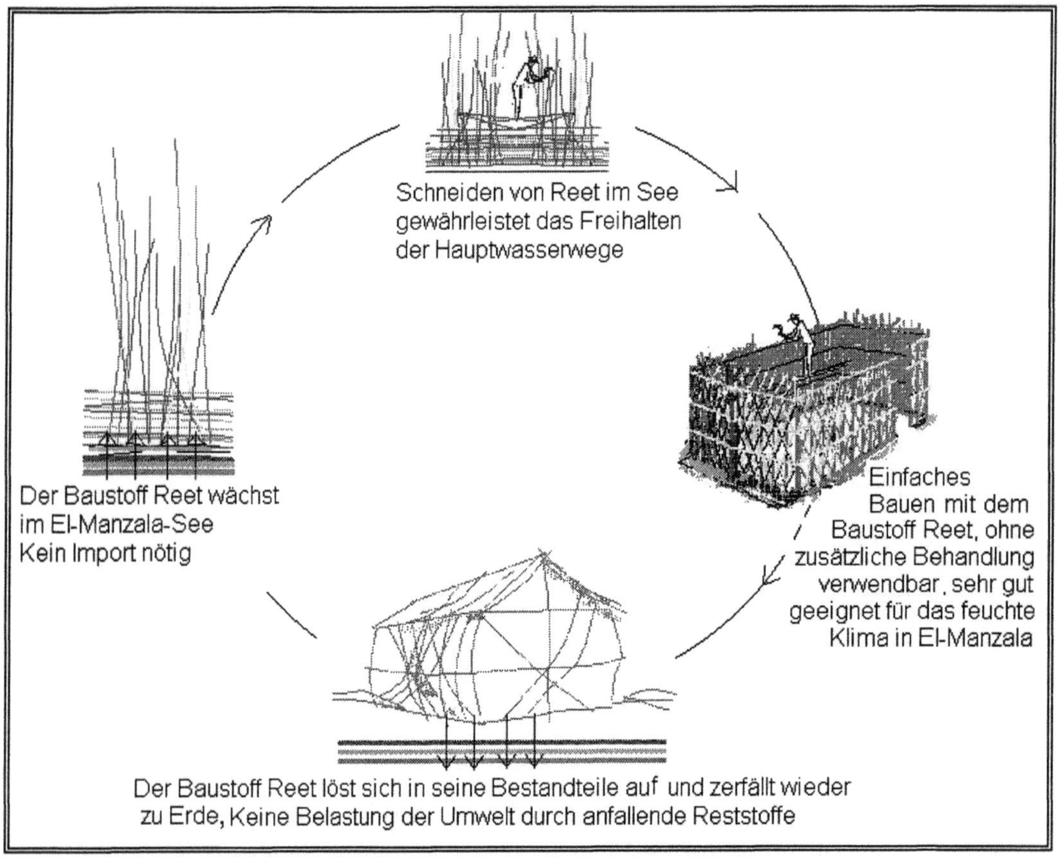

Abbildung 130: Ökologischer Kreislauf des Baustoffes Reet

Im Gebiet El-Manzala herrscht ein relativ feuchtes Klima vor, mit viel Regen und starken Winden. Der vorherrschende Baugrund ist als schlecht zu bewerten, mit hohem Sand- und Lehmgehalt. Das begrenzte Festland nötigt zum Bauen auf den vielen kleinen Inseln. Das Baumaterial Reet ist auf Grund seines natürlichen Aufbaus an das Klima, sowie durch sein geringes Gewicht an die Bodenverhältnisse angepaßt.

Die materialbedingte 1-geschossige, ruhige Bauweise, sowie die Verteilung der Wohndichte harmonisieren mit der ruhigen, flachen Topographie. Bauten aus anderen, ortsfremden Materialien, wie Beton bewirken eine Beeinträchtigung des Landschaftsbildes.

Der Reethalm besitzt auf Grund seines Aufbaus eine gewisse Absorbtionsfähigkeit, welche in Verbindung mit entsprechenden Konstruktionen (Lehmverkleidung, gipsverpresste Reetfaserplatten; siehe 3.3.4.2.) einen ausreichenden Lärmschutz bewirkt.

* **Bautechnik:**

  Eine einfache Bautechnik, sowie die damit verbundenen einfachen Werkzeuge sind ausreichend für die Konstruktionen aus Reet.

Zusätzliche werden Materialien verwendet, welche bereits vorhanden sind, wie die Kunststoffsäcke.
Damit einher gehen geringe Baukosten, welche auf das meist geringe Einkommen angepaßt sind.
Die unkomplizierte Bautechnik erfordert keine aufwendige Ausbildung der Bewohner. Die erforderlichen Kenntnisse sind meist vorhanden auf Grund der Tätigkeit als Fischer, d.h. eine Erfahrung mit dem Weben und Verknoten von Netzen ist vorhanden.

* **Baukultur in El-Manzala:** ist durch verschiedene Faktoren beeinflußt:

- religiöse Regeln und Brauchtum: die starke Achtung des privaten Bereichs, welche insbesonders für Frauen zu Hause auf Grund der Tradition gefordert wird, spiegelt sich in der Trennung von öffentlichen und teilöffentlichen Wohnbereichen in Form von Einzelgebäuden wieder. Diese Wohnform ist konform mit dem Baustoff Reet, da dieser für relativ kleine Gebäude sehr geeignet ist.
- Der Einfluß der Kultur der Beduinen (die Einwohner stammen aus dem Sinai) bestimmt die strenge Wahrung der Abstände zwischen den Häusergruppen und zu anderen Großfamilien.
  Die Achtung der Nachbarrechte ist ersichtlich durch die Beachtung gewisser Bauregeln, bei Teilhaberschaften von zwischen den Häusern liegenden Wegen, durch Berücksichtigung der Windrichtung, keine Abriegelungen der Windzufuhr durch große Bauelemente, sowie Freihalten der Aussicht.
  Die Familien im El-Manzala-Gebiet sind meist Großfamilien, wobei bei 24% der Familien die Töchter mit den Kindern im Elternhaus bleiben, bei 11% sogar alle Nachkommen. Bei 10% der Familien leben noch weitere Verwandte im Familienverband. Das Haus der Eltern ist immer das Zentrum, um welches sich in der Regel die Nachkommen ansiedeln.
  Die relativ geringe Wohndichte in El-Manzala-See ist sehr günstig für die Reetbaukultur, insbesondere bzgl. der erforderlichen Sicherheitsmassnahmen hinsichtlich der Gebäudeabstände. Diese Maßnahme birgt Vorteile hinsichtlich der Reduzierung der Brandgefahr, sowie der Übertragung von Krankheiten.

2.1.3 Wirtschaftlichkeit

Bei dem Vergleich des Reets mit anderen vor Ort verwendeten Baumaterialien, Stahlbeton oder Holz, hinsichtlich der Wirtschaftlichkeit, sollen folgende Faktoren betrachtet werden:

1. Baukosten / m^2 sowie die Kosten für Bauelemente wie Isolierung, sowie Materialien für Verkleidung oder Anstrich:

Wie in 1.4. unter dem Stichpunkt Baukosten für traditionelle Bauten in El-Manzala bereits angeführt, sind für die Baukosten als Durchschnittsbetrag für die drei Bauweisen ca. 32 ägyptische Pfund / m^2 anzusetzen. Im Vergleich dazu liegen die Baukosten für Stahlbeton bei ca. 200 ä.P. / m^2 und für Holz bei ca. 120 ä.P. /m^2 (Werte für minimalen Qualitätsstandard).

2. Verfügbarkeit und Transportkosten:

Wie in 1.2.1. bereits unter dem Kapitel Verfügbarkeit von Reet erwähnt, reicht das jährliche Vorkommen von Reet am El-Manzala See für den Bau von ca. 2 Millionen Koschks. Das Reet ist überall im See vorhanden, so daß für den Transport fast keine Kosten anfallen. Im Gegensatz dazu muß bei den anderen Baustoffen wie Stahlbeton mit höheren Transportkosten gerechnet werden, da diese nur in Port-Said oder den anderen Hauptstädten produziert werden.

3. Technischer Aufwand für die Erstellung eines Bauwerks:

Für Bauten aus Reet ist der technische Aufwand sehr gering, da Reet ein leichter Baustoff ist. Aufwendungen für Gerüste, Kran oder teure Baumaschinen entfallen.

4. Aufwand der Verarbeitung des Baustoffes:

Wie in 3.1.2. erwähnt ist Reet ein einfach zu verarbeitender Baustoff. Es fallen keine Kosten für die Verarbeitung an, wie Schalung beim Stahlbeton, bzw. zusätzliche Kosten für bestimmte Bearbeitungs-, und Behandlungsmethoden.

5. Bauzeit von der Vorbereitung des Baustoffes bis zur Fertigstellung:

Ein Gebäude aus Reet ist in einer geringen Bauzeit zu erstellen. Das Material kann in seinem trockenem, rohem Zustand verwendet werden, muß nicht intensiv zubereitet werden, es gibt keine Abbindezeiten ,wie z.B. beim Stahlbeton.

6. Benötigte Instandhaltungskosten: Für Reetkonstruktionen fallen nur geringe Instandhaltungskosten an, da die für die Reparaturen benötigten Materialien vor Ort vorhanden sind.

7. Lebensdauer: Die Lebensdauer eines Reetgebäudes beträgt im Durchschnitt 30 bis 40 Jahre bei regelmäßiger Instandhaltung.

8. Soziale Gerechtigkeit: Das Bauen mit dem Material Reet ermöglicht allen Bevölkerungsgruppen im Gebiet El-Manzala annähernd gleichwertige Häuser zu bauen (Qualität und Standard der Gebäude).

9. Verhältnis Wohnkosten zum Durchschnittseinkommen der Bewohner: In El-Manzala besteht ein angemessenes Verhältnis zwischen den Wohnungskosten für ein Reetgebäude und dem Einkommen.

10.Optimale Ausnutzung der Grundstücke, mehrgeschossiges- oder eingeschossiges Bauen. In El-Manzala wird überwiegend eingeschossig gebaut, auf Grund des Materials und des Untergrundes.

11.Erweiterungsmöglichkeiten, Umnutzung, Abriß: Reetkonstruktionen können auf einfache Weise vergrößert werden, bei Abbruch können die Konstruktion häufig an einem anderen Ort Wiederverwendung finden. Es fallen nur geringe Abbruchkosten an.

Kostenfaktoren	Reet äP./m²	Holz äP./m²	Stahlbeton äP./m²
Baukosten / m²	32	120	200
Rohbaustoffkosten	3	24	80
Transportkosten	0,5	3	20
Erstellung	1	12	18
Verarbeitung	0,5	6	12
Erweiterung	0,0	3	9
Instandhaltung	3	12	8
Kostensumme/Jahr	40	180	347
Bauzeit	ca. 8 Stunde	ca. 18 Stunde	ca. 36 Tage
Lebensdauer	30-40 Jahre	30-40 Jahre	60 Jahre

Tabelle 14: Kostenfaktoren für Reetbau im Vergleich mit anderen bekannten Baustoffen in El-Manzala-See

2.1.4 Feuchtigkeit und Dauerhaftigkeit

2.1.4.1 Feuchtigkeit:

Wie in 1.2.1.3 Biologische Eigenschaften von Reet erwähnt, ist die Reetoberfläche stark wasserabweisend. Da das Reet im Wasser wächst, besitzt es einen natürlichen Feuchteschutz aus einer dünnen Schicht Harz- (Räting) Öl. Für den erforderlichen Widerstand gegen Wind- und Wasserdruck weist Reet eine hohe Elastizität auf.
Das Reetrohr besitzt auf Grund seiner teilweisen Porösität einen guten Luftaustausch, sowie eine geringe Wärmespeicherfähigkeit.

Die Reetkonstruktionen besitzen bedingt durch ihr Rohmaterial ein bestimmtes Porenvolumen, welches mit Luft und Wasser gefüllt ist. Der Feuchtigkeitsgehalt des Reetmaterials beeinflußt in starkem Maß die Wärmeleitfähigkeit, da Wasser eine Wärmeleitzahl von etwa 0,5 kcal/m h K aufweist, gegenüber der Wärmeleitzahl der Luft von etwa 0,02 kcal/m h K. Sehr poröse Wärmedämmstoffe mit geringer Wärmeleitzahl sind meistens feuchtigkeitsanfällig. Die Aufgabe von Reetkonstruktionen als Wandelement besteht im Winter gerade darin, eine möglichst geringe Wärmemenge durchzulassen. Daher werden die Konstruktionen mit einem Feuchteschutz (Lehmverputz) versehen, um eine Zunahme des Feuchtegehaltes in den Zwischenräumen der Halme zu verhindern und somit eine geringe Wärmeleitzahl zu erzielen. Im Sommer dagegen bekommt der Lehmverputz auf Grund der hohen Temperaturen viele Risse. Auf Grund der hohen Luftfeuchtigkeit erfolgt eine Anlagerung von Feuchtigkeit zwischen den Halmen. Die Luftbewegung von außen nach innen erzeugt eine Kühlung des Innenraumes.
Die kapillare Wasserbewegung im organischen Material Reet ist bisher noch nicht verläßlich berechenbar. (Lit. 38)

2.1.4.2 Dauerhaftigkeit :

Die hohe Lebensdauer der Reethäuser in El-Manzala Sees ist seit Jahrhunderten erwiesen. Für die Lebensdauer sind von Einfluß:

* Reetqualität: wie bereits erwähnt wählen und schneiden die Leute im El-Manzala das Reet im Januar in drei bestimmten Gebieten (El-Bischtier- El-Gamza und El-Kebliea) nur wenn die Reethalmen trocken (gelb) sind.

* Himmelsrichtung: Regen und Sonne, besonders deren Wechsel greifen die Gebäude an. An der Nord- und Ostseite hält sich das Reet länger als an der Süd- und Westseite. (die Hauptwindrichtung in El-Manzala).

* Instandhaltung: Die Beschädigung der Lehmverkleidung durch Regen erfordert jährliche Renovierungsarbeiten nach der Wintersaison. Durch regelmäßige Wartung wird eine längere Haltbarkeit der reetgeflochtenen Konstruktionen erzielt.

  Gutes, fachgerecht behandeltes, völlig ausgewachsenes, gerades und langes Reet hält sich 30 Jahre und länger.
  Reethäuser aus gutem, dünnhalmigem Reet, sachgemäß behandelt und verarbeitet, haben auf der Nord- und Ostseite eine durchschnittliche Lebensdauer bis zu 60 Jahren, auf der Süd- und Westseite wird eine Zeit von 30 bis 40 Jahren angegeben.

Abbildung 131: Sonnenstrahlung beeinflußt die Lebensdauer des Reet besonders an der Südseite.

2.2 Nachteile des Reets als Baustoff

2.2.1 Geringe Druckfestigkeit

Wie in Kapitel 1.2.2.5. festgestellt wurde, weist Reet als Einzelstab eine Druckfestigkeit von 49,0 N/mm² auf, im Vergleich dazu liegt der Wert von Fichtenholz bei 43,0 N/mm², der Wert von Bambus bei 93,0 N/mm²
Ausschlaggebend für Reetkonstruktionen ist nicht die Druckfestigkeit des Einzelstabes, welcher einen verhältnismäßig geringen Wert aufweist. In der Praxis wird Reet in der Regel in Form von Bündeln, zusätzlich zumeist

in Schräglage, angewandt, um den Nachteil der verhältnismäßig geringen Druckfestigkeit zu vermeiden, wie bereits im Kapitel 1.4. erklärt worden ist. Trotzdem verbleibt für das Material Reet bezüglich der Druckfestigkeit, im Vergleich zu den anderen bekannten Baustoffen wie Stahl oder Holz, ein Nachteil hinsichtlich der Verwendung als Baustoff.
Dieser Nachteil begründet sich mit dem natürlichem strukturellen Aufbau des Reetrohres. Die Druckfestigkeit des Rohres beruht auf schlanken Fasern, welche nur schwach miteinander verbunden sind. Lediglich an den Knotenstellen weisen sie feste Verbindungen auf. In den unteren Abschnitten des Reetrohres sind höhere Druckfestigkeiten festzustellen, aufgrund der kürzeren Abstände zwischen den Knoten.
Deswegen beobachtet man bei den Leuten in El-Manzala, daß beim Binden eines Reetbündels die einzelnen Halme immer wechselseitig nach oben und nach unten verwendet werden, womit man eine Ausgewogenheit der Druckfestigkeit im gesamten Bündel erzielt wird.

2.2.2 Leicht brennbarer Baustoff

Reet insbesondere in loser Form zählt zu den leicht entflammbaren Baustoffen der Klasse B3. (Nach DIN 4102 Blatt 4 - Brandverhalten von Baustoffen und Bauteilen). (Lit. 38)
Bezüglich des Brandverhaltens sind Dachdeckungen aus Reet besonders an der Außenseite (wegen Sammlung von Reisstroh auf dem Dach) gefährdet durch Flugfeuer und strahlende Wärme. Die Feuergefährdung solcher Dächer ist groß. Versuche mit Flammschutzmittel dagegen anzukämpfen, haben bisher zu keinem großen Erfolg geführt.
Die Reetpflanze besitzt auf ihrem Halm einen natürlichen Film aus Harzöl (Rätinag), das die Pflanze elastisch und geschmeidig, auf der anderen Seite aber auch sehr schnell entflammbar macht. Trotz aller Sicherheitsmaßnahmen wie Trennung der Baukörper in kleinere Einheiten bleibt die Brandgefahr der größte Nachteil des Baustoffes Reet.
Die Armut der Bewohner und die wirtschaftliche Rückständigkeit des El-Manzala-Gebietes als ländliche Region erschweren sehr die Lösung des Problems.

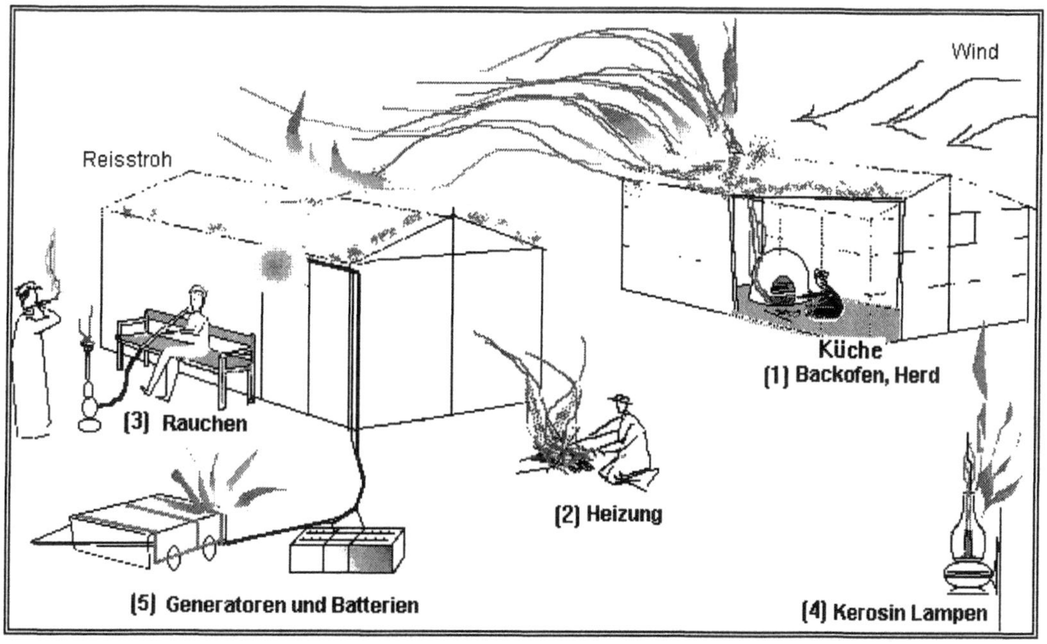

Abbildung 132: Feuergefahrquellen für Reetkonstruktion im El-Manzala Gebiet 1- Backofen 2- Heizung 3- Rauchen 4- Kerosin-Lampen 5- Lichtmaschine und Generator

Die Regierung hat in den letzten 5 Jahren zwar eine elektrische Straßenbeleuchtung geschaffen, die privaten Haushalte jedoch sind weiterhin angewiesen auf eigene Generatoren oder Batterien zum Betreiben der elektrischen Beleuchtung, auf offene Herdstellen und die alten Kerosin-Lampen. Sie alle sind die Hauptquellen der Brandgefahr. Zudem gestalten sich Löscharbeiten der Feuerwehr äußerst schwierig, da sie im unwegsamen Gelände von El-Manzala-See mit Siedlungen auf Tausenden Inseln Spezialausrüstung benötigen würden.

Der durch Brände verursachte Sachschaden ist nicht der entscheidende Faktor, da die Baukosten relativ niedrig sind. In den kleinen, traditionellen Behausungen besteht auch keine große Gefahr für die Menschen, da die Flucht leicht möglich ist. Jedoch bei größeren Gebäuden, wie z.B. in einer aus Reet erbauten Schule ist das Brandverhalten des Baustoffes Reet als entscheidendes Problem anzusehen.

2.2.3 Kurze Dauerhaftigkeit

Reet ist anfällig für Insekten- und Pilzbefall, sowie für die Zerstörung durch Feuer. Für die Pflanzenkrankheiten sind hauptsächlich Insekten verantwortlich. Im Winter im Stengelbereich vorkommende Schadinsekten treten nur an der lebenden Reetpflanze auf, nicht am getrockneten Reethalm. Die in dem Stengel des Reethalmes lebenden

Insekten verursachen unterschiedliche Schädigungen und bewirken damit eine Reduzierung der Standfestigkeit des Halmes.
Deformation des Stengels in Form von Gallen werden von Mücken (Gallmücken, Giraudiella inclusu; Thamasiclla arundinis) und Fliegen (Lipara-Arten) erzeugt. Dadurch kann es zu starken Schädigungen der Stengel kommen (Bruchgefahr). Die Raupen der Schmetterlingsarten (Noctuidae, Eulen-Falter) leben in den Stengeln des Reets. Beim Schlüpfen des Schmetterlinges aus der Puppe kommt es zur Beschädigung des Stengels (Schlupfloch). Bei Befall durch Schadinsekten, ohne besonderen Schutz, erfolgt eine Verrottung nach 2-3 Jahren.
Vögel auf Nahrungssuche suchen im Winter die Mücken- und Fliegenlarven, picken die Halme auf, um an die Larven zu gelangen. Dadurch wird der Stengel zusätzlich beschädigt. Des weiteren wird das Reet von Insekten und Kleintieren als Nistplatz aufgesucht. (Lit. 12)

2.2.4 Unregelmäßige Struktur des Reets

Wie in Kapitel 1.2.1.3 unter den biologischen Eigenschaften des Reets bereits erwähnt, besteht der zylindrische Halm des Reets aus der hohlen Sproßachse, welche durch massive, äußerlich angeschwollene Gelenke, den Halmknoten gegliedert ist. Die hohlen Teil sind luftgefüllt.

Abbildung 133: 160-fach vergrößerter Querschnitt eines Reethalmes, linkes Bild: Randbereich, rechtes Bild: Innenbereich (Lit. 23)

Ebenso in 1.2.2.3 erklärt, hat der Rohrquerschnitt im ganzen Halm weder einen gleichbleibenden Durchmesser noch eine gleichbleibende Wanddicke (von 0.5 cm bis 2.5 cm ∅). Entsprechend der Dicke sind die Holzfasern der Außenwand im unteren Bereich des Reethalmes stärker als im oberen Bereich.

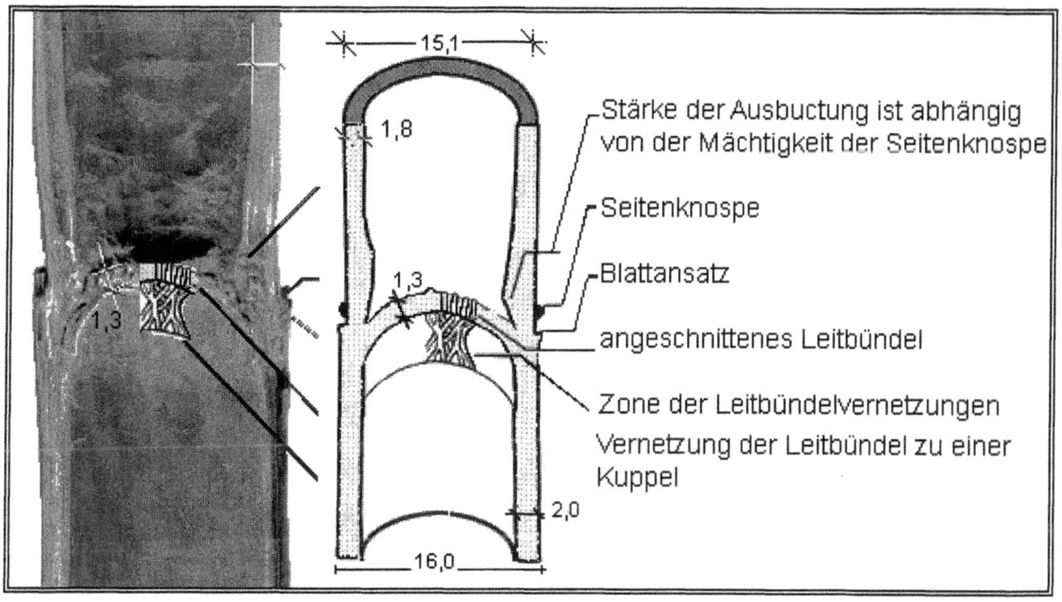

Abbildung 134: Phragmites australis (Schilf) - Längsschnitt durch den Stengel im Bereich eines Knotens, dargestellt sind nur verholzte Strukturen, Zahlenangaben in mm.

Dieser Rohraufbau ist sehr geeignet für eine Pflanze die sich durch eine Wuchshöhe von 1.25 bis 4 Meter auszeichnet. Sie besitzt dadurch eine hohe Widerstandsfähigkeit gegen Witterungseinflüsse und das Klima.

Im Gegensatz dazu trägt die Unregelmäßigkeit der Struktur nicht zu einer harmonischen Festigkeit der Reetkonstruktionen bei. Deswegen findet man in der traditionellen Bauweise in El- Manzala innerhalb der einzelnen Bündel die Halme entgegensetzt miteinander verbunden, um die Unregelmäßigkeit der einzelnen Halme weitgehend auszugleichen.

2.2.5 Mangel an Fachkräften

Bis zu den fünfziger Jahren waren die meisten Bewohner in El-Manzala selbst fähig, das Reet für ihre Bauten zu schneiden und weiterzuverarbeiten. Heutzutage gibt es spezialisierte Fachleute, genannt "El-Miekaria", die diese Arbeiten, entweder gegen eine Pauschale oder für Taglohn, ausführen.

Die Entwicklung dieses Berufes ist momentan rückläufig. Dies ist begründet durch den Rückgang des Interesses der jungen Generation an diesem Beruf. Dadurch fehlt der Antrieb und das Potential Neuerungen in diesem Gewerbe bezüglich der Arbeitsweisen und Bauweisen zu entwickeln.

Hauptgrund für den Rückgang der Fachkräfte ist die begrenzte Bausaison von etwa 4 bis 6 Monaten. Dies führt zu unregelmäßigem Einkommen.

Die Ursache für die saisonal begrenzte Bauzeit liegt zum einen im Klima, in der regenreichen Zeit von Dezember bis April können keine Bauten erstellt werden. Zum anderen erfordert die Verwendung des frischen Reetmaterials eine ca. 6-monatige Lagerzeit zum Trocknen. Die Bausaison ist zudem abhängig von den finanziellen Verhältnissen der Privathaushalte, welche in der Regel nach der Reisernte am günstigsten sind.

Im Januar und Februar schneiden die El-Miekaria das Reet im See. Nach dem Ende der regenreichen Zeit folgt die Bausaison von etwa 4 Monaten. Für den Rest des Jahres müssen die El-Miekaria auf andere Gewerke ausweichen, in der Fischerei, in der Landwirtschaft oder als Gelegenheitsarbeiter im Bereich des Bootsbaues oder des Trinkwassertransportes.

Abbildung 135: Fachkräfte bei der Bearbeitung eines Reetdaches Linkes Bild in El-Manzala, rechtes Bild in Deutschland; (Lit. 3) In den meisten Ländern gibt es immer weniger Fachkräfte im Bereich des Reetbaues.

Als weitere Nachteil ist anzuführen, daß die Fertigung der Reetmatten nicht durch spezielle Fachkräfte erfolgt, sondern von den Kindern, zur Reduzierung der Kosten.

Abbildung 136: Herstellung der Reetmatten auf der Straße in El-Mattaria. Die Matten werden von Kindern nach der Schule und in den Ferien gefertigt.

2.3 *Möglichkeiten der Verbesserung*

2.3.1 Erhöhung der Druckfestigkeit

Es wird angestrebt, die einzelnen Teile der Reetbündel dichter und fester zu verbinden, um für die Bauteile eine höhere Druck- und Zugfestigkeit zu erreichen. Das kann erreicht werden durch Erhöhung der Anzahl der Verknotungen innerhalb der Reetkonstruktion, und zwar durch Verkürzung der Abstände auf max. 12 cm, statt wie bisher in der traditionellen Bauweise 25 cm. Damit reduziert man das Ausknicken in jedem einzelnen Bündel bzw. das Ausbeulen in der ganzen Struktur.

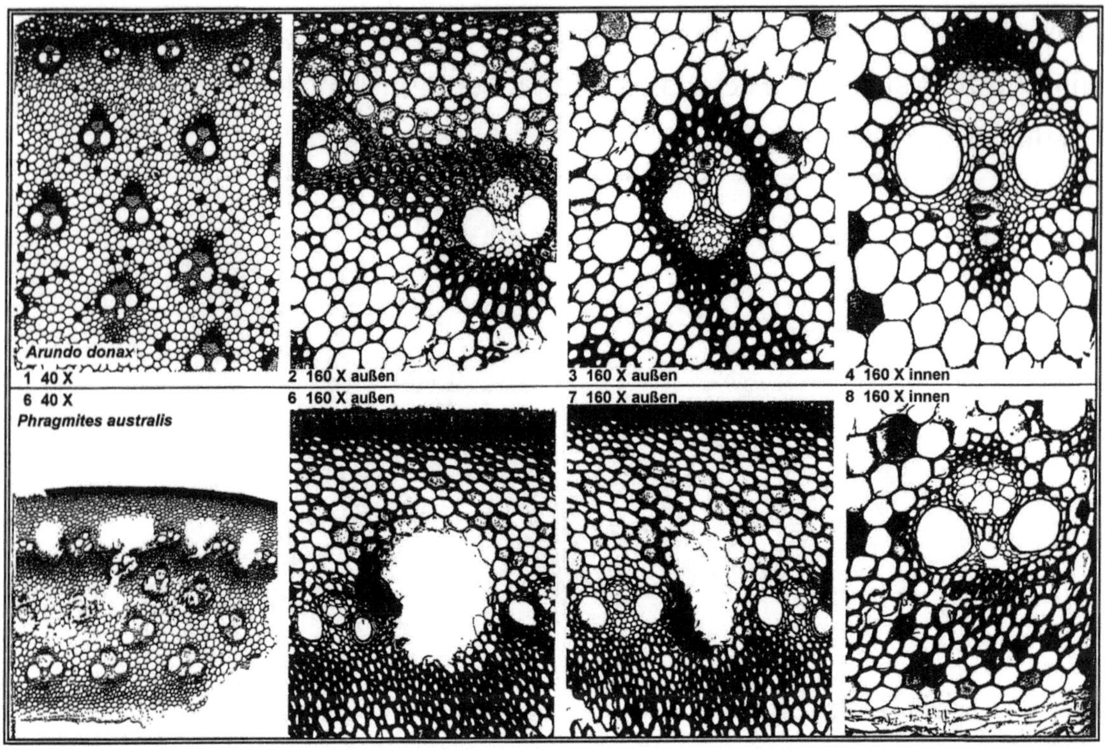

*Abbildung 137: Vergrößerte Querschnitte von "**Arundo Donax**" oben und **Phragmites** unten im Vergleich (Lit. 23):*

- ***Arundo Donax** hat eine größere Wandstärke als Phragmites*
- ***Phragmites** hat eine größere Zellendichte als Arundo Donax*

Unter 1.2.1.2 bei den Reet-Arten ist der „Bruder" von "**Phragmites**", "**Arundo Donax**" besprochen worden. Im Gegensatz zu Phragmites wächst dieser nur auf Lehmboden, und ist nicht resistent gegen Feuchtigkeit und Salz. Der Hauptvorteil von Arundo Donax liegt in seiner Wandstärke (Differenz zwischen äußerem und Durchmesser des innenliegenden Hohlraumes) bzw. der vergrößerten Querschnittsfläche [$A = \frac{(D_a^2 - D_i^2) * \pi}{4}$]

Als Schlußfolgerung aus obigem Vergleich ist festzuhalten, daß die Verwendung von "**Arundo Donax**" auf Grund der größeren Wandstärke besonders in den vertikalen Bündeln der Wandstruktur für die Erhöhung der Druckfestigkeit einzusetzen ist, jedoch unter der Bedingung der Isolierung gegen Feuchtigkeit und Salzeinwirkung.

Als wirksamer Schutz bei der Verwendung von Arundo Donax wären Maßnahmen wie das Eintauchen des unteren Abschnittes der Bündel in Bitumen bis zu einer Tiefe von 40 cm vorstellbar, bzw. das Versetzen der ganzen Wand in ein überstehendes Betonfundament.

2.3.2 Reduzierung der Brandgefahr

Im Vordergrund steht der Schutz von Menschenleben und nicht die Reduzierung des Sachschadens, da bei einem Brand die Gefahr des Einsturzes sehr schnell eintreten kann. Eine Reduzierung der Brandgefahr von Reetkonstruktionen ist bis heute mit den verfügbaren Methoden fast unmöglich.

Die Verkleidung mit Lehm reduziert die Brandgefahr um ca. 18 Minuten (laut Angaben von Fachleuten aus El-Manzala), kann aber nicht bei allen Wänden und für alle Gebäude angewandt werden. So würde eine Verkleidung der Dächer eine erhebliche Erhöhung des Gewichts mit sich bringen. Bei öffentlichen Gebäuden, wie z.B. Gesundheits-Einrichtungen ist eine Lehmverkleidung wegen den höheren Hygieneanforderungen nicht anwendbar. Bei großen Wandflächen großer Gebäude weist eine Lehmverkleidung wegen technischer Schwächen keine zufriedenstellende Qualität auf. Sie neigen zu erhöhter Rissbildung.

Maßnahmen zur Reduzierung der Brandgefahr sind wesentlich von Bedeutung für öffentliche Gebäude wie Schulen oder Moscheen, sowie für Schlafräume von kleinen Reet-Bungalows in Ferienanlagen.

Zur Reduzierung der Brandgefahr sollten folgende Vorsichtsmaßnahmen berücksichtigt werden:

1. Einhalten eines räumlichen Abstandes zwischen den Reetgebäuden, besonders in Hauptwindrichtung.
2. Ausreichende Öffnungen, eine entsprechende Anzahl an Fluchttüren (mindestens je 20 m).
3. Strominstallation isoliert in Stahlröhren, mit einem entsprechendem Abstand von Wand und Dach abgehängt.
4. Bei der Aufhängung von Leuchtstofflampen Einhaltung eines entsprechenden Abstandes zum Reet.
5. Verkleidung der Reetkonstruktion mit Gips (mindestens 6 mm dick) und Kalk können, wenn sie in geeigneter Weise eingesetzt werden, einen wirksamen Brandschutz bilden.
6. Verwendung von schwerentflammbaren Materialien für die Dachisolierung, an Stelle der Reisstrohdeckung, wie entsprechende Kunststoffplanen, da das Dach nicht verkleidet (aus Gips oder Kalk) werden kann. Nachteil solcher Planen sind die höheren Kosten.

7. Nutzung von einfacher Feuerlöschtechnik wie Druckwasserschläuche, welche mit den Kanälen in Verbindung stehen, und am Dach als Ringleitung in die Reetkonstruktion integriert sind.
8. Verbreitung des Feueralarms über die bereits angewandte Feuerglocke.

2.3.2.1 *Tränkmittel zur Minderung der Entflammbarkeit:*

Zur Minderung der Entflammbarkeit von Reethäuser sind chemische Feuerschutzmittel im Handel. Diese Produkte haften auf Reet und Stroh. Sie werden nach dem Aufbinden der einzelnen Decklagen von oben nach unten aufgespritzt. Auch wird durch Eintauchen getränktes Rohr und Stroh in Bünden verkauft. Geprüft und amtlich zugelassen für Reet und Stroh sind diese Mittel zur Schwerentflammbarmachung. Als Feuerschutzmittel eignen sich Borsäure, Ammoniumphosphat und andere Chemikalien.

Schutzmaßnahmen gegen die Auswaschung der Flammschutzmittel zählen zum Bereich der konstruktiven Maßnahmen, wie Lehm- oder Gipsverkleidungen und Dachüberstände. (Lit. 38)

2.3.3 Verlängerung der Lebensdauer

Wesentliche Erhöhung der Lebensdauer durch Behandlung wie:

- Austrocknen frisch geschlagener Stämme,
- Auslaugen des Zucker- und Stärkegehalts durch Wasserlagerung,
- Lagerung von grünen Stämmen in Konservierungslösung,
- Einfüllen von Lösungsmitteln in grüne Reetsstämme,
- Heißbehandlung mit verschiedenen Schutzmitteln;

Schutzmittel: Borsäure, Natriumpentachlorophenat oder Kreosot gegen Ungeziefer und Pilze; Paraffinwachs oder chinesisches Holzöl als Imprägniermittel; (Lit. 31)

Behandlung	Behandlungs-wiederholung (Jahre)	Zustand *
5% kupfer sulphate dip +5% pentachlorophenol spray + wax emulsion	4.0	2-3
5% kupfer sulphate dip + 3.5%sodium octaborate + wax spray	4.0	2-3
0.5% Thiram + wax dip	1.5	5
0.5% Difolatan + wax dip	1.5	5
3% sodium pentachlorophenate + wax dip	2.5	5
5% Tanalith NCA dip	4.5	5
5% hydroxyquinolate spray	1.5	5
2% copper napthenate spray	2.5	5
5%pentachlorophenol spray	2.5	5
5%sodium pentachlorophenate + wax spray	2.5	5
3% Tanalith NCA dip (24 Stunden)	4.0	2-3
3% Tanalith NCA dip (72 Stunden), grünes Material	3.5	3
Revision	1.0	5

Tabelle 15: Resistenz-Behandlung von Reetkonstruktionen Zusammenstellung der Fiji Forestry Abteilung (1979), (Lit. 31)

** (1)- keine Fäulnis, (2)-geringer Fäulnisbefall, (3)-beschränkter Fäunisbefall, (4)-starke Fäulnis, (5)-totaler Zerfall.*

2.3.4 Homogene Reetwerkstoffe aus gepresster Reetfaser

Um die Unregelmäßigkeit der Struktur des Reets zu verbessern und um eine bessere Festigkeit der Reetkonstruktionen zu erreichen, kann ein Werkstoff, ähnlich den Holzwerkstoffen, erzeugt werden. Durch mechanisches Zerreißen der Reethalme erhält man kleine Fasern oder Reetwolle, besonders aus den Halmspitzen, welche mit natürlichen Klebstoffen wie Holzharz (von Bäumen) vermischt oder mit Magnesit gebunden werden. Zusätzlich zum Verkleben verankern sich die einzelnen Fasern ineinander, durch die Eigenschaft des Reetmaterials sich aufzuspreizen. Diese homogene Mischung von Reetfasern kann man in verschiedene Formen zu Leichtbauplatten oder Konstruktionselemente pressen.

Dieses Verfahren kann entweder angewandt werden für die Herstellung von Platten für leichte Trennwände und flächige Bauteile, oder für Dämmplatten, bestehend nur aus magnesit- oder gipsgebunder Reetwolle. Für Platten für leichte, nichttragende Trennwände werden in Rohformen die Fasern mit in Wasser angerührtem Gips vermischt und zum Abbinden abgedeckt (verschiedene Formen sind möglich: eben, rund oder gefaltet). Bei tragenden Platten wird zusätzlich eine Schicht von in Netzstruktur verlegten Reetbündeln in die Platten integriert (ähnlich der Stahleinlage beim Stahlbeton), um eine hohe Steifigkeit zu erzielen.

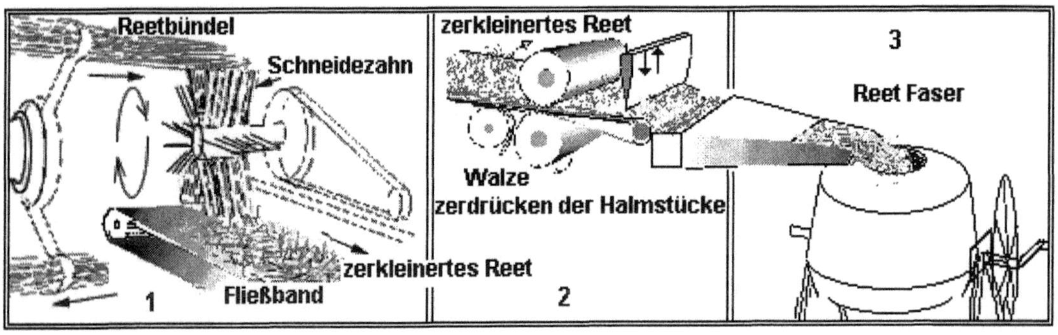

Abbildung 138: Vorschlag einer Maschine für die Zerkleinerung von Reetbündel entweder durch einen sauberen Schnitt (1), oder durch Zerreißen der dünnen Reethalme (2) anschließend Mischung von Reetfasern in Mischer (3).

Bei diesen Produkten soll nicht der Vorteil des Ausgangsmaterials verloren gehen. Auf Grund der unhomogenen Form der Fasern entstehen bei der Trocknung des Gipses kleine Zwischenräume, so daß das Material eine Porösität aufweist. (siehe Abbildung 193)

Dieser Mischung können Feuerschutzmittel, sowie Farben beigegeben werden. Diese Wandelemente können mit Maßnahmen zum Schall- (Baumwollmatten), Feuchtigkeits- (Dichtungspappe) und Schädlingsschutz (Drahtnetze) kombiniert werden.

2.3.5 Einsatz von Maschinen

Die Bearbeitung des Reets, sowie die Fertigung der Reetkonstruktionen erfolgt überwiegend manuell, bzw. mit sehr einfachen Mitteln. Das Schneiden geschieht von Hand, das Reet wird in kleinen Booten, bzw. an Land zu Fuß transportiert, etc.. Diese Arbeiten sind sehr mühsam, und die Bereitschaft der Bevölkerung diese Arbeiten auszuführen wird immer geringer. Andere Baumaterialien, welche mit geringerer körperlicher Anstrengung und in kürzerer Zeit verarbeitet werden können, wie z.B. Stahlbeton, drohen das Material Reet zu verdrängen, obwohl Reet das bisher günstigste und für den Ort adäquate Baumaterial ist. Daher gilt es

Wege zu finden, die Produktion von Reetgebäuden durch maschinellen Einsatz attraktiver zu gestalten.
Die Entwicklung und Anwendung von Maschinen erfordert Einsatz von Kapital. Für die Erhaltung der wirtschaftlichen Basis des bisher günstigen Materials Reet ist zu berücksichtigen, daß durch die Mechanisierung die Kosten des endgültigen Reet-Produktes nicht erheblich belastet werden, was nur durch staatliche Steuerung und Unterstützung gewährleistet werden kann.

Im Folgenden sind Überlegungen zur Mechanisierung der Vorbereitung des Rohstoffes angestellt, womit das Schneiden, die Sortierung, sowie Verpackung und Transport des Materials zum Händler zu verstehen sind. Überlegungen zur Mechanisierung der Konstruktion der Bauteile werden im Kapitel 3.3.5 und 3.3.6 eingehend behandelt.
Möglichkeiten des maschinellen Einsatzes:
Rationalisierung der Reetbeschaffung:
Verladung im Hafen:
Der Einsatz von mit diversen Maschinen ausgerüsteten Motorbooten hätte den Vorteil größere Mengen Reet in kürzerer Zeit als von Hand in einem Arbeitsschritt zu schneiden und zu verpacken. Statt der Verwendung der gekrümmten Messer könnten Motorsägen zum Einsatz kommen.

Abbildung 139: Einsatz von Maschinen zum Schneiden und Transportieren des Reets im El-Manzala-See (Motorboot mit Mähmaschine, sowie Schneide-, Sortierungs- und Verpackungsmaschine)

Beim Schneiden der Halme wäre eine Bearbeitung direkt vom Boot aus möglich, was eine Verminderung der Verletzungsgefahr der Arbeiter mit sich bringen würde. Bei der bisher angewandten Methode steht der Arbeiter im Wasser zwischen den Reethalmen, bzw. auf den im vorigem Jahr abgeschnittenen Halmresten.

Herstellung der Reetmatten:
Diese Arbeit wird bisher von den Kindern geleistet, um Kosten einzusparen. Der Einsatz von elekrischen Webmaschinen ermöglicht eine wesentlich schnellere Fertigung. Durch die Produktion großer Mengen und in Verbindung mit oben erwähnten staatlichen finanziellen Maßnahmen könnten die Kosten für die Matten in einem akzeptablen Rahmen gehalten werden, so daß auf Kinderarbeit weitgehend verzichtet werden kann.

Verbesserung der Qualität:
Durch maschinelle Verarbeitung können Materialien Verwendung finden, welche von Hand nicht oder nur mit unbefriedigendem Resultat verarbeitet werden können, und zu einer Erhöhung der Qualität beitragen. Als Beispiel ist der Einsatz von Metallbänder für die Verknüpfung der Matten anzuführen, welche zu einer Erhöhung der Stabilität der Matten führen. Bei einer manuellen Anwendung der Metallbänder erhält man keine befriedigende und gleichmäßige Verknotung.

3 Vorteile und Nachteile der Reetkonstruktionen und Möglichkeiten ihrer Verbesserung

3.1 Vorteile der Reetkonstruktionen

3.1.1 Klimagerechte Bauweise

Reetkonstruktionen gelten als regensicher, diffusionsfähig, staubabweisend, regulieren die Feuchtigkeit des Hauses und sind frei von Kondensatbildungen infolge Wasserdampfdiffusion.

Die hohe Luftfeuchtigkeit von 60 bis 85% bei Durchschschnittstemperaturen von 14 bis 26 °C (siehe 1.1.2.) ist der klimatisch wichtigste Faktor der Gegend El- Manzala.

Abbildung 140: Feuchtigkeit als wichtiger Klimafaktor: es besteht eine hohe Luftfeuchtigkeit, aber auch durch die angrenzenden Gewässer ist ein ständiger Kontakt mit der Feuchtigkeit gegeben.

Zur Regulierung der Feuchtigkeit enthält die Konstruktion Lüftungsöffnungen auf durch welche der Großteil des Luftaustausches stattfindet. Zusätzlich weist die Konstruktionshaut auf Grund der Flechtbauweise (El-Schibeka-Bauweise) eine hohe Luftdurchlässigkeit auf. Auch bei den Lehm- und gipsverkleideten Gebäuden kann ein Luftaustausch stattfinden, da die Verkleidung von der Witterung (heftiger Regen und Sonne) angegriffen wird, wodurch eine Vielzahl von Rissen entstehen. In den Sommermonaten, auf Grund der großen Hitze erhöht sich die Anzahl der Risse, so daß die Wände eine höhere

Luftdurchlässigkeit aufweisen, im Gegensatz zum Winter, wo die Luftdurchlässigkeit durch die Renovierung des Putzes auf ein Minimum reduziert wird. Je nach Nutzung sind Gebäude nur teilweise oder auch gar nicht verputzt (Schlafräume z.B. sind komplett verputzt, Küchen nur teilweise oder gar nicht). Insbesondere Wandflächen in Hauptwindrichtung, nach Norden und Nordwesten, bleiben möglichst ohne Verkleidung. Oft werden Gebäude nur bis zu einer Höhe von 1 m verputzt, wegen der aufsteigenden Bodenfeuchtigkeit.

Thermik, Wind und die Durchlässigkeit der Konstruktion ermöglichen eine wirksame Durchlüftung der Gebäude, wobei der Luftaustritt am höchsten Punkt des Firstes erfolgt. Die Durchlüftung sorgt für die Feuchtigkeitsregulierung, sowie für den Frischluftbedarf des Hauses und garantiert die Funktion eines zuverlässigen Filters zum Schutz des Innenraumes gegen den Staub des Außenraumes.

Die Feuchtigkeitsbelastung der Reetkonstruktion ergibt sich aus nutzungsbedingter Feuchtigkeit des Gebäudeinneren und der Außenluftfeuchtigkeit. Der auftretende Wasserdampf kann über das Dach (durch die Spalten zwischen den Plastiksäcken) und die Fenster entweichen.

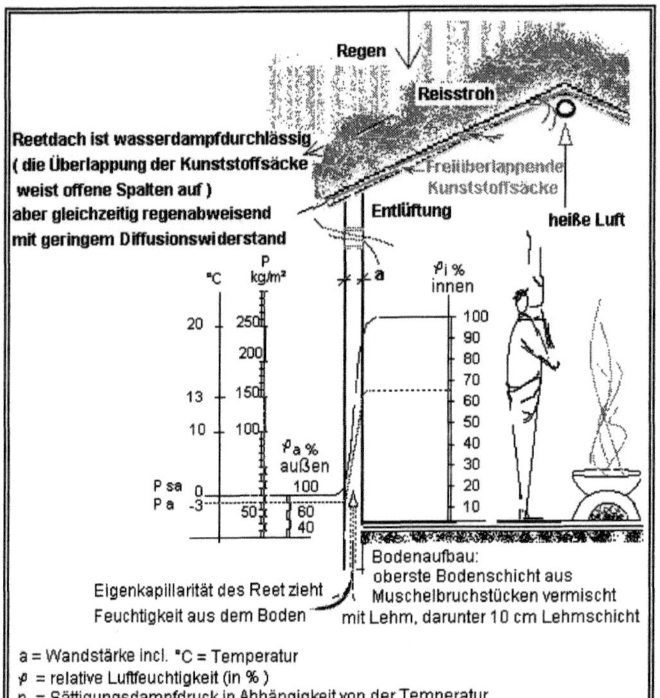

Abbildung 141: Keine Gefahr der Kondensatbildung, infolge Wasserdampfdiffusion in einer Reetkonstruktion denn Sättigungsdampfdruck (Ps) und vorhandener Dampfdruck (P) überschneiden sich nicht (Lit. 38).

Die Feuchtigkeitsübertragung und Wärmeübertragung stehen in steter Wechselbeziehung, da die praktische Wärmeleitfähigkeit des Dachabdeckungsmaterials durch den jeweiligen Feuchtigkeitsgehalt bestimmt wird.

Feuchtigkeit wird aus dem Raum durch die Lüftungsöffnungen, die Wände und die Dachhaut abgeleitet. Zu Kondenswasserbildung kommt es nicht.

Die traditionell angewandten Regenschutzschichten, wie Reisstroh, Papyrus erschweren oder behindern den Gasaustausch, bzw. vermindern die Feuchtigkeitsdurchlässigkeit von innen nach außen nicht. Die Verwendung der Kunststoffsäcke als Regenschutzschicht verringert die Feuchtigkeitsdurchlässigkeit unwesentlich, da durch die freie Überlappung der Säcke ausreichend Hohlräume verbleiben.

3.1.1.1 Sturmsicherheit der Reetkonstruktion

Wie in 1.1.2.1 unter dem Punkt Windverhältnisse erwähnt, herrschen im Gebiet El-Manzala im Zeitraum von Mai bis Oktober überwiegend nördliche und nordwestliche Wind vor. Die Nordwinde machen 33% des gesamten Jahreswindaufkommens aus. Die Windgeschwindigkeit liegt im Schnitt zwischen 15 und 32 km/h, und führt durch ihre Einwirkung auf die Wasserströmungen zur Bildung von Wellen bis zu einer Höhe von einem Meter. Winddruck und Windgeschwindigkeit sind in der Beaufort-Skala international genormt. Die in El-Manzala vorherrschende Windgeschwindigkeit von 32 km/h , ≈ 8,8 m/sec entspricht dem Beaufort-Grad 5 (frische Brise), mit einem Winddruck von 4,0 - 7,2 kg/m² (Lit. 1).

Natürlich hat der Wind auch Auswirkungen auf Reetgebäude. Insbesonders die Dachabdeckung benötigt besondere Sicherheitsmaßnahmen. Deswegen ist vor allem auf der Windseite sehr häufig Reisstroh auf den Dächern gesammelt und gut befestigt. Dies dient nicht nur als Regenschutz. Durch die Reisstrohabdeckung entsteht eine abgerundete Dachform, welche sich günstig bei starken Winden verhält. Bei Sturm federt die elastische, geflochtene Dachhaut. Sie nimmt alle Schwingungen auf, ohne ihren Zusammenhalt zu verlieren. Sturmschäden infolge Sog treten überwiegend in der Reisstrohabdeckung auf, welche einfach zu reparieren sind.

Trotz des relativ niedrigen Winddruckes muß der Reetbauer, welcher für die bautechnische Sturmsicherheit seiner Arbeit haftbar ist, besonders bei der Dachabdeckung die Grundregeln zur Vermeidung von Sturmschäden beachten.

Maßgebende Faktoren für die Sturmsicherheit der Reetkonstruktion sind :

- die Gesamtform des Daches, besonders seine Höhe hinsichtlich des zu erwartenden Winddruckes und den Beanspruchungen durch das Wetter
- Die Giebelform von Satteldächern soll eine flache Neigung bis zu 25° aufweisen und möglichst nicht gegen die Windrichtung orientiert sein. Die Dachflächen sollen eine glatte Oberfläche aufweisen. Für größere Dachwinkel ist die Windlastverteilung nicht mehr gleichmäßig.

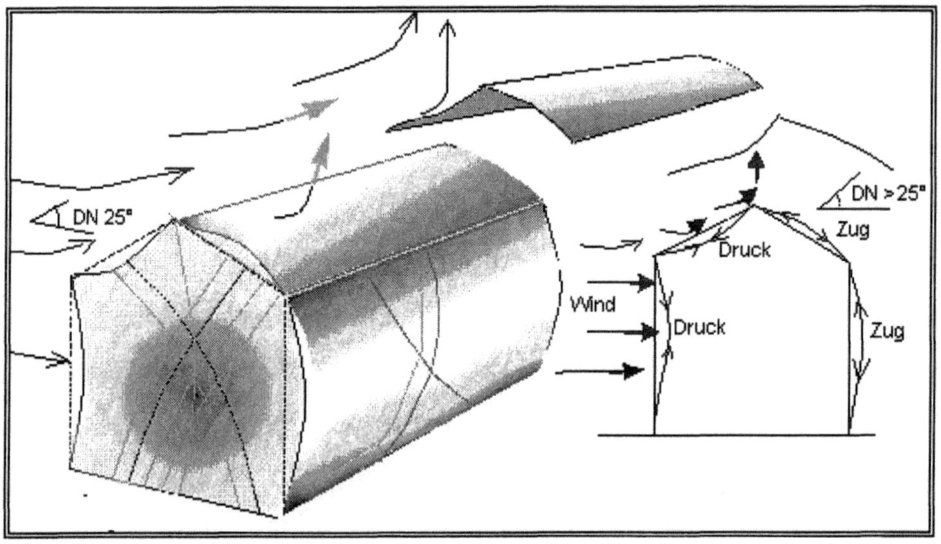

Abbildung 142: Windlast auf Satteldächer.

Eine Dachneigung von mehr als 25° sollte auf Grund des Winddruckes nicht überschritten werden.

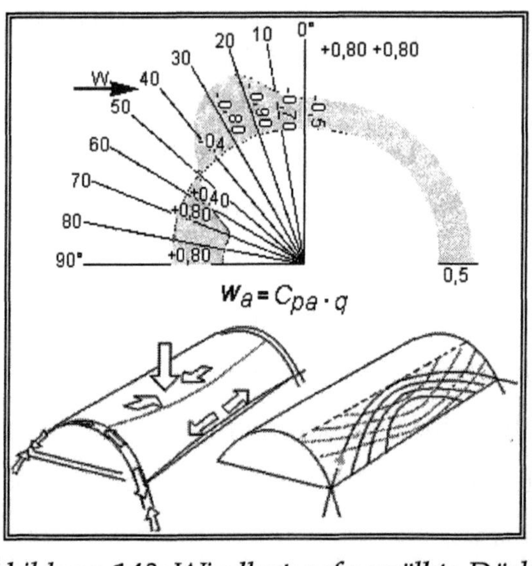

Abbildung 143: Windlast auf gewölbte Dächer

Druckwerte nach den französischen Normen C_{pa}-Werte (Druckbeiwerte) aufgetragen über der Dachfläche eines gewölbten Daches. Gebogene Formen besitzen guten Widerstand gegen Winddruck (Lit. 32)

- Bei gewölbten Dachflächen ist besonders bei großen Hallen mit wenig unterstützten Dachkonstruktionen eine möglichst genaue Erfassung des Winddruckes sehr wichtig. Wird ein Schalendach rechtwinklig zu seiner Längsachse angeströmt, so ergibt sich nur in der Umgebung der windzugewandten Kante Überdruck, während auf der restlichen Dachfläche Unterdruck auftritt, der in der Nähe des Scheitelpunktes sein Maximum erreicht und auf der windabgewandten Seite nahezu konstant verläuft. (siehe Abbildung 144) (Lit. 32)
- Der Ausbildung der Dachdetails, wie Befestigung der Dachschichten, ist eine besondere Sorgfalt zu widmen.
- Berücksichtigung der natürlichen Gegebenheiten, wie häufigste Windrichtung durch darauf abgestimmte Bauwerkshöhen. (Nach DIN 1055 Teil 4- Lastannahmen für Bauten - haben zum Beispiel steile Dächer mit einer Dachneigung über 50° an der Küste bei einer Bauwerkshöhe von 8 bis 20 Meter über Gelände bei Sturm auf der Luv-Seite eine Windlast von 0,8 + 0,4 kN /m^2, gerechnet senkrecht zur Dachfläche, aufzunehmen. Auf der Lee-Seite dagegen wirkt ein Wind-Sog von 0,8 + 0,4 kN /m^2 x 0,6 = 0,72 kN /m^2.) (Lit. 38)

3.1.1.2 *Abschirmung gegen die Hitze im Sommer*

Eine gute Abschirmung gegen die Hitze im Sommer ist einerseits durch konstruktive Maßnahmen, andererseits durch den günstigen Einsatz der Materialeigenschaften gegeben.
Als konstruktive Maßnahme für die Abschirmung der Hitze weisen die Gebäude einen Dachüberstand von bis zu 50 cm auf. Vordächer und zwischen den Einzelgebäuden eingehängte Überdachungen vergrößern die beschattete Fläche und bewirken einen Luftstrom zwischen warmer und kühler Luft zwischen den Gebäuden.

Als weiterer Faktor für die Abschirmung der Wärme ist die Reisstrohabdeckung des Daches zu erwähnen. Tagsüber bei Sonneneinstrahlung ist die Wärmeübertragung gering und der Kühleffekt unter dem Dach meßbar groß.

Abbildung 144: Beschattung durch Reet-Überdachung im Wohnbereich. Zusätzlich halten überdachte Eingänge und Haus-Flure die Strahlung ab.

Durch die Struktur der Außenhaut, womit die Vor- und Rücksprünge der Flechtbauweise (El-Schibeka-Bauweise) zu verstehen sind, erfolgt eine kleinteilige Beschattung auf der Oberfläche und trägt somit zur Abkühlung bei.

Bei Gebäuden mit Lehm- und Gipsverkleidung wird der Wärmedurchlaß durch die Verkleidung zusätzlich reduziert. Die Verkleidung weist auf Grund der Oberflächenstruktur im Außenbereich eine Stärke bis zu maximal 7 cm (im Bereich der Versprünge der Oberfläche) und im Innenbereich bis zu 2 cm auf.

Abbildung 145: Schutz vor starker Sonneneinstrahlung und hohen Außentemperaturen durch Beschattung der Flächen. Die rauhe, strukturierte Oberfläche der Gebäude unterstützt durch feinteiligen Schattenwurf die Verringerung der Aufheizung der Gebäude.

Das Reetrohr besitzt, wie bereits erläutert, eine hohe kapillare Leitfähigkeit. Die Reethalme, welche im Boden verankert sind, ziehen Feuchtigkeit aus dem immer feuchten Boden. Da die Reethalme im bodennahen Bereich kühl sind, im oberen Bereich, unter dem Dach, aber auf Grund der Sonneneinstrahlung sehr warm sind, steigt die Feuchtigkeit über die kapillare Leitfähigkeit innerhalb der Halme nach oben und verdunstet, was zu einer Abkühlung der Wandfläche führt.

Zur besseren Ausnutzung der Bodenfeuchtigkeit sind die Gebäude oft bis knapp an den Rand der die Häusergruppen durchziehenden Kanäle gebaut. Durch diese Auswahl des Standortes der Gebäude wird zusätzlich von dem Effekt des sich träger als Luft erhitzenden Wassers, und des dadurch entstehenden Luftstromes profitiert.

3.1.1.3 Speicherung der Wärme im Winter

Im Winter sind die täglichen Außenlufttemperaturschwankungen wesentlich geringer als im Sommer. Die Sonneneinstrahlung ist bei durchschnittlichen Minimaltemperaturen bis zu 14°C auch im Winter verhältnismäßig groß. Die Aufheizung der Gebäudeoberfläche, besonders der Lehm- und gipsvekleideten Gebäude, infolge der Sonneneinstrahlung während des Tages, wird nachts auf Grund der geringen Temperaturschwankungen nur langsam abgegeben, so daß sich die Wärme in den Gebäuden relativ lange hält.

3.1.2 Einfache Bearbeitung ermöglicht Selbstbau

Für die Erstellung von Reetkonstruktionen sind keine komplizierten Bautechnologien oder schwere Baumaschinen erforderlich. Mit einfachen Werkzeugen wie Schneidmesser und Schaufel kann man sein eigenes Haus bauen.

Außer Schnur als Verbindungsmittel für das Reet braucht man keine Hilfsmittel oder besondere Ausrüstung.

Abbildung 146: Reetkonstruktionen sind möglich ohne komplizierte Bautechnologien oder schwere Baumaschinen

Ein Gebäude mit zwei Zimmern kann von lediglich 3 Personen innerhalb der kurzen Zeit von 3 Tagen erstellt werden.

Reetkonstruktionen sind erweiterungsfähig. Eine Gebäudeerweiterung kann jederzeit sowohl in Richtung des Giebels als auch in Richtung Traufe in Form eines Schleppdaches an die vorhandene Dachhaut angeschlossen werden.

3.1.3 Geringes Gewicht von Vorteil für schwachen Baugrund

Reet wiegt zwischen 150 und 200 kg/m³, im Vergleich dazu liegt das Gewicht von Eiche und Buche bei etwa 400 - 600 kg/m³, Nadelhölzer bei 350 -550 kg/m³ und Stahl bei 7000 kg/m³. Demzufolge ist Reet ein leichter Baustoff, und daher sehr geeignet für den in El-Manzala besonders auf den kleinen künstlichen Inseln vorherrschenden schwachen Baugrund.

Abbildung 147: Bauten auf den künstlichen Inseln mit schwachem Baugrund sind nur mit leichten Baustoffen wie Reet möglich.

Unter 1.1.1 wurde erläutert, daß im 6. Jahrhundert ein Erdbeben den Boden der Region El-Manzala See absenkte. Dabei bildeten sich viele kleine Sand- und Lehminseln. Dies ist bestimmend für das Bodenprofil der gesamten Region. Im Aufschluß findet man im Profil 5% Sand und Schotter, 10% sandiger Lehm, 5% Kalkstein, 30% Lehm und 50% Sand. Die Tragfähigkeit des Bodens ist sehr unterschiedlich und beträgt im Durchschnitt 2,5 kg/cm².

Es bestand der Versuch der Inselbewohner trotz schlechtem Baugrund mit schweren Baumaterialien wie Stahlbeton oder Mauerwerk zu bauen. Zur Vermeidung von Rißbildungen in den Häuser sind in Verbindung mit diesen Materialien schwere breite Fundamente erforderlich.

3.1.4 Besonderer architektonischer Charakter und städtebauliche Struktur

Gebäude aus dem Baustoff Reet weisen einen besonderen architektonischen Charakter auf, welcher das städtebauliche Bild prägt, zudem spiegeln sich gewisse Grundbedingungen des Bauens mit Reet in der städtebaulichen Struktur wieder.

Die Städte sind geprägt durch eine geringe bauliche Dichte, welche zurückzuführen ist auf den für den Brandschutz erforderlichen Abstand zwischen den Gebäuden, sowie auf die zahlreichen kleinen Kanäle zwischen den städtebaulichen Strukturen. Entlang dieser Freiräume findet man naturnahe, landschaftliche Elemente, welche den Siedlungen ihr grünes Erscheinungsbild geben.

Abbildung 148: Konstruktionen aus Reet weisen einen besonderen Charakter auf.

Abbildung 149: Auch als Verkleidungsmaterial weist Reet einen besonderen Charakter auf.

Der architektonische Charakter der Gebäude ist vorwiegend durch die mechanischen Eigenschaften des Materials Reet bestimmt. Hierzu zählt die Biegsamkeit, welche in Bauformen und Baudetails ersichtlich ist, z.B. bei der El-Schibeka Bauweise in der gespannten Oberflächenstruktur des Gebäudes, sowie den kleinen Fensteröffnungen. Die geringe Druckfestigkeit bestimmt die Geschoßhöhe, so daß vorwiegend eingeschossige Bauten in El-Manzala zu finden sind. Bei den großen Tunnelbauten in El-Ahoar Gebiet in Süd Irak läßt sich die Geschmeidigkeit des Materials in den großen Bögen ablesen. Ein sehr deutliches Beispiel für die Zugfestigkeit des Reets sind die Häuser in der El-Haosa Region in Nigeria, wo Teilstücke der Reethalme in den Lehmwänden der Häuser integriert sind, ähnlich der Verwendung von Baustahlmatten im Beton.

Das äußere Erscheinungsbild der Gebäude ist bestimmt durch die goldenen Farbe des Reets (die Häuser bleiben im Sommer vorwiegend unverputzt), sowie durch den Glanz und die Glätte des Reetrohres. Des weiteren entsteht durch die geflochtenen Wände eine reliefartige Oberfläche, welche ein interessantes Licht- und Schattenbild aufweist.

Abbildung 150: Typischer Charakter verputzter und unverputzter Reetgebäude

Der Großteil der Reetbauten befindet sich in der Nähe des Wassers, wie in El-Manzala See oder in den Sümpfen im Süden des Iraks. Der Grund hierfür liegt, neben dem natürlichen Vorkommen des Materials, in den physikalischen Eigenschaften des Reets, nämlich der Anpassung an das feuchtwarme Klima in diesen Gebieten. Infolge der großen Regenhäufigkeit weisen die meisten Dächer geneigte Formen auf.

Abbildung 151: Holzhaus mit Bogendach

Dies stellt im Gebiet El-Manzala ein auffallendes typisches architektonisches Merkmal der Reetkonstruktionen dar, da die anderen Bauten, meist aus Stahlbeton, auf Grund der Einfachheit der Konstruktion Flachdächer haben. Die wenigen Holzhäuser, welche oft in Kombination mit Reetgebäuden zu finden sind, weisen leicht gebogene Dächer auf.

Abbildung 152: Wohnbauten mit Satteldächern und Bauten mit Tonnengewölbe im El-Ahoar Gebiet, Süd-Irak

Abbildung 153: Typische Siedlung, Reetgebäude mit Satteldächer, El-Manzala

Abbildung 154: Verwendung von Reet als Dachdeckmaterial bei verschiedenen Dachformen, Europa (Lit. 3, 38)

1 *Rundscheune mit kegelförmigem Reetdach, Gut Bollbrügge, Ostholstein 1831*

2 *saniertes Fachwerkhaus, Geislingen, abgerundete Dachgauben*

3 *Reetdachhaus mit relativ großer Dachneigung, 1750, York England*

4 *Windmühle, achteckige Dachform mit runder Abschlußkuppel, Holland*

5 *Gebäude mit Friesengiebel aus Reet*

6 *Restaurant im Europapark mit Giebeldach, davor schirmförmig überdachte Sitzplätze (sowie Bild unten)*

3.2 Nachteile der Reetkonstruktionen

3.2.1 Kurze Spannweite

Bei den meisten Reetbauten in El-Manzala ist eine Spannweite von maximal 4m festzustellen, obwohl die El-Schibeka-Methode für Reet in geflochtener Bauweise größere Spannweiten erlaubt, insbesondere in Verbindung mit Tragelementen aus Holz oder Stahl. In diesem Fall wird das Reet als Material für Wand- und Dachverkleidung bewahrt und somit der Nachteil der geringen Druckübertragung des Reets ausgeschaltet.

Abbildung 155: Konstruktionen mit großen Spannweiten, linkes Bild: Holzkonstruktion und Reet als Dachabdeckung (überdachter Autoabstellplatz von Demyate) rechtes Bild: tragende Konstruktion aus Stahl in Verbindung mit Holz, Dachabdeckung Reet (Schattendach am Strand von Sharm-El-Scheikh)

Auf Grund des hohen Kostenaufwandes für Konstruktionen aus Holz oder Stahl haben die Leute in El-Manzala die kurzen Spannweiten akzeptiert.

Es sind auch kostengünstigere Beispiele für Hallenbauten mit großen Spannweiten allein aus dem Material Reet zu finden. Diese weisen allerdings begrenzte Möglichkeiten in der Bauform auf (Bogenformen).

3.2.2 Begrenzte Baukörperformen

Die drei typischen in El-Manzala verwendeten, in der Geometrie unterschiedlichen Bauformen sind, wie in 1.4.2 bereits erwähnt, erstens der „Koschk“ (rechteckige Hütte mit Giebeldach), zweitens die „Esch“ (zylindrische Hütte mit Kegeldach) und drittens das Flachdach für die einfache Überdachung der Vorplätze und der Räume zwischen den einzelnen Hütten.

In der Literatur findet man Hinweise auf Konstruktionen aus dem Material Reet in anderen Gebieten.

Im Süden des Iraks im El-Ahoar Gebiet zwischen Euphrat und Tigris findet man Bauten mit großen Bogenkonstruktion bis 7 m Höhe und 14 m Spannweite.

Abbildung 156: Bauformen mit Tonnengewölbe, Wohn- und Gasthäuser, Irak (Lit. 29)

Abbildung 157: Häuser in Dogon im westafrikanischen Mali (Lit. 18)

Abbildung 158: traditionelle Verwendung von Reet als Dachabdeckung, Getreidespeicher aus Reet in Kegel-Form in Dogon im westafrikanischen Mali (Lit. 18)

Ebenso in Nigeria in der Region von Hausa wird Reet für den Wohnbau verwendet. (Lit. 13)

Abbildung 159: links: Haustypen in Bisa, Obervolta. Die weit verbreitete zylindrische Hausform mit kegelförmigem Dach aus Reet, der Durchmesser dieses Haustyps variiert zwischen 3 bis 4,5 m, die bebaute Fläche überschreitet 20 qm nicht.

rechts: Reetkonstruktion eines Daches mit Tonnengewölbe, Haus in Hausa, Nigeria; Wandkonstruktion aus Lehm, Dach aus Reet (Lit. 13)

Die angeführten Konstruktionsformen für Gebäude aus dem Material Reet, weisen nur begrenzte Möglichkeiten auf. Eine architektonische Vielfalt ist nur beschränkt möglich.

In Europa gab es früher wesentlich vielseitigere Dachformen aus dem Material Reet, geneigte Dächer, Sattel- oder Kegeldächer, Walmdächer mit Schleppgauben, sowie schöne Details im Giebel, wobei hier das Material Reet nur als Abdeckmaterial und nicht für die tragenden Konstruktionen Verwendung fand.

3.2.3 Mangel an großen Offnungen

Der Mangel an großen Öffnungen in den Reetbauten in El-Manzala beruht auf drei Hauptfaktoren.

Erstens die Stabilität der El-Schibeka-Reetbauweise als geflochtene Bauweise erlaubt keine großen Öffnungen. Je größer die Öffnung, desto größer ist die Störung der Kräfteverteilung von Zug und Druck in den geflochtenen Wänden im Bereich der Öffnungen, besonders wenn die Reetkonstruktion gleichzeitig die Tragkonstruktion bildet.

Abbildung 160: Mangel an großen Öffnungen in Reetkonstruktionen, Wandöffnungen in einem Café (Lüftungsöffnung; Fenster; Türe)

Zweitens sind große Tür- und Fensteröffnungen unwirtschaftlich.
Für Wohngebäude sind die bestehenden Möglichkeiten der Lüftungsöffnungen als ausreichend anzusehen, für größere öffentliche Gebäude allerdings sind diese Möglichkeiten nicht ausreichend, sowohl für die Lüftung als auch hinsichtlich des Aspektes der Aussicht.

3.2.4 Mangel an Schallschutz

Der Baustoff Reet besitzt durch seinen Aufbau (Wandung, Hohlräume des Halmes) große Schallabsortionseigenschaften, die Konstruktionen der Gebäude jedoch bieten, insbesondere ohne Lehm- und Gipsverkleidung, einen sehr geringen Schallschutz.

Der Grund hierfür liegt in der Konstruktion der Wände. Der verhältnismäßig dünne Wandaufbau, insbesondere der Trennwände, welcher konstruktionsbedingt für die Leichtigkeit der Gebäude erforderlich ist, besitzt keine wesentlichen Schallabsorbtionsfähigkeit. Bei der Verflechtung der Reethalme (El-Schibeka-Bauweise) entstehen viele Spalten, durch welche der Schall ungehindert dringen kann.

Privathäuser durch die Einhaltung der Abstände zwischen den Gebäuden entgegengewirkt. Im Zuge der im Gebiet El-Manzala zu erwartenden strukturellen Entwicklung, ist mit einer Erhöhung der Lärmbelästigung durch Industrialisierung zu rechnen.

Die Erhaltung und Verbesserung der Verwendung des Konstruktionsmaterials Reet, steht in Verbindung mit der Suche nach Konstruktionsmethoden für große Gebäude für öffentliche Einrichtungen, deren Nutzung eine Schalldämmung zwingend erforderlich macht, z.B. Musiksäle.

Abbildung 161: Mangelnder Schallschutz der Reetkonstruktionen (ohne Lehmverkleidung), Gespräche durch die Wand sind möglich

Diesem geringem Schallschutz wird gegenwärtig im Bereich der

Die beiden genannten Entwicklungstendenzen machen einen besseren Schallschutz als bisher erforderlich, welcher durch die traditionell bekannten Wandaufbauten nicht erfüllt werden kann.

3.2.5 Unzureichende Befestigung der Dachdichtung

Der Dachdichtung der Reethäuser ist wegen der heftigen Regenfälle und der starken Winde in El-Manzala eine große Bedeutung beizumessen.

Wie in 1.4. erwähnt verwenden die Leute in El-Manzala entweder das traditionelle Material Reisstroh oder in neuester Zeit leere Kunststoffsäcke, mit Überlappung verlegt, als Abdichtungsmaterial des Daches gegen Regen. Die Dachdichtung wird mit Seilen an der Dachkonstruktion befestigt.

Die Kunststoffsäcke als Abdichtung funktionieren zuverlässiger als die Reisstrohdichtung.

Die Befestigung durch die Schnüre ist mangelhaft. Durch die starken Winde wird die Abdichtung teilweise abgelöst, besonders am Giebelrand, was zu Lücken in der Abdichtung und dadurch zur Beschädigung des Innenraumes führen kann.

Abbildung 162: Dachdichtung mit Kunststoffsäcken, mangelnde Befestigung führt zu Schädigung bei Wind

3.2.6 Primitive Knotenpunkte

Die Verknotung der Reetkonstruktion ist ein sehr wichtiger Faktor nicht nur für die Befestigung der Konstruktion, sondern auch für die Verkürzung der Bauzeit. Wie in den ersten Kapiteln erwähnt, verwendet der Flechter bei der El-Schibeka-Bauweise die Seemannsknoten, in El-Manzala Calbt El-Wated genannt, um die Kunststoffschnüre „Flesa" zu verbinden.

Abbildung 163: Aufwendige Verknotung der Reetkonstruktion Linkes Bild: Vorbereitung der Schnur aus Fischereinetzen, Rechtes Bild: Verknotung benötigt viele Arbeitskräfte, besonders bei großen Konstruktionen

Abbildung 164: Aufwendige, primitive Verknotungsmethoden Linkes Bild: mehrere Einzelschritte sind für die Verknotung notwendig, Rechtes Bild: Verknotung im Scheitelpunkt eines Tonnengewölbes im Irak

Die Knotenverbindung der traditionellen Bauweise El-Schibeka sind sehr aufwendig. Für die Vorbereitung von einem Kilogramm El-Flesa-Schnur als Ball benötigt man relativ viel Zeit, über eine halbe Stunde. Ein Knoten dauert 1 bis 1.5 Minuten, umgerechnet bedeutet das, daß für ungefähr 15 Knoten / m² eine Zeit von 20 Minuten / m² zu berechnen ist. Die Knoten sind notwendig für die Konstruktion der ersten und zweiten Schicht. Für die weitere Schicht braucht man Reetmatten (El-Sedad) entsprechend denen der El-Schibeka-Methode. Diese werden für die Konstruktion der dritten inneren Schicht als Dichtung in Wand und Dach verwendet.

Die Reetmatten sind mit sehr einfachen Methoden geflochten und mit dünner Schnur aus Papyrus verbunden.

In der traditionellen Bauweise El-Schibeka braucht man fast drei Stunden um eine Matte 4 m x 4 m zu weben und mit Kunststoffschnur zu verknoten.

3.3 Verbesserung der Konstruktion

Die Entwicklung neuer Verarbeitungsmethoden von Reet in jüngster Zeit konnte im Gebiet El-Manzala die Einsatzmöglichkeiten des Baumaterials Reet deutlich erhöhen. Diese neuen Techniken erfordern jedoch noch erhebliche Verbesserungen, um Reet zu einem vielfältig einsetzbaren Baustoff zu machen.

3.3.1 Vergrößerung der Spannweite

Unter Ausnutzung der Vorteile des Baustoffes Reet, insbesondere der hohen Elastizität, bzw. Zugfestigkeit, wie die mechanischen Untersuchung in 1.2. beweisen, können größere Spannweiten als bisher erzielt werden.
Hierfür sollten die Nachteile des Reets, besonders der Mangel an Druckfestigkeit, möglichst ausgeschaltet werden. Um dies zu erreichen können Konstruktionselemente, bestehend aus anderen Materialien, wie Stahl oder Holz, für die Druckelemente hinzugezogen werden, sofern sich die Konstruktionskosten dadurch nicht erheblich erhöhen.
Wie in 1.4 schon erwähnt beträgt die maximale Spannweite in der traditionellen Bauweise in El-Manzala mit Reet als Konstruktionsmaterial ca. 4m, im Irak gilt das Maximalmaß von ca. 7m für Bauten mit Tonnengewölben.
Betrachtet man Reet lediglich als Dachdeckmaterial für Konstruktionen mit großen Spannweiten, bei denen das Tragwerk aus anderen Materialien, wie Stahl oder Holz besteht, z.B. für Hallen oder Überdachungen für Kino, Markt oder ähnliche Art von Nutzung, so sollte an eine Weiterentwicklung der Reetmatte hinsichtlich Proportion und Gewicht gedacht werden.
Dies ist jedoch nicht als Hauptproblem zu betrachten. Ziel ist es Tragkonstruktionen aus dem Material Reet für größere Spannweiten als bisher zu entwickeln. Sollen Konstruktionselemente der Tragstruktur, wie z.B. Unterzüge, aus Reet bestehen, dann erfordert dies konstruktive Überlegungen hinsichtlich Verbindungsmethoden, bzw. Verbindungsmaterialien der Reet-Bündel, um eine stabile Verlängerung der Bündellänge zu erreichen. Dies ist als Grundbedingung für die Konstruktion von großen Spannweiten anzusehen.

Bei dem Material Reet sind mittlere Spannweiten von 14,4 m für die Unterzüge vorstellbar, welches einer Verdoppelung der Spannweite der traditionellen Bauweise von 7,00 m entspricht. Dies kann beispielsweise mit einem Raumfachwerksystem erzielt werden, wodurch ein möglichst leichtes und dünnes Konstruktionselement hergestellt werden kann. Für die Höhe des Fachwerkes gilt als Richtmaß die 0,18-fache Länge der Spannweite, im Vergleich dazu betragen die Werte für Holz 0,125 und Stahl 0,1.

Im Juni 1994 wurde vor Ort in El-Manzala als konkretes Beispiel ein Teilabschnitt einer Moschee mit Raumfachwerk-Elementen aus Reet gebaut. Der Entwurf sieht Spannweiten von 7,00 m vor, der experimentelle Bauabschnitt wurde im Maßstab 1:2 (auf Grund der begrenzten Versuchszeit und der Baukosten) erstellt.

Für solche Systeme von Raumfachwerken aus Reet gibt es viele Varianten sowohl in der Form als auch in der Baum±ethode

Abbildung 165: Dachtragwerk des experimentellen Gebäudeteiles der Moschee (siehe 3.3.2.2). Konstruktion auf der Erde, anschließend Befestigung auf den Stützen.

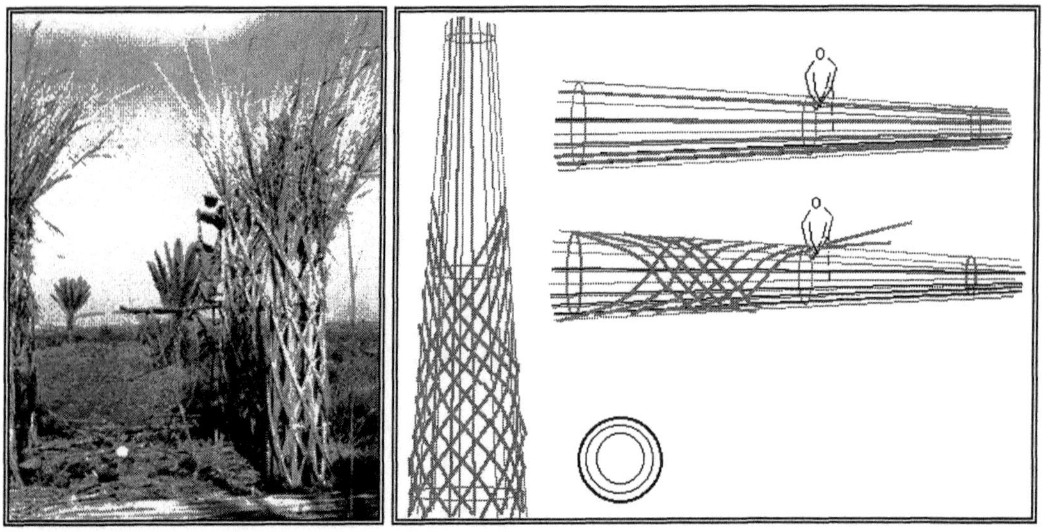

Abbildung 166: Realisierte runde Stützenkonstruktion für den Gebäudeteil der Moschee, rechts: Konstruktionsschema der runden hohlen Stütze

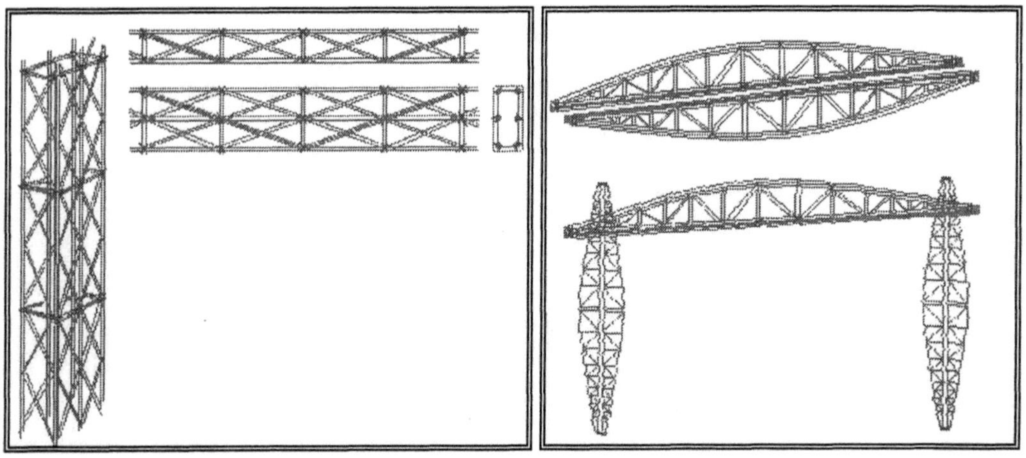

Abbildung 167: Konstruktionsprinzipien für Stützen und Träger als Fachwerkelemente. Rechteckige und gekrümmte Form.

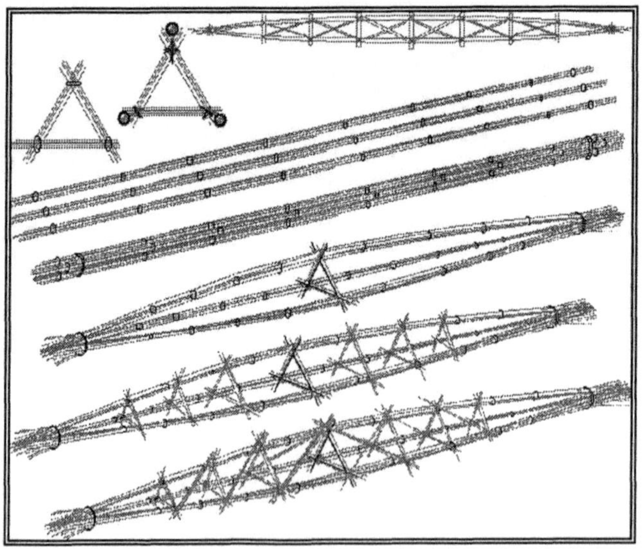

Abbildung 168: Ausnutzung der Elastizität des Reets ermöglicht Raumfachwerke in Fischform für Unterzüge oder Träger mit großen Spannweiten

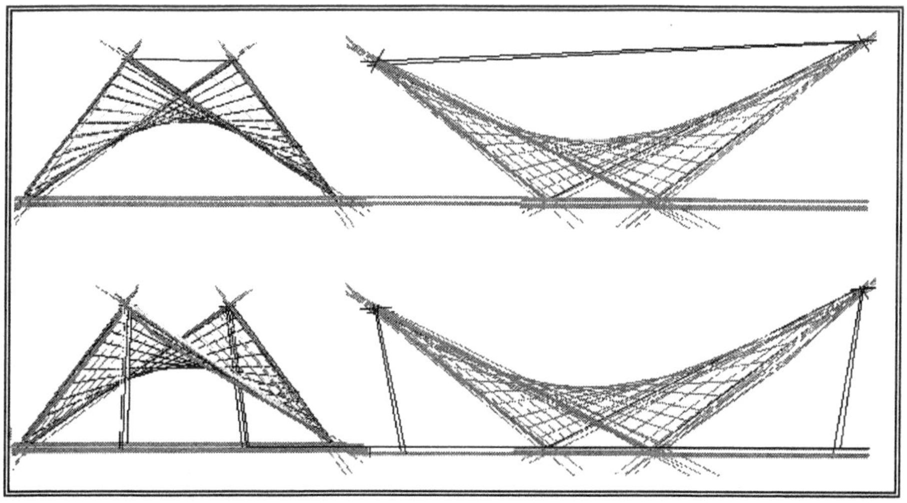

Abbildung 169: Verwendung des Materials Reet für abgespannte Bauwerke, ähnlich der textilen Dächer, ermöglicht große Spannweiten, eventuell in Kombination mit anderen Baustoffen wie Holz oder Stahl.

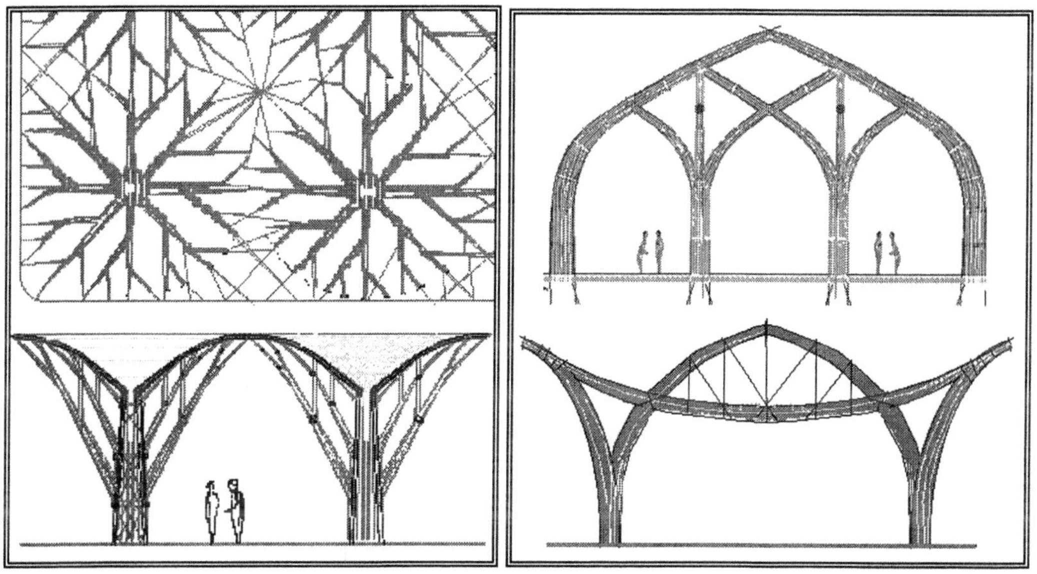

Abbildung 170: Fachwerke in gekrümmten Formen sind geeignet für Überdachungen für verschiedene Arten von Gebäuden mit großen Spannweiten (in Bogen oder Baumstruktur).

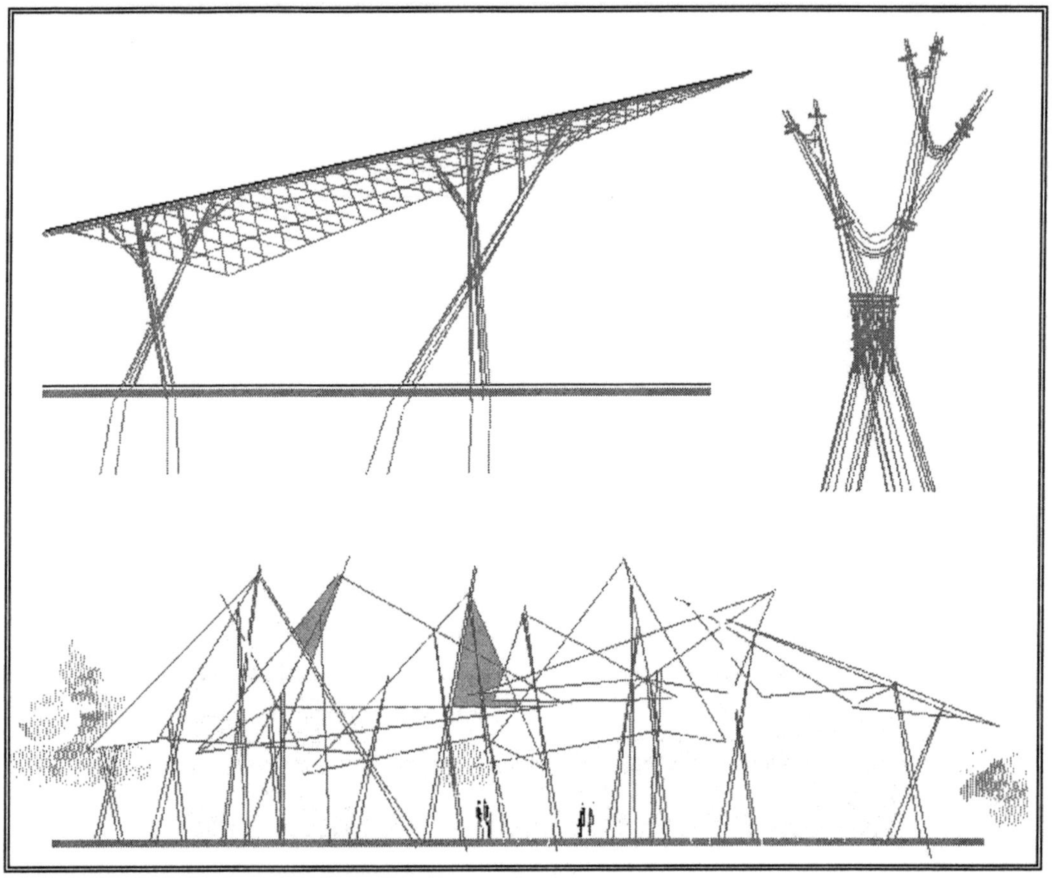

Abbildung 171: Möglichkeit der Überdachung von freien Formen mit unregelmäßigen Spannweiten mit Stützen aus verbundenen Reetbündeln, ähnlich den Baumstützen.

3.3.1.1 *Versuchsbau mit großer Spannweite*

In Kairo wurde im Jahr 1993 für eine Privatperson auf einem Villengelände ein großer überdachter Sitzplatz (ähnlich einer Tribüne) für ca. 50 Personen neben dem Reitstall erstellt. Als Grundbedingung galt die Verwendung ökologischer Materialien. Daher entstand ein experimentelles Bauwerk in der Reet-Bauweise El-Schibeka, mit einer einfachen Tragkonstruktion aus Holz. Die Überdachung weist eine große Spannweite von ca. 14 m auf. Das Dach wurde als auskragendes Dach aus Reet in der El-Schibeka-Bauweise konstruiert, mit der Form eines Viertelkreises von ca. 10 m Radius und einer Fläche von ca. 80 qm. Es wird von drei Stützen abgespannt. Nur die Last des Randbereiches des Daches von ca. 13 kg/m^2 wird auf die seitlichen Reet-Wände verteilt.

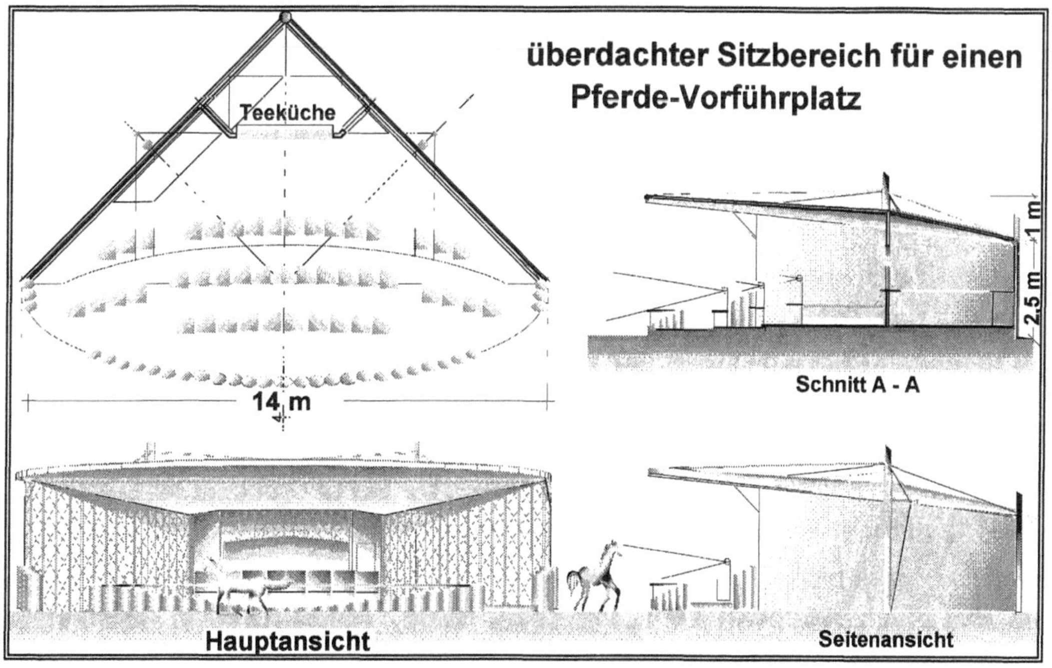

Abbildung 172: Versuchsbau eines abgehängten auskragenden Daches (überdachter Sitzbereich für einen Pferde-Vorführplatz) tragende Konstruktion Holz, mit abgehängter Auskragung, Dachabdeckung / Wände in Reet-Bauweise (El-Schibeka-Bauweise), Spannweite 14 m.

Die drei Stützen bestehen aus Holzstämmen mit einer Länge von ca. 4 m und einem Durchmesser von ca. 15 cm. Die Holzstützen sind ca. 1 m tief in der Erde eingebunden. Die Abspannung erfolgt durch Holzäste von ca. 10 cm Durchmesser, welche an der Dachauskragung mit Nägel befestigt werden.

Im hinteren Bereich ist eine Teeküche eingebaut, der Fußboden ist im Sitzbereich gestaffelt, und bietet somit eine klare Aussicht ohne Behinderung durch Stützen.

Abbildung 173: Ansichten des oben angeführten Bauwerkes

3.3.2 Anwendung für größere Gebäude

3.3.2.1 Einführung

Mit der wirtschaftlichen und sozialen Entwicklung in den letzten 15 Jahren im El-Manzala Gebiet wächst der Bedarf an größeren Gebäuden. Auf den Inseln der Siedlungszentren sind Hallen für Schulen, für den Sport und andere vielseitige Nutzungen gefragt, Hallen für Restaurants für die geplanten neuen Ferienanlagen an der Nordküste, sowie Produktionshallen für die lokale Industrie, wie die Fischerei, damit verbunden Räume für Herstellung, Wartung und Lagerung der Boote, und natürlich auch Markthallen. Als Problempunkte für den Bau solch großer Räume aus Reet sind die bereits erwähnten Aspekte der kurzen Spannweite des Reetrohmaterials (3.2.1), der begrenzten Baukörperformen (3.2.2.), des Mangel an großen Öffnungen (3.2.3.), des Mangels an Schallschutz (3.2.4.), sowie die primitiven Knotenpunkte (3.2.5.) anzusehen.

Die Anwendung falscher Formen oder unwirtschaftlicher Konstruktionen, welche den Eigenschaften des Reets nicht entsprechen, sollte vermieden werden. Ebenso sollte auf die Tradition, die Akzeptanz der Bewohner, sowie die Umwelt in El-Manzala Rücksicht genommen werden.

Jedes Baumaterial, auch Reet hat einen dem Material entsprechenden Ausdruck, bedingt bestimmte Formen, Funktionen und Bautechnologien, die in die Architektur übersetzt werden und sich in seiner architektonischen und strukturellen Ausprägung äußern.

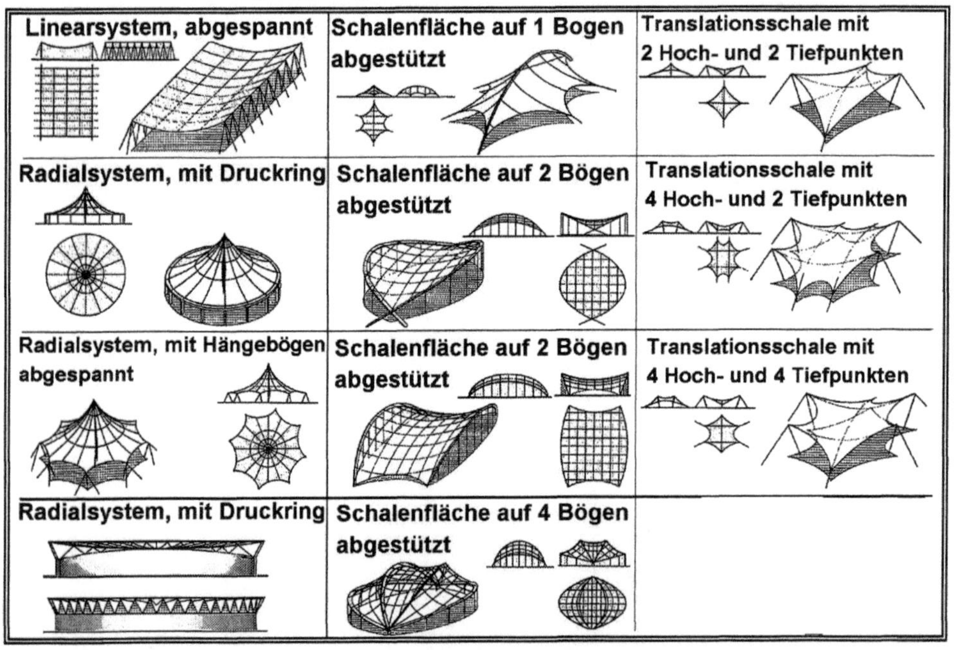

Abbildung 174: Das leichte Gewicht und die Elastizität des Reet stehen in Übereinstimmung mit der Form von Hängeschalen (Lit. 32)

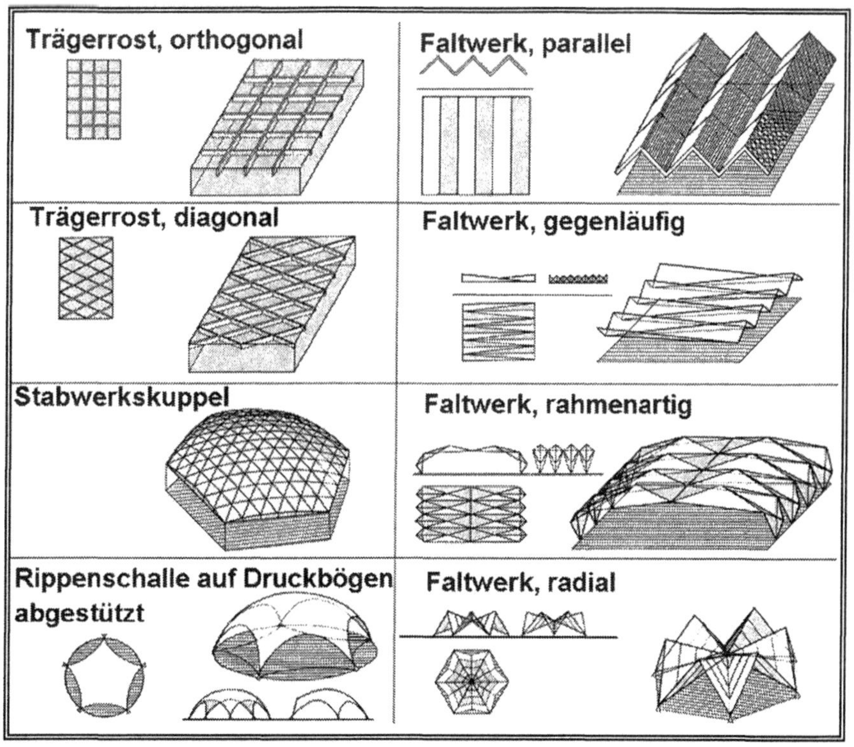

Abbildung 175: Entwurfsformen für Holzflächentragwerke (Lit. 32) gelten auch für die Anwendung des Reets als Dachdeckmaterial

Zur Ausnutzung der hohen Elastizität des Reets und seiner Zug- und Biegesteifigkeit ist die gekrümmte Form mit ihren verschiedenen Möglichkeiten am Besten geeignet.

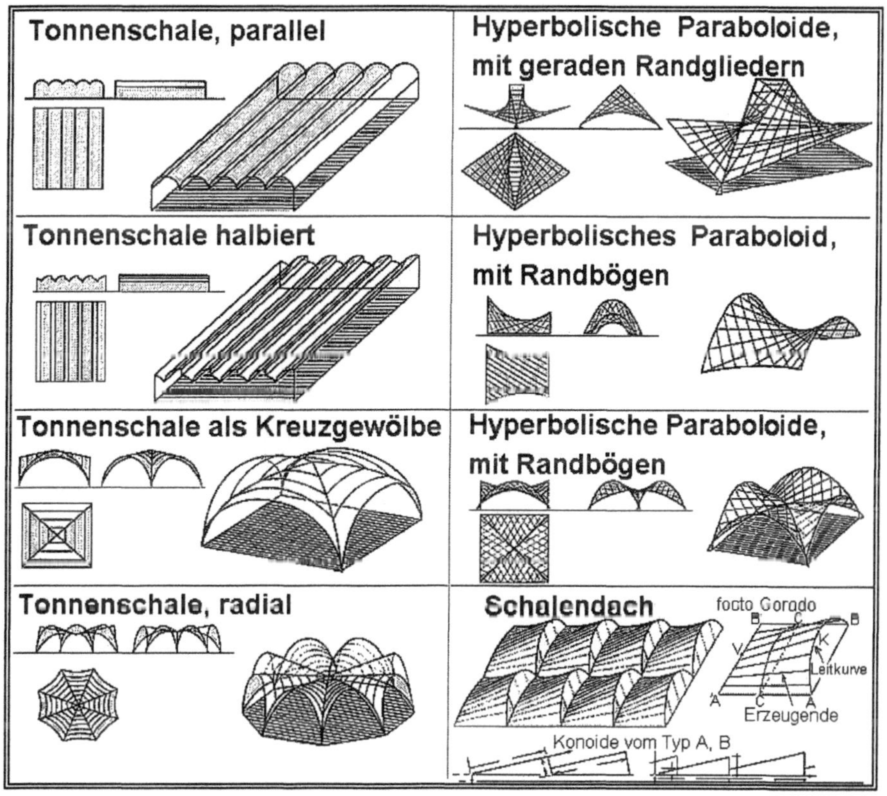

Abbildung 176: Tonnenschalen und Sattelschalen sind mit ihren verschiedenen Möglichkeiten am günstigsten für das Material Reet (Lit. 32)

Die Form eines einfachen Bogens aus konischen pflanzlichen Stäben wird von den Gesetzmäßigkeiten der Biegelinie bestimmt.
Nicht nur als Verkleidungselement, sondern auch für die Konstruktion von Stützen und Unterzügen ist das Reet verwendbar.

Aus bauphysikalischer Sicht weisen große Gebäude ein günstigeres Raumklima auf, da das Verhältnis Außenflächen (im Sommer starke Sonneneinstrahlung, bzw. im Winter starker Kälteeinfluß) zu Volumen einen kleinen Wert aufweist. Das Verhältnis F/V ist auch abhängig von Gebäudeform und -höhe.

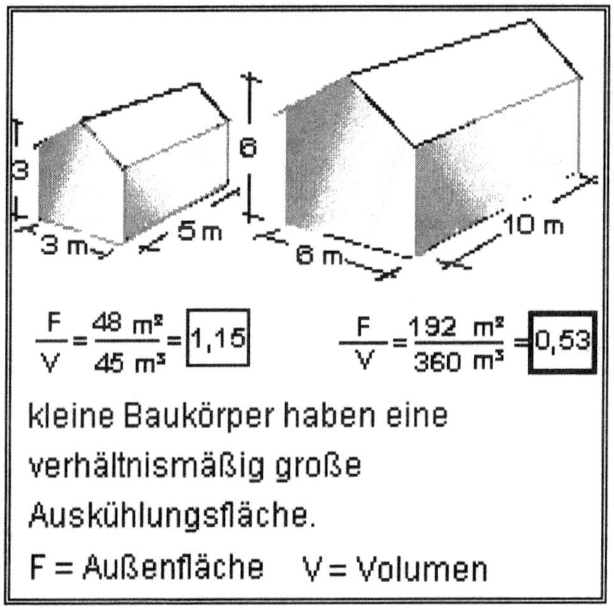

Abbildung 177: Verhältnis Umfassungsfläche/Volumen

Je größer das Verhältnis von Umfassungsflächen zu Volumen eines Baukörpers ist, desto höher ist der Wärmeverlust, bezogen auf das Volumen. Man nennt dies den spezifischen Wärmeverlust.
In El-Manzala wurden im August 1994 vor Ort vier Versuchsbauten erstellt, mit dem Ziel der Überprüfung der Abmessungen der gekrümmten Formen im großen Maßstab. Zudem sollte die Akzeptanz unter den Leuten für die neuen, großen Formen, sowie die Einfügung großer Konstruktionen in das Landschaftsbild von El-Manzala getestet werden.

3.3.2.2 *Eigene Untersuchungen für größere Gebäude und neue Bauformen.*

Im Juni 1993 wurde anhand eines Entwurfes für eine Moschee als experimenteller Versuchsbau der zentrale Teil der Bethalle, mit einem Grundriß von 21m x 7m und 7m Höhe, gebaut. Dieser Bereich wurde gezielt herausgegriffen, da er durch die erforderlichen Einbauten, wie Eingangsbereich und Nische, nach Mekka zeigend, vielfältige Ausbildungen in der Dachform erfordert. Im Versuch wurden neue konstruktive Anwendungen von Reet in Verbindung mit der handwerklichen Reet-Tradtion (El-Schibeka-Bauweise), sowie in Kombination mit modernen Leichtbauweisen entwickelt. Zum ersten mal in El-Manzala wurde ein Tonnengewölbedach erstellt. Die Gesamtkonstruktion ist allein in dem Material Reet ausgeführt. Die Stützen sind als hohle Kegel konstruiert, mit einer Grundrißfläche von 90 cm ∅ am Fußpunkt und 45 cm an der Spitze. Das Gebäude wurde anschließend wieder abgebaut. (*Abbildung 166*)

Die Konstruktion des Tonnengewölbes setzt sich aus Fachwerkträgern mit gekrümmtem Untergurt zusammen. Für die Erstellung des Daches finden einfache Gerüste Verwendung. Als Verbindungsmittel wurde die traditionelle Verknotung mit Kunstoffschnur angewandt.

Abbildung 178: Ausrichten des Bogens des Tonnengewölbedaches

Abbildung 179: Errichten des Dachtragwerkes

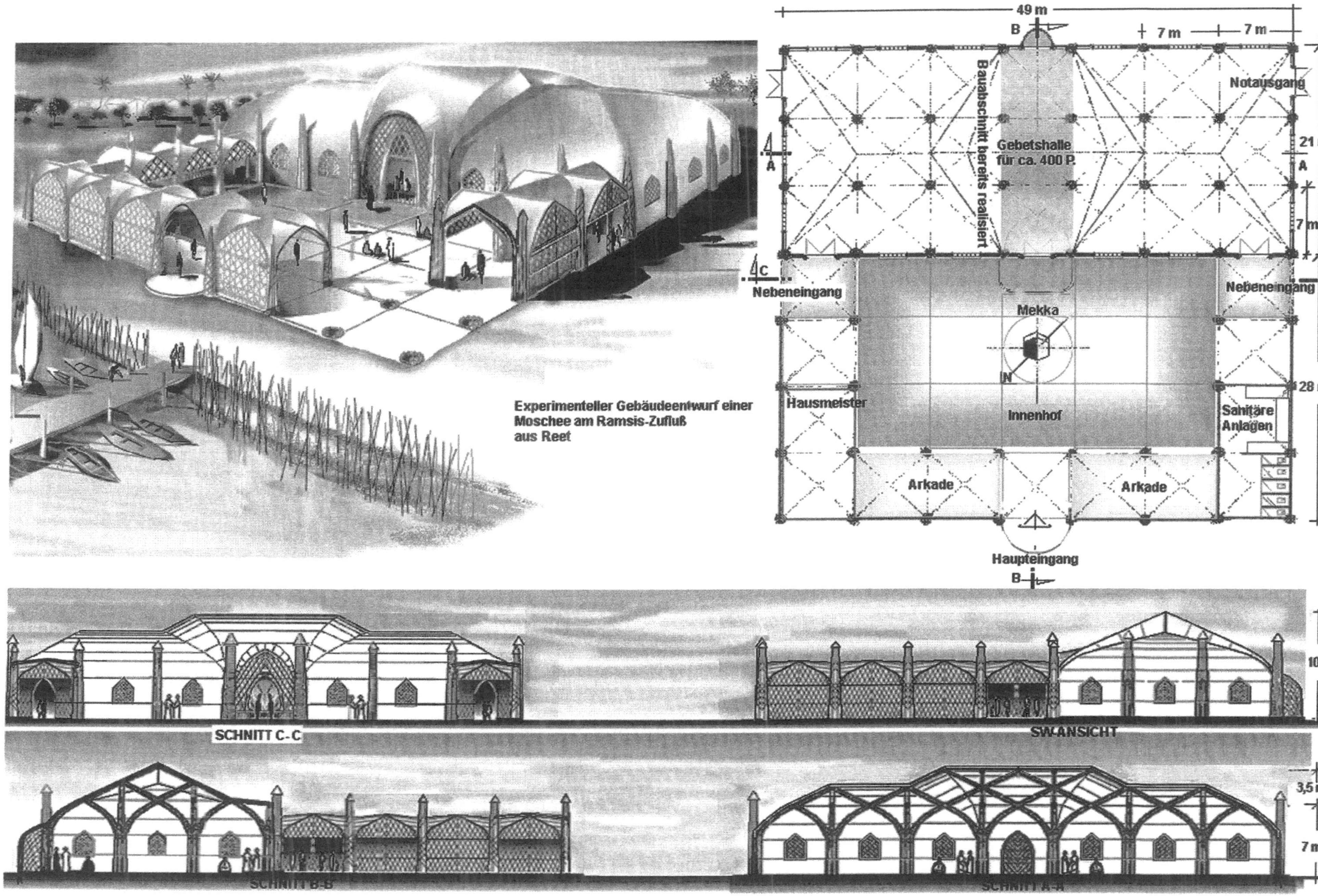

Abbildung 180: Entwurfszeichnungen für die Moschee mit dem experimentellem Gebäudeteil (der Gebetshalle)

Abbildung 181: Fertiggestellter Dachabschnitt

Ein weiteres Beispiel eines bereits realisierten Gebäudes mit einer großen und freien Form ist ein Aufenthaltsraum, welcher für eine Ferienanlage genutzt werden könnte.(1994, in El-Manzala).

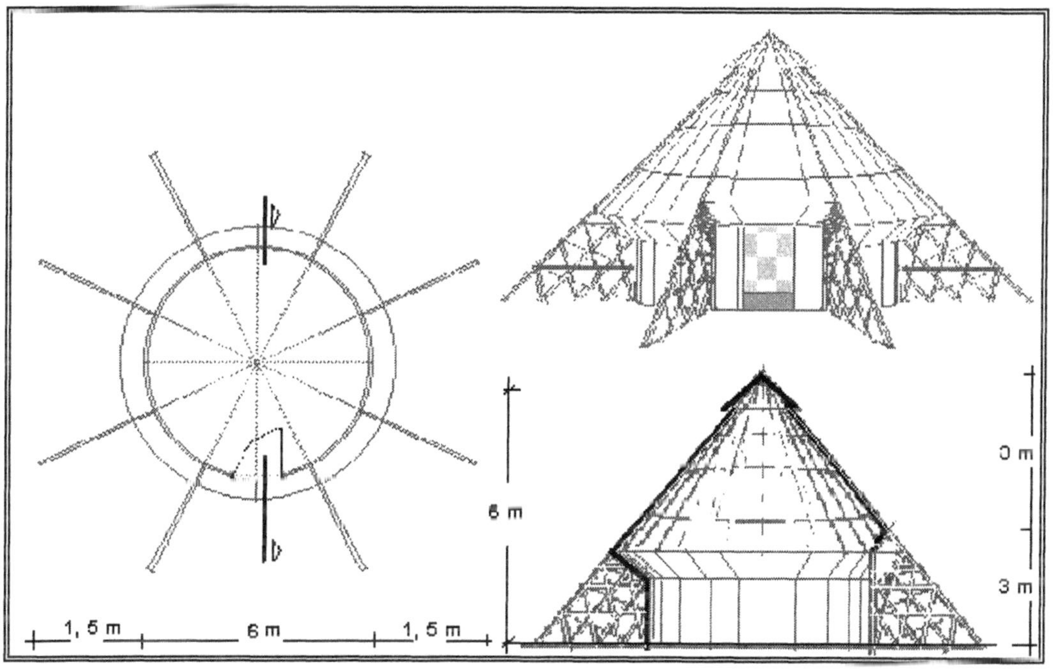

Abbildung 182: Aufenthaltsraum in Kegelform mit seitlichen flächenhaften Abstutzungen zur Stabilisierung der Rundform als Weiterentwicklung der traditionellen Esch-Form (siehe 1.4.4.3.).

Der Durchmesser des Aufenthaltsraumes beträgt ca. 6,00 m ∅, der des Esch-Baus ca. 3,00 m ∅.

Abbildung 183: Dach des Aufenthaltsraumes, kegelförmig, mit etwa 3 m Höhe, aufgesetzt auf den Rand der kreisförmigen Aufweitung, mit seitlichen flächenhaften Abstützungen zur Stabilisierung der Rundform

Abbildung 184: Aufenthaltsraum nach der Fertigstellung

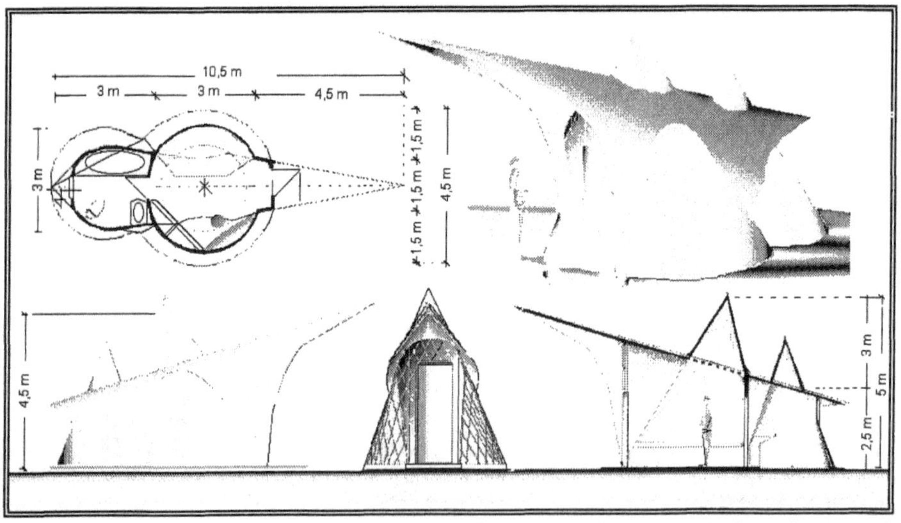

Abbildung 185: Ferienhäuser einer Feriensiedlung, realisiertes Gebäude, bestehend aus zwei sich schneidenden Gebäudeteilen in Kegelform. Der große Kegel enthält den Wohnbereich, der kleine dient als Sanitärtrakt.

Im Falle der angeführten realisierten Beispiele bestand anfänglich eine hohe Skepsis seitens der Bevölkerung bezüglich der ungewohnten Konstruktionsformen und -größen, welche jedoch von einer zunehmenden Akzeptanz abgelöst wurde. Es sind bereits Aufträge für die Erstellung weiterer Aufenthaltsräume in dieser Form bei den Handwerkern eingegangen.
Die drei Beispiele wurden in nur 5 Tagen Bauzeit erstellt, von einem Handwerker und drei Helfern. Die Baukosten betrugen ca. 900 DM.

3.3.3 Konstruktionen für große Öffnungen

Als Nachteil der Reetkonstruktionen wurde im Kapitel 3.2.3 der Mangel an großen Öffnungen in den Reetbauten in El-Manzala behandelt, welcher auf folgenden drei Hauptfaktoren beruht.
Erstens die Stabilität der El-Schibeka-Reetbauweise als geflochtene Bauweise erlaubt keine großen Öffnungen.
Zweitens der wirtschaftliche Faktor. Für große Türen- und Fensteröffnungen sind wesentlich höhere Kosten zu veranschlagen.
Drittens die Klimagerechtigkeit. In den feuchten und relativ kalten Klimazonen wie in El-Manzala braucht man keine großen Öffnungen.
Die natürliche Entlüftung durch die Reetkonstruktion selbst ist ausreichend.
Die potentielle Möglichkeit großer Öffnungen für große Gebäude wie Restaurants in Ferienanlagen oder Klassenzimmer sollte trotz der behindernden Faktoren gegeben sein, um ein angemessenes Verhältnis zwischen Raumgröße und Öffnungsgröße zu erhalten, bzw. um für ausreichende Belichtung oder Aussicht zu sorgen.
Aus den äußeren zwei Schichten der Reetwandkonstruktion der El-Schibeka-Bauweise, der vertikalen ersten Lage und der diagonal verflochtenen zweiten Lage, ergeben sich Dreiecksrippen mit einer horizontalen lichten Weite von ca. 15 cm. Dies bildet ein Grundraster.
Für die Erstellung von Öffnungen müssen die vertikalen Bündel der ersten Lage zerschnitten werden. Daher ist es für die Stabilität der Konstruktion wichtig, daß die diagonal verflochtene zweite Schicht in sich stabil bleibt, was bedeutet, daß Aussparungen nur innerhalb dieses Rasters erfolgen können. Damit wird erreicht, daß die im Bereich der Öffnung auftretenden Kräfte über das Raster abgeleitet werden, und somit

eine mögliche Störung der Kräfteverteilung von Zug und Druck in den geflochtenen Wänden im Bereich der Aussparung vermieden werden kann. Das heißt, daß das Maß für alle Arten von Öffnungen (Türen, Fenster, Entlüftung) sich auf das Grundraster bezieht, also ein Vielfaches dieser 15 cm beträgt.

Um Stabilitätsprobleme zu vermeiden ergeben sich gewisse Regeln für die Konstruktion der Aussparungen, welche in der traditionellen Bauweise bereits angewandt werden. Öffnungen werden in einem Mindestabstand von 50 cm von der Ecke entfernt angebracht. Gibt es auf einer Seite eine große Öffnung wie eine Türe, so befinden sich Fenster auf den anderen Seiten. Fenster an der Giebelseite werden direkt an dem Mittelpfosten angebracht.

Aus diesen Grundbedingungen ergeben sich die nachfolgend dargestellten Möglichkeiten für große Öffnungen (*Abbildung 186*).

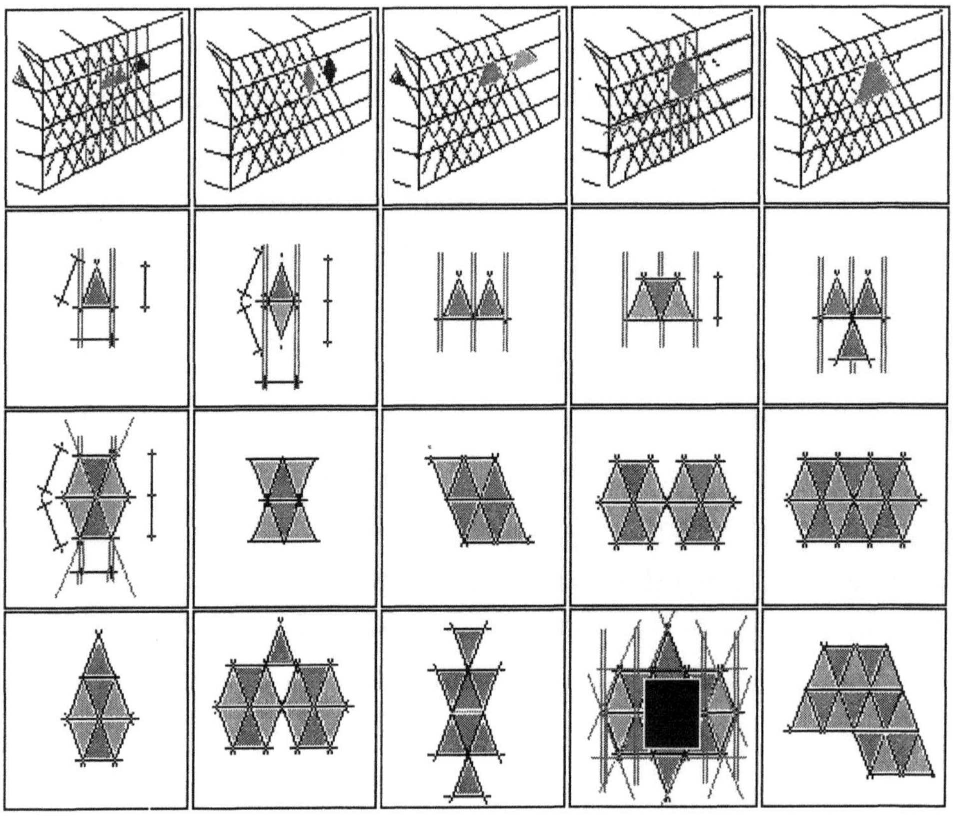

Abbildung 186: Möglichkeiten für Fensteröffnungen anhand des El-Schibeka-Rasters: unterschiedlich ausgebildete Öffnungsvarianten, welche auch als Ornamente verwendet werden können, entweder als rechteckige Aussparung (4. Bild untere Zeile v.l.), oder im Flechtwerk integrierte Aussparung in Rauten- oder Dreiecksform

Ist ein großes Maß an Belichtung erforderlich, als Zugang aber eine normale Türe ausreichend, so bietet sich die Möglichkeit neben der Türöffnung die innerste Wandschicht, bestehend aus der Reetmatte auszusparen, die beiden äußeren Lagen aber unversehrt zu lassen. Dadurch erreicht man ein großes Maß an Belichtung, ohne in die Konstruktion schwächend eingreifen zu müssen.
Die Befestigungsmethode von Tür-, Fenster- oder Klappelementen ist ein wichtiger Faktor bei der Überlegung der Konstruktion großer Öffnungen.
Die kleinen Türöffnungen der traditionellen Bauweise beeinflussen die Stabilität der Reetkonstruktion besonders durch die Bewegung, das Schwingen der Öffnungsflügel. Deswegen verlangen die Leute in El-Manzala leichte Türelemente aus Holz trotz des Bedürfnisses einer guten Abdichtung im Winter. Für große Türen oder Fenster ergibt sich daraus die Anforderung an ein leichtes Gewicht, um am Gelenk ein geringes Belastungsmoment zu erzielen. Relativ zur Öffnungsgröße sollte die Belastung des Befestigungspunktes des Öffnungsgelenkes auf mehrere Bündel verteilt werden, damit sich die Belastung nicht auf ein bestimmtes Bündel konzentriert.
Für die Verankerung des Türrahmens in der Reetkonstruktion wäre es besser Türscharniere mit fünf in die verschiedenen Richtungen der Reet-Bündel weisenden Stäbe zu verwenden. Durch die Verlagerung der Verbindungspunkte auf mehrere Richtungen kann eine höhere Stabilität erzielt werden. (Abbildung 187)

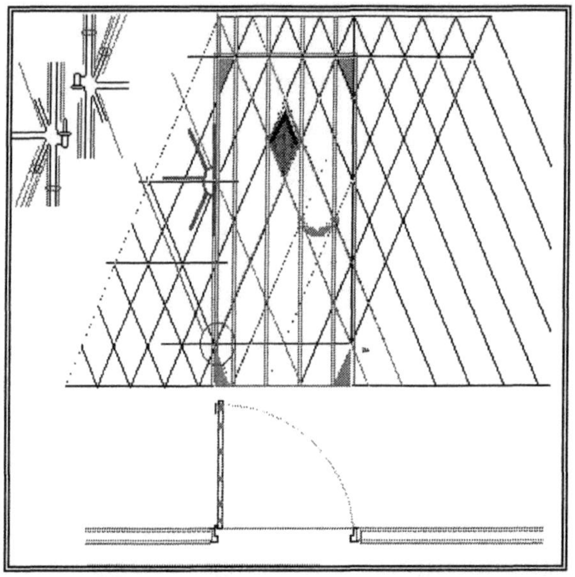

Abbildung 187: Türaussparung, Prinzip der Verankerung der Türe, Ansicht, Lageplanausschnitt, Detail des Scharniers mit 5 Stäben

Die vorher genannte Maßnahme sollte nicht den Kostenrahmen und die technische Fähigkeit der Bewohner in El-Manzala überschreiten. Auch die Mentalität und Gewohnheit spielt eine Rolle, besonders im Bereich der Privatbauten. Aber auch in öffentlichen Gebäuden ist der kulturelle Einfluß von Bedeutung und beeinflußt die Maße der öffenbaren Elemente. Beispielsweise in der Bethalle einer Moschee soll Ruhe für die Konzentration auf das Gebet herrschen, was bei der Fenstergestaltung in Form von kleinen Öffnungen Berücksichtigung findet. Die Türen hingegen sollen für eine entsprechend große Personenanzahl ausgelegt sein.

3.3.4 Verbesserung des Wärme-, Feuchte- und Schallschutzes

Verbesserung des Wärme-, Feuchte-, und Schallschutzes kann durch Verdichtung der Reetkonstruktionen, bzw. durch Erhöhung des Reetfasergehaltes pro cm^3 innerhalb der Reetkonstruktion erzielt werden. Konkrete Maßnahmen sind das Ausfüllen der großen Luftzwischenräume der Flechtkonstruktionen mit Reetfasern oder Rohbaumwollmatten, sowie die Erhöhung der Wandstärken, und zwar der Innenwände von 7 cm auf ca. 16 cm und der Außenwände von 10 cm auf ca. 24 cm. Diese vergrößerte Wandstärke ermöglicht den Einbau einer Zwischenlage, von gepreßten Platten aus gemischten Reetfasern von etwa 4 cm Stärke, sowie Rohbaumwollmatten von etwa 8 cm Stärke. Die Rohbaumwollmatten sind als das günstigere Material zu betrachten, da sie im Gegensatz zum Reet zusätzlich zur Feuchtigkeitsregulierung und Dämmwirkung auch einen Schallschutz bieten.

3.3.4.1 *Verbesserung des Wärmeschutzes*

Zur Herstellung der Baumwollmatten wird die Rohbaumwolle mechanisch gereinigt. Ein Wasch- oder Bleichprozeß ist nicht erforderlich. Anschließend wird die Baumwolle zu hauchdünnen Vliesen verarbeitet, die dann je nach erforderlicher Dämmstoffdicke aufeinandergelegt und vernäht werden. Da Baumwolle zu den nachwachsenden Rohstoffen zählt, können die Baumwollmatten bei den ökologisch sinnvollen Dämmstoffen eingeordnet werden.

Baumwolle kann Feuchtigkeit aufnehmen und wieder abgeben. Diese Eigenschaft macht sich die Dämmung aus Baumwolle zu Nutzen. Die im Rauminneren auftretende Luftfeuchtigkeit wird von der Baumwolle aufgenommen und an die Außenluft weitergegeben. So entsteht ein gesundes und behagliches Raumklima.

Die Baumwolle hat ein materialspezifisches Imprägnierungssystem. Ein natürlicher Wachsfilm umgibt die Fasern, welcher sie feucheresistent macht. Mit einer Wärmeleitzahl von 0,04 W/mk weist Baumwolle eine hervorragende Wärmedämmwirkung auf.

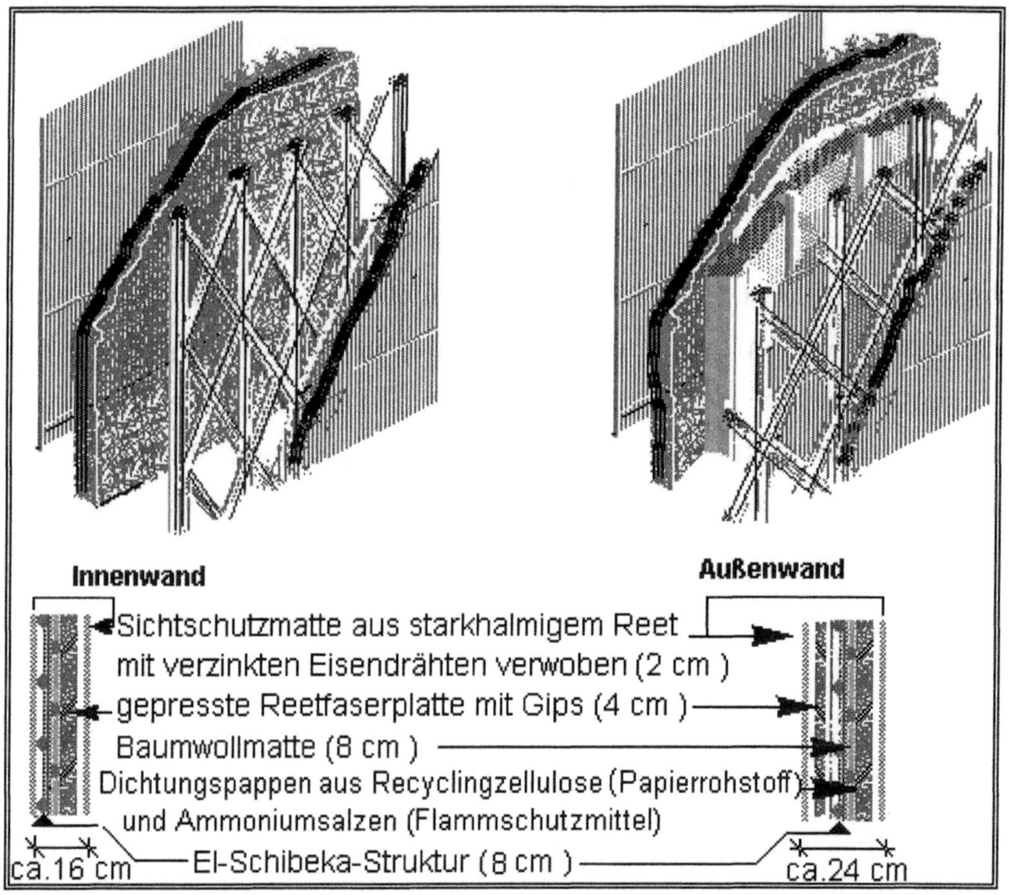

Abbildung 188: Wandaufbauten mit integrierten Schall- und Wärmedämmmatten

Wandaufbau Innenwand: Reetmatte beidseitig als Wandabschluß, gepreßte Reetfaserplatte mit Gips, El-Schibeka-Struktur

Wandaufbau Außenwand: Reetmatte beidseitig als Wandabschluß, gepreßte Reetfaserplatte, Baumwollmatte, Feuchtigkeitsschutzschicht (Dichtungspappe), El-Schibeka-Struktur

Als Zellulosefaser ist Baumwolle für Schädlinge wie Motten und Insekten nicht genießbar.

Durch Zugabe einer wäßrigen Borsalzlösung in bestimmter Konzentration erreicht man für Baumwolle eine Einstufung in die Brandschutzklassen B1, anstatt B2, der Einstufung für unbehandelte Baumwolle (B1 bedeutet schwer entflammbar) und beugt zudem Schimmel- und Pilzbefall vor.

Die elastische Faserstruktur der Baumwolle sorgt für Formstabilität.

Dämmfilz aus Baumwolle in einer Dicke von 20 mm eignet sich als Auflage für Akustikdecken, einseitig verklebt mit einer dünnen Schicht eines schwarz gefärbten Filzes.

Baumwolle kann als Matten in Stärken von 50-180 mm für die Dämmung von Wänden und Dächer, und zwar zwischen oder auf den Sparren, zur

Anwendung kommen, sowie als Wärme- und Schalldämmung in leichten Innenwänden.

Aufgrund des sehr guten Strömungswiderstandes sind Baumwolldämmatten hervorragend zur Schalldämmung für Decke und Wand geeignet. Bei nachträglichen Dämmaßnahmen können die Dämmatten von außen oder innen auf bestehende Wandkonstruktionen aufgebracht werden.

Die hautsympathische Eigenschaften der Baumwollmatten machen die Verarbeitung ungefährlich. Dank ihres spezifischen Gewichts von 20 kg/m^3 sind die Dämmatten so leicht, daß es weder Verarbeitungs- noch Statikprobleme gibt. Für die Dämmung zwischen den Sparren haben die Bahnen ein aufgenähtes Baumwollgewebe, das an die Sparren befestigt wird. Neben Dämmatten in unterschiedlichen Dicken wird Baumwolle auch in loser Form angeboten. Direkt aus dem Sack können damit Hohlräume ausgestopft oder Deckenbalkenlagen verfüllt werden.

Bei leichten Trennwänden können die Baumwollmatten an die einseitig angebrachte Beplankung fixiert werden. (Vom Institut für Baubiologie und Ökologie in Neubeuern wurde das Prädikat „ Baumwollmatten zur Dachdämmung baubiologisch sehr empfehlenswert „ erteilt). Saubere Abfälle und Reste können recycelt werden. Zudem weisen sie einen hohen Dämmwert auf. 100 kg behandelte Baumwolle kostet zirka 50 DM, was als recht teuer zu betrachten ist.

3.3.4.2 *Verbesserung des Schallschutzes*

Wie bereits erwähnt, weisen die traditionellen Reetkonstruktionen einen schlechten Schallschutz auf.

Da im Gegensatz dazu das Rohmaterial Reet gute schallabsorbierende Eigenschaften besitzt, ist der Gedanke entstanden, diese Eigenschaften in Verbindung mit Reetgipsplatten für den Schallschutz zu nutzen. Hierfür können anfallende Reetreste verarbeitet werden, was diese Reetgipsplatten kostengünstiger werden läßt, als andere im Handel erhältliche Schalldämmplatten, z.B. aus Styropor. Die Verwendung dieser Reetgipsplatten hätte den Vorteil der Erhaltung der homogenen Konstruktionsmaterialien der Reet-Gebäude.

Zur Untersuchung der Eignung der vorgestellten Reetgips-Schalldämmplatten wurde ein Versuch des Schallabsorptionsgrades vorgenommen, welcher am Frauenhofer Institut für Bauphysik, Stuttgart-Vaihingen, stattfand.

- **Versuchsmaterial:**

Für die Untersuchung wurden aus einer Reetgipsplatte von 45 mm Stärke willkürlich 2 kreisrunde Probestücke mit einem Durchmesser von 100 mm ausgeschnitten.

Die zwei Probestücke wurden mit Probe (1) und (2) bezeichnet.

Versuchsapparatur:

Als Versuch wurde der Test der Schallabsorption im Kundt'schen Rohr nach DIN 52 215 gewählt, einer Universal-Prüfmaschine, welche im Prüfraum des Frauenhofer Institut für Bauphysik, Stuttgart-Vaihingen, Abteilung Schall fest installiert ist.

Versuchsaufbau

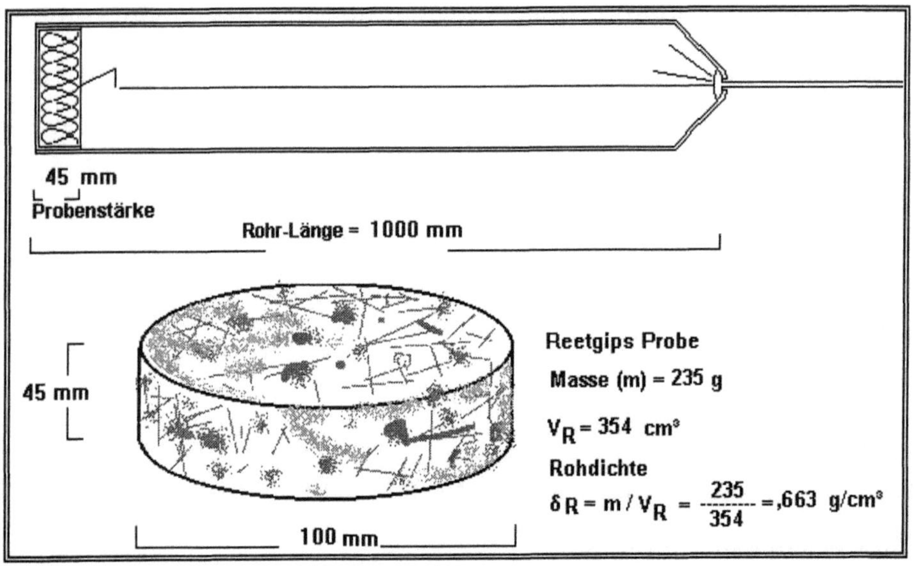

Abbildung 189: Bild oben: Kundt'sches Rohr, Bild unten: Probestück

* Versuchsergebnisse

Frequenz [Hz]	Probe 1 [%]	Probe 2 [%]
100		
125	20,5	23
160	21	29,5
200	21,5	31
250	28	29,5
315	41	30
400	48	20
500	65,5	19
630	76,5	18,5
800	55	19,5
1000	48,5	23
1250	40	28,5
1600	45	31
2000	67	42
2500	80	48
3150	88	56

Tabelle 16: Meßergebnisse des Versuchs

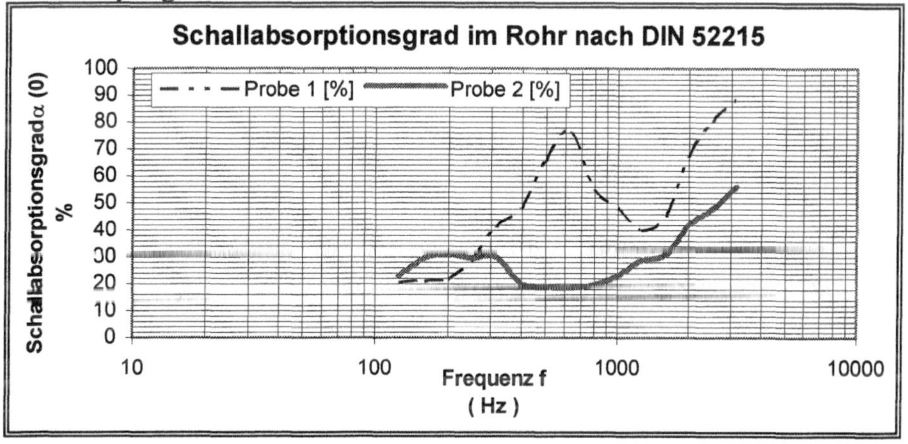

Abbildung 190: Diagramm der Meßergebnisse des Schallabsorptionsgrades

Versuchsauswertung:

Probe (1) weist die bessere Absorption auf. Ab dem Frequenzbereich von ca. 300 Hz liegt der Schallabsorptionsgrad bei mind. ca. 30%. Maximale Absorption findet oberhalb 1300 Hz statt. Die Probe stellt ein poröses Material mit guten Absorbereigenschaften dar.

Probe (2) weist einen durchschnittlichen Absorptionsgrad von ca. 20% auf.

Wertung:

Die unterschiedlichen Meßergebnisse weisen auf ein akustisch stark unhomogenes Material hin, das aber generell eine gute Schallabsorption von $\propto \geq 0{,}2$ im mittlerem und hohem Frequenzbereich aufweist. Es eignet sich folglich zur Gestaltung schallabsorbierender Oberflächen. Sind jedoch Schallreflexionen erwünscht, so ist die Oberfläche zusätzlich mit einem akustisch dichtem Lehmputz zu versehen.

3.3.5 Die Anwendung von neuen Verbindungsmittel

Im Einsatz von neuen Materialien als Verbindungsmittel, sowie von automatischen Verbindungsmethoden kann eine Möglichkeit zur Verbesserung der Reetkonstruktionen gesehen werden, nicht nur hinsichtlich der Festigkeit und Optik sondern auch zur Einsparung von Zeit für die Herstellung der Verbindungspunkte.

Geeignet für die Erhöhung der Festigkeit der Konstruktionen wären Metallverbindungen, wie Metallbänder, Metallklammern oder Verknotungen aus Metalldraht. Eine festere Ausführung der Bindeschlaufen, würde die Schubübertragung zwischen den Einzelhalmen im Reet reduzieren. Als Nachteil für Metallverbindungen sind die höheren Materialkosten anzusehen, besonders durch den Einsatz verzinkter Eisendrähte oder Aluminiumelemente auf Grund des Rostschutzes. Dazu addieren sich die Kosten für erforderlichen Werkzeuge. Bei der maschinellen Herstellung der Verbindungsstellen, welche sich für Drahtverbindungen anbieten würde, ist der Kostenfaktor ebenso zu berücksichtigen. Als ein wesentlicher Vorteil für Metallverbindungen ist die höhere Sicherheit bezüglich der Brandgefahr anzusehen. Durch die Verbindung der Reetelemente aus Metall (Federstahldraht, Stahlbinder) kann die Einsturzzeit der Reetkonstruktionen im Vergleich zu Verknotungen aus Seilen verzögert werden, was besonders für größere Gebäude von Bedeutung wäre.

Kunststoff als Material für die Verbindungspunkte ist geeignet in verschiedenen Ausführungen, als vorgefertigter Binder (Kabelbinder) oder als normale Kunststoffschnur, für die maschinelle Verarbeitung.

Kunststoff ist leicht zu verarbeiten. Die Verbindungsschlaufen weisen eine gewisse Elastizität auf, d.h. machen geringfügige Bewegungen mit, so daß im Gegensatz zu den Schlaufen aus Metall geringere Spannungen auftreten. Die Gefahr des Einschnürens bei Kunststoff ist wesentlich geringer. Die Schnüre können in Farbe und Gestalt unterschiedlich hergestellt werden. Kunststoff ist ein kostengünstiges Material, da es ein Petroleumprodukt ist, und Petroleum in der Gegend von El-Manzala, von den Feldern von El-Suez-Stadt, ausreichend vorhanden ist. Kunststoffproduktion ist bereits in El-Suez-Stadt und wird sich auch in naher Zukunft in Port-Said ansiedeln.

3.3.6 Konstruktionen für die Vorfertigung

3.3.6.1 Notwendigkeit von Fertigteilkonstruktion:

- Da im Gebiet El-Manzala hauptsächlich bei der Bevölkerungsschicht mit begrenztem Einkommen eine unzureichende Wohnungsversorgung herrscht, und auf Grund der strukturellen Veränderungen Umsiedlungsmaßnahmen durch Landwirtschaftsgewinnungsprojekte zu erwarten sind, werden in naher Zukunft kostengünstige, schnelle Bauweisen gefragt sein.
- Nach jüngsten wiederholten Erdbeben in den letzten 5 Jahren in Kairo, Süd-Ägypten und Sinai verstärkt sich die Forderung nach verbesserten Sicherheitsmaßnahmen, besonders auch im Gebiet des El-Manzala-Sees, welcher wie schon in 1.1.1 erwähnt im 6. Jahrhundert durch ein Erdbeben entstanden ist. (siehe Abb. 3)

  Eine der wichtigsten Anforderungen an die Konstruktionen in Erdbeben-Gebieten sind das geringe Gewicht, sowie eine relativ hohe Bewegungsfähigkeit. Reetkonstruktionen sind geeignet für diese Anforderungen.

  Reetfertigbauteile insbesondere für große Gebäude wie Hallen und Schulen können zusätzlich mit technischen Elementen zur Erdbebensicherung ausgestattet werden.

  Wie unter 2.2.5 behandelt nimmt das Interesse der Arbeitnehmer auf dem Sektor der Reetverarbeitung auf Grund der saisonal begrenzten Arbeitszeit, stark ab. Durch die Entstehung einer Fertigteilindustrie von Reetkonstruktionen könnte mehr oder weniger das ganze Jahr produziert werden, wodurch eine Dauerbeschäftigung erzielt werden kann, und somit zu einer Steigerung der Attraktivität dieses

Berufszweiges führen könnte. Damit einhergehen würde auch eine Weiterentwicklung der Technologien in diesem Bereich.

- Eine kostengünstige, sinnvolle Fertigteilproduktion setzt die Basis eines Grundmoduls voraus.

  Eine Modularkoordinierung bedeutet, daß die Dimensionen der Konstruktionselemente aufeinander abgestimmt werden, wodurch Faktoren wie Materialverbrauch, Zuschnitt und Bauzeit, welche die Kosten bei konventioneller Bauweise erheblich erhöhen, gemindert werden. Dies bedeutet Anwendung von Elementen, deren Dimensionen auf ein Grundmodul abgestimmt sind, auf der Baustelle ohne irgendeine Modifikation montiert werden können und eine hohe Anwendungsvielfalt besitzen.

  Die Modularkoordinierung ist der erste Schritt auf dem Wege zur Industrialisierung des Reetbauwesens.

– Für die neue Tourismus-Entwicklungsgebiete an der Nordküste des El-Manzala-Sees können Fertigbauelemente aus Reet für die Erstellung einer großen Anzahl von typischen Aufenthaltsräume wie Bungalows als kostengünstige Bauweise angewandt werden. Ein hoher Standard der Fertigung, sowie moderne Installationen werden hierfür gefordert werden. Durch die Fertigbaumethode ist die für den hohen Standard erforderliche Qualitätskontrolle machbar.

- Die Ausnutzung der Reeteigenschaften für leichte, demontierbar und klimatisch angepaßte Bauformen eignet sich besonders für provisorische Unterkünfte, wie z.B. für Camplager oder für schnell zu errichtende Notunterkünfte im Katastrophenfall. Sie sind transportabel und an anderen Orten wieder aufzustellen.

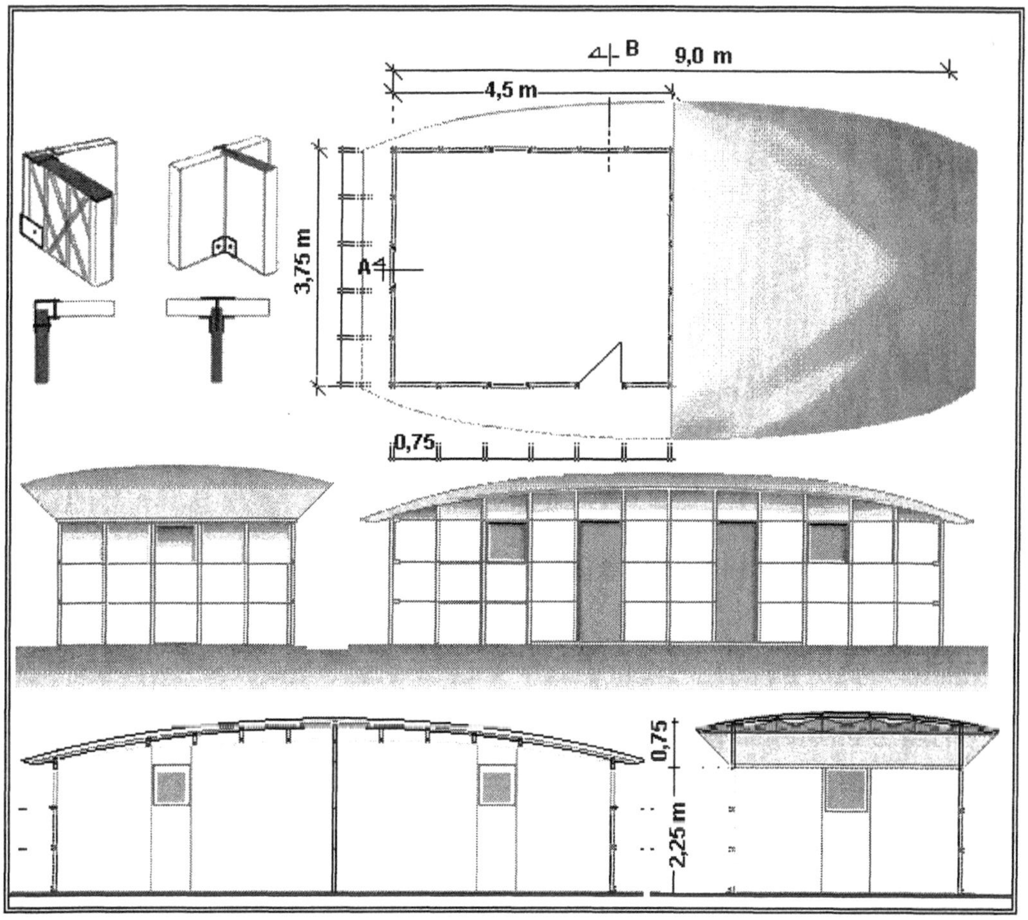

Abbildung 191: Bauformen für Gebäude mit 2 Zimmern, aus Reetpaneele mit integrierten Tür- und Fensteröffnungen. Die Paneele werden mit Winkeln miteinander verbunden. Dieses System erscheint besonders geeignet für provisorische Unterkünfte, welche in kurzer Zeit errichtet werden müssen.

3.3.6.2 *Versuchshaus aus Reetfertigbauteilen:*

Als Beispiel für die einfache Verwendung von Reet als Fertigbauteil ist das „El-Marg Versuchshaus" aus dem Jahre 1958 anzuführen. Bei diesem Versuchshaus wurden als Dachaufbau Gipsplatten mit Reetarmierung (0,80 x 0,60 x 0,04 m) über Stahlbetonträger angewandt. (Lit. 25)

Die 0,15 x 0,06 x 4,00 m großen und 80 kg schweren vorgespannten Stahlbetonbalken waren ein kostengünstiger Ersatz für die ansonsten verwendeten Kantholzbalken. (Im Vergleich zu Kantholzbalken kostet ein derartiger Stahlbetonbalken nur 50% des Kantholzbalkenpreises, jedoch ist er um das vierfache schwerer). Die Reetgipsplatten wurden mittels eines einfachen Holzrahmens auf einem ebenen Formtisch handwerklich hergestellt. Die Platten hatten glatte Ansichtsflächen und waren für Spannweiten von 0,60 m ausgelegt.

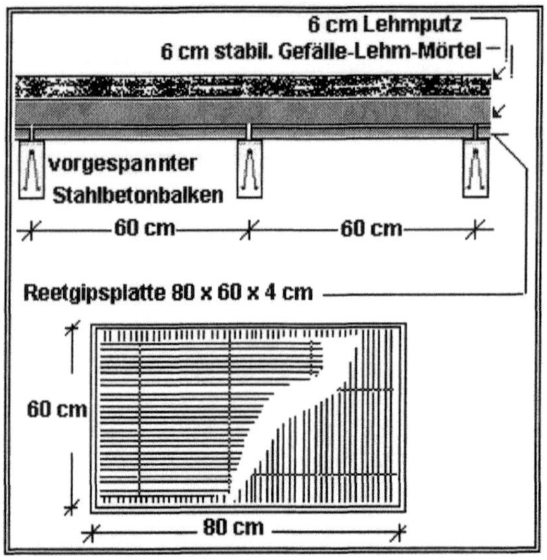

Abbildung 192: Schnitt und Aufsicht der Reetgipsplatte für das „El-Marg - Versuchshaus" (Lit. 25)

Zunächst wurde eine Schicht aus flüssigem Gips mit 1 cm Stärke in die Form gegossen. Als Bewehrung wurden darauf Reetstäbe gelegt, in zwei unterschiedlich gerichteten Lagen, durch Handdruck eingedrückt und mit einer zweiten Lage flüssigem Gips bedeckt. Die Oberfläche wurde mit der Mauerkelle geglättet. Nach zwei Stunden konnte die Form beseitigt werden. Die Kosten von 1 Quadratmeter Reetgipsplatte betrugen 0,17 ä.P.

Als Witterungsschutz und wegen der Begehbarkeit wurden 6 cm Lehmmörtel im Gefälle, darüber Lehmputz (aus 3 Teilen Lehm, 2 Teilen Kalk und 50 kg. Zement / m^3) mit 6 cm durchschnittlicher Stärke auf den Reetgipsplatten aufgebracht.

3.3.6.3 *Ziele der Reetfertigteilproduktion*

– Einsparung von Bauzeit, schnelle und einfache Montage:

Bei der Betrachtung der Phase der Bauarbeiten in der traditionellen Bauweise wird ersichtlich, daß das Verknoten des Reets die arbeitsaufwendigste Phase ist. Angenommen es könnten maschinell gleichzeitig 10 Verknotungen (mit Metalldraht) hergestellt werden, so könnte viel Zeit eingespart werden (ein Reetpaneel 1,2 x 2,4 m mit ca. 80 Knoten in 8 Minuten statt in 80 Minuten wie beim manuellen Verknoten). Eine wirtschaftliche Ausnutzung kann nur bei einer großen Produktionsmenge erzielt werden, auf Grund der hohen zu erwartenden Investitionskosten für Maschinen, die kein kleiner Unternehmer aufwenden kann.

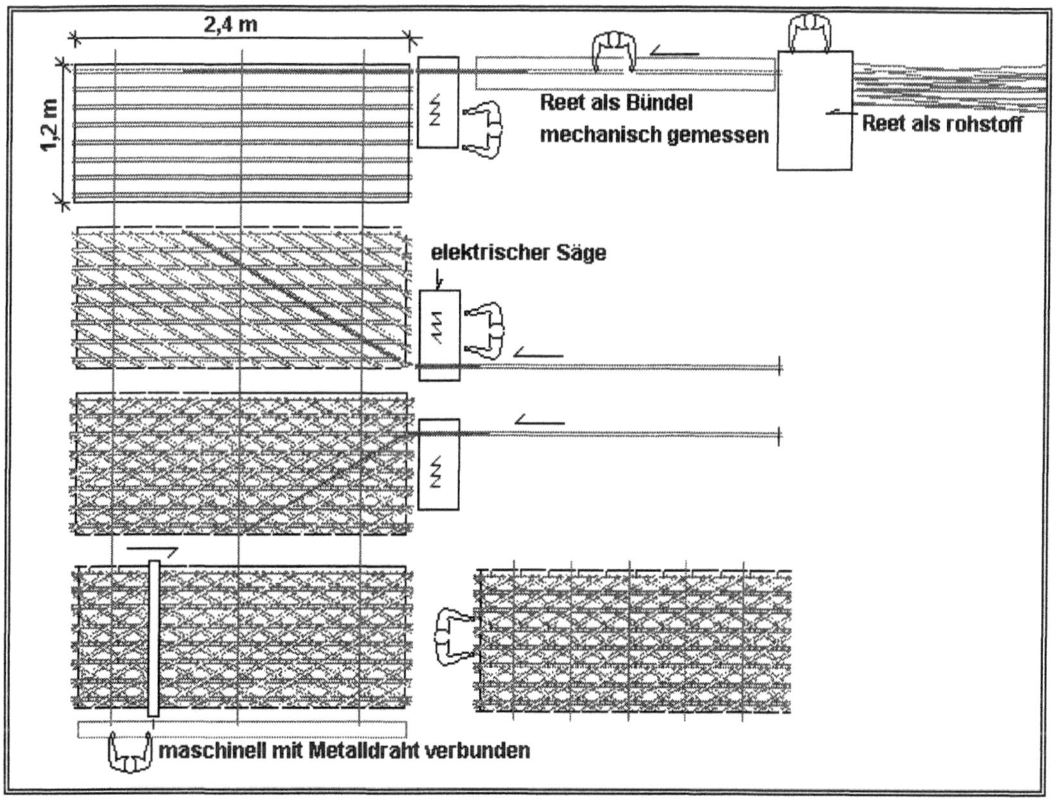

Abbildung 193: Reetpaneele als Fertigbauteile

Arbeitsschritte der potentiell vorstellbaren mechanischen Herstellung.

Die Reetstäbe werden mechanisch gemessen, mit elektrischer Säge geschnitten, zu Bündel von 1,2 x 2,4 x 0,12 m verknotet, als Geflecht verlegt, maschinell mit Metalldraht verbunden.

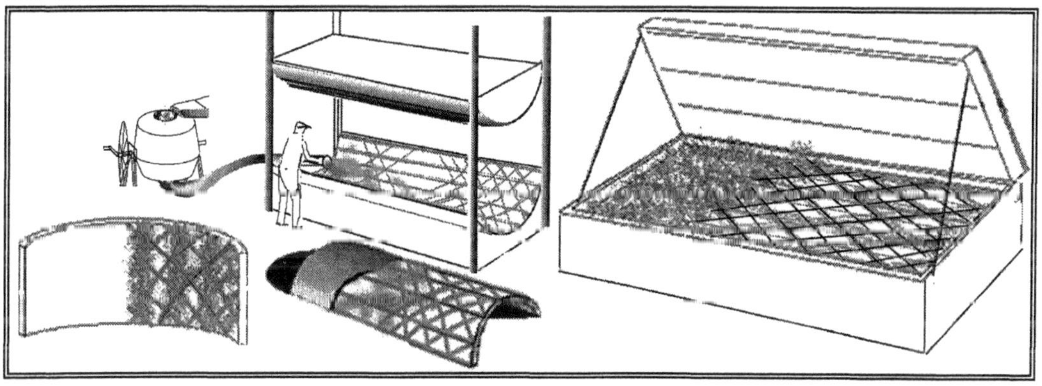

Abbildung 194: Weiterverarbeitung der Reet-Gipsmischung zu Paneelen in verschiedenen Formen, Trockenverfahren der Paneele in dafür speziell entwickelten Trockenboxen.

– Einsparung von Baukosten, kostengünstiges Ausbausystem

Durch Fertigung von Fertigteilelementen werden bessere Kontrollmöglichkeiten bezüglich der Qualität geschaffen. So kann durch die Verwendung einer Grundform eine Regelmäßigkeit der

Einzelelemente erreicht werden, welche mit den herkömmlichen Methoden nicht möglich ist. Die Elemente können präziser aufeinander, sowie auf die gesamte Einrichtung und erforderliche Installation abgestimmt werden.

Erleichterung und Regulierung der Bauweise, durch im Werk maschinell vorgefertigte Standardbauelementen. Dies gilt für alle Phasen der Herstellung eines Gebäudes, von der Reinigungsphase des Rohmaterials, des Reetstabes, über die Verbindungphase der Bündel und schließlich bis zum Verputzen der Elemente.

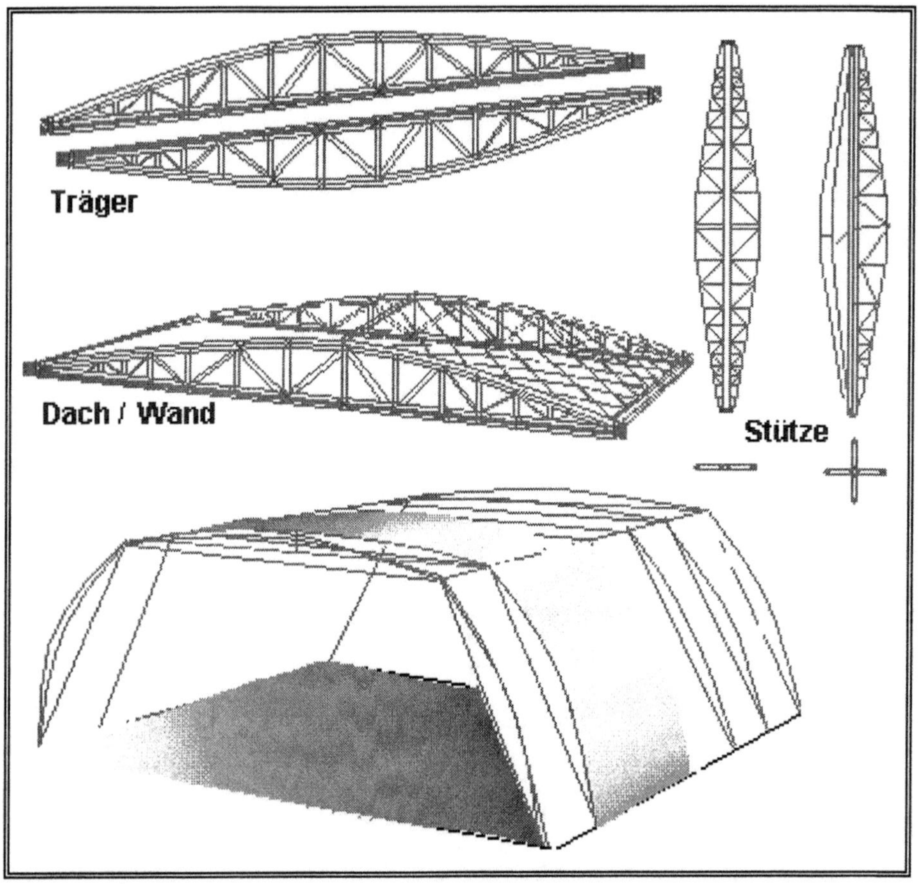

Abbildung 195: Gebogene Tragwerkselemente aus Reet.

Baustoffe mit geringem Gewicht wie Reet sind besonders geeignet für Fertigteilgebäude

- Erleichterung des Transports durch einheitliche Elemente mit auf die Transportmittel abgestimmten Maßen, sowie Verbesserung der Lagermöglichkeit auf geringer Fläche.

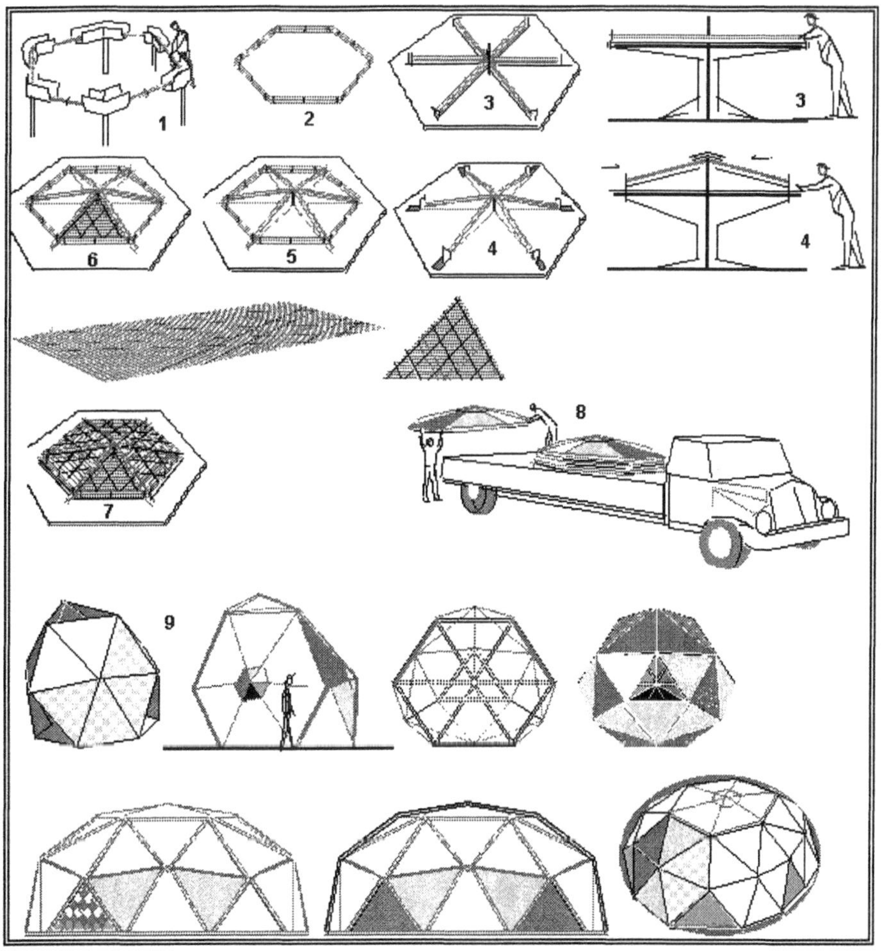

Abbildung 196: Produktionsphasen eines Fertigteilelementes, die Grundform einer sechseckigen Pyramide ist geeignet für verschiedene Endformen, (1, 2- Herstellung des sechseckigen Rahmens; 3, 4- Herstellung der Rippen auf Arbeitstisch für Abstimmung auf die Neigung 5- Befestigung des Rahmens auf die Rippen; 6,- Reetmatten als Bedeckungsmaterial in Dreiecksform; 8- Transport zur Baustelle, 9- zwei Beispiele für die Verwendung der sechseckigen Pyramidenelemente, erstes Beispiel: Hütte für Ferienanlage, zweitens Beispiel: Kuppelform (Lit. 26)

- Verbesserung der Stabilität der Konstruktion und der technischen Ausrüstung der Installationen, sowie von Schall- , Wärme- und Feuchteschutz
- Modernisierung der Bauformen als Entwicklungsphase zu neuen freien Formen: In der traditionellen Bauweisen gibt es nur begrenzte Bauformen wie in 3.2.2 bereits erwähnt. Bei der Gestaltung von Bungalows oder Camp-Lagern kann mit neuen freien architektonischen Formen aus Fertigbauteilen experimentiert werden. Die hiermit

gemachten Erfahrungen können auf Schulen oder Mehrzweckhallen übertragen werden. Wie schon bekannt ist für die Akzeptanz von Änderungen in der Bautradition viel Sorgfalt aufzuwenden. Mit Hilfe dieser experimentellen Bauten für Bungalows können die Bewohnern in El-Manzala davon überzeugt werden, daß eine mechanische Vorfertigung eine Erleichterung für die Herstellung schwieriger Bauformen darstellt, im Gegensatz zur Herstellung direkt auf der Baustelle.

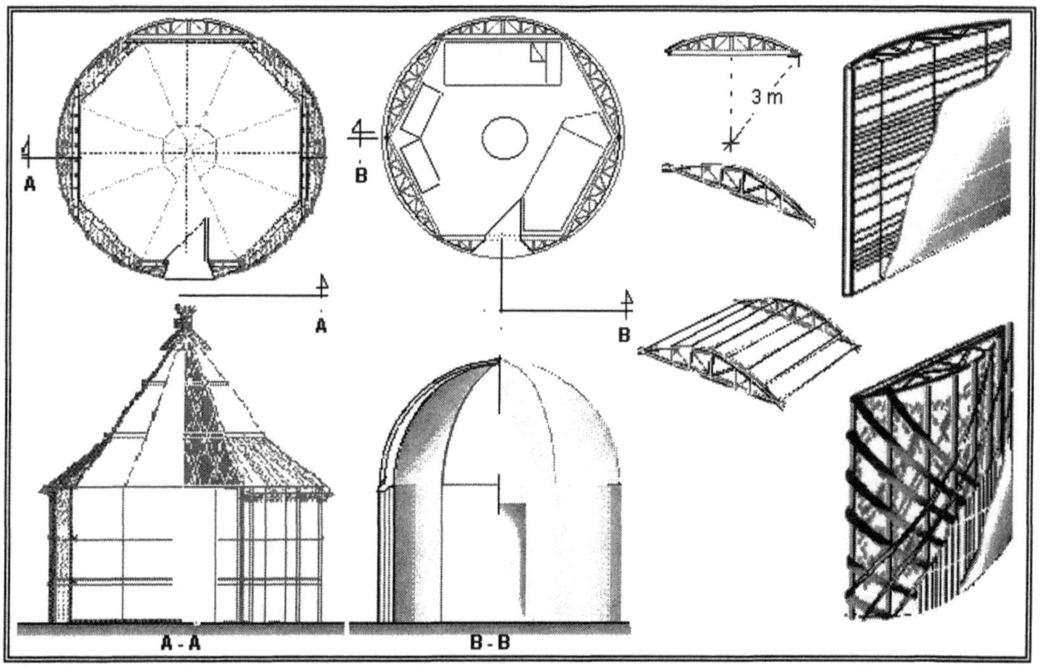

Abbildung 197: Beispiel für einen acht,- sechseckigen Aufenthaltsraum potentiell möglich für die Herstellung aus Fertigteilen (bestehend aus Elementen mit der Form eines Kreisbogenabschnittes). Grundriß, Schnitt / Ansicht

– Kombination mit Bauteilen aus anderen Materialien:

Die Verwendung der Materialien Stahl, Holz, Aluminium, Glas oder Kunststoff bietet sich teilweise einerseits an als tragende Konstruktionselemente in Kombination mit der Verwendung des Reets als Verkleidungsmaterial. Andererseits sind eine Vielzahl von Fertigelementen aus diesen Materialien auf dem Markt, wie z.B. Einbaufenster, welche den Ansprüchen der Bewohner an Wohnstandard entsprechen. Auf Grund der mangelnden Präzision der traditionellen Reetgebäude sind diese Materialien und Fertigelemente nicht verwendbar. Für die Oberflächenbehandlung der Innenwände innerhalb von Reetgebäuden finden herkömmliche Materialien wie Tapeten und Streichfarben auf Grund der rauhen Oberflächenstruktur keine

Anwendung. Die Entwicklung von Reetfertigteilen ermöglicht eine Abstimmung für eine Kombination mit diesen Materialien und Elementen. Für eine moderne, zeitgemäße Wohnungseinrichtung sind elektrische Installationen, Wasser- bzw. Abwasserleitungen und die dazugehörenden Sicherheitsmaßnahmen, wie Isolierung und Abdichtung, erforderlich. In Verbindung mit vorgefertigten Wandpaneelen können optimale Integrationsmöglichkeiten gefunden werden.

Abbildung 198: Fertigbauelemente aus Reetmatten auf Holzfaserplatten, (Rechts)Ferienanlage in Sharm-El-Sheikh, Süd-Sinai, Integration von Fertigteilen aus modernen Materialien (Fenster, Fußboden, sowie Installation von Strom).

Abbildung 199: Details von Kombination mit Bauteilen aus anderen Materialien, Links Reetmatten auf Stahl und Holz Konstruktion (in Sharm-El-Sheikh, Süd-Sinai), Rechts Reet als Dachdeckmaterial auf Holz Konstruktion (im Europapark, Deutschland)

4 Allgemeine Zusammenfassung

Die unzureichende Wohnungsversorgung, vor allem der Bevölkerungsschichten mit begrenztem Einkommen, stellt in Ägypten ein großes Problem dar. Diese Situation ist in den ländlichen Regionen noch bedeutend schlechter als in Kairo.

Es ist notwendig, durch die Verwendung möglichst billiger oder gar kostenloser Baustoffe die Materialkosten soweit wie möglich zu senken und durch einen hohen Selbsthilfeanteil die Lohnkosten zu reduzieren oder zu vermeiden.

Lokal vorhandene und traditionell verwendete Baustoffe erfüllen in der Regel diese Anforderungen.

Im Gebiet El-Manzala an der Nordküste Ägyptens ist Reet ein weit verbreitetes, sehr billiges und zum Selbstbau geeignetes Material, aus dem traditionell ganze Siedlungen ohne die Hilfe von Architekten erstellt werden.

Trotz einiger Vorteile gegenüber industriell hergestellten und teuren Baustoffen ging die Verwendung von Reet in den letzten zwanzig Jahren ständig zurück.

Die Entwicklung neuer Verarbeitungsmethoden in jüngster Zeit konnte im Gebiet El-Manzala die Einsatzmöglichkeiten des Baumaterials Reet deutlich erweitern. Diese neuen Techniken erfordern jedoch erhebliche Verbesserungen, um Reet zu einem vielfältig einsetzbaren Baustoff zu machen.

Um den steigenden Ansprüchen an die Qualität von Gebäuden gerecht zu werden, ist die Entwicklung von Baustoffen mit den entsprechenden Eigenschaften wie Dauerhaftigkeit oder vielfältigen Einsatzmöglichkeiten z.B. für Schulen, die Entwicklung von Fertigbauelementen für schnell benötigte Wohnungen, oder Bungalows von Feriensiedlungen, sowie die Entwicklung von Bauten mit großen Spannweiten für öffentliche Einrichtungen notwendig.

Ziel der vorliegenden Arbeit ist die Entwicklung von Methoden und Techniken, die der Weiterverarbeitung von Reet zu einem gut verwertbaren Baustoff dienen. Auf diese Weise sollen kostengünstige und dauerhafte Baumaterialien hergestellt werden, die zur Verbesserung der

Wohnbedingungen in Gebieten beitragen, in denen nach wie vor traditionell und ohne Architekten gebaut wird.

Die Arbeit ist in 3 Kapitel gegliedert :

1. Darstellung des Baustoffes Reet und seiner Anwendung im traditionellen Bauen in El-Manzala:

- Allgemeine Darstellung des Gebietes El-Manzala hinsichtlich Topographie, Klima, Bewohner, wirtschaftliche und soziale Situation.

  El-Manzala-See ist der größte natürliche See Ägyptens. Er ist ein Sammelbecken für das Wasser des nordöstlichen Nil-Deltas und des Mittelmeeres, von dem er nur durch eine schmale Straße getrennt ist. Der See ist im 6. Jahrhundert durch Absenkung während eines Erdbebens entstanden und ist durchdrungen von einer Vielzahl von kleinen Sand- und Lehminseln. Abgesehen von den Hauptschiffahrtswegen hat der See im Schnitt nur eine geringe Tiefe.

  Das vorherrschende Klima ist ein feuchtwarmes Küstenklima mit im Vergleich zu ganz Ägypten hoher Feuchtigkeit, häufiger Niederschlagstätigkeit, und verhältnismäßig geringen Temperaturen. Die vorherrschenden Winde kommen aus der Richtung N, NW, mit einer Geschwindigkeit von 15 bis 32 km/h.

  Die Bewohner vom Gebiet El-Manzala sind von ihrer Herkunft Beduinen, wodurch ihre Kultur geprägt ist. Das Bildungsniveau ist vergleichbar mit anderen ländlichen Gebieten Ägyptens sehr gering. Die Bewohner leben hauptsächlich von der Fischerei und der Landwirtschaft. Die Ökonomie in diesem Gebiet ist gering entwickelt.

- Allgemeine Darstellung des Baustoffes Reet: biologische Charakterisierung und mechanische Eigenschaften des Baustoffes Reet.

  Reet ist eine Pflanze, zur Familie der Gräser gehörend, welche in vielen Gebieten der Welt verbreitet ist. Der Reethalm hat einen langen, verholzenden Schaft, in der Mitte mit Hohlraum und durch mehrere Knoten unterteilt. In El-Manzala kommt die Reet-Art *„Phragmites australis“* vor, und wird zum Bauen der Häuser verwendet. Sie wächst in Sümpfen und an Seeufern, und kommt an den meisten Stellen des El-Manzala-Sees natürlich vor. *„Phragmites australis“* hat eine sehr hohe Resistenz gegen Feuchtigkeit und Salz.

Anhand der durchgeführten Versuchsreihe zur Charakterisierung der mechanischen Eigenschaften des einzelnen Reethalmes (Zug-, Druck-, Biege- und Schlagbiegeversuch) geht hervor, daß das Rohmaterial Reet nicht für Biegebeanspruchung, aber für Zug- und Druckbeanspruchung relativ geeignet ist, im Vergleich zu Bambus und diversen Holzarten.

- Strukturelle Merkmale der Bebauung von El-Manzala:

  Im Gebiet El-Manzala haben sich je nach Standortsituation drei Bebauungsstrukturen gebildet, von denen die beiden häufigeren Strukturen die Linearstruktur entlang der Fließgewässer und die Zentralstruktur auf den Inseln zu finden sind. Das Element Wasser spielt in diesem Gebiet eine große Rolle. Daher kommt dem Wasserstraßennetz eine große Bedeutung zu. Es gibt drei Haupwasserstraßen als Verbindung zu den größeren Städten und eine Vielzahl von Nebenkanälen, welche zu den Siedlungen führen. Viele Gebäude, Öffentliche wie Private, sind sowohl vom Wasser erschlossen als auch vom Land.

- Architektonische Merkmale von El-Manzala:

  Im Gebiet El-Manzala gibt es zwei hauptsächliche Baumethoden, genannt El-Schibeka- und El-Seded-Methode. Bei der El-Schibeka-Methode wird fast ausschließlich das Material Reet verwendet, in Form von Reetbündeln und geflochtenen Reetmatten, die El-Seded-Methode ist eine Kombination aus Holztragwerk und Reetmattenverkleidung. Die El-Schibeka-Methode wird für zwei Grundformen angewandt, der Satteldachform und der Rundhütte. Die El-Seded-Methode wird ebenso für die Satteldachform angewandt. Die Gebäudehöhe betragen im Schnitt 3,5 m.

  Die Gebäude weisen ein einheitliches Gesamtbild auf, mit nahezu einheitlicher Höhe und einheitlichen Materialien der Fassade bestehend aus Reet, Gips- und Lehmverkleidung, oder mit Kalkanstrich versehene Verkleidung, und integrieren sich ideal in das Landschaftsbild.

  Ein Privatgebäude besteht aus der Addition mehreren Einzelhütten von maximal ca. 4m x 6m, als Raum bezeichnet, welche einer ganz bestimmten Einzelnutzung zugeordnet sind, wie Kochen, Schlafen und Wohnen. Diese Einzelgebäude sind meist von einem Zaun zu einer

Einheit zusammengefaßt, in welcher eine Familie von durchschnittlich 7 Personen wohnt.

2. Vorteile und Nachteile des Reets als Baustoff und Möglichkeiten der Verbesserung:

- Die Vorteile des Baustoffes Reet liegen in der Verfügbarkeit, im ökologischen Aspekte des Baumaterials, in den elastomechanischen Eigenschaften von Reet, der Wirtschaftlichkeit, der Feuchtigkeitsresistenz und der Dauerhaftigkeit.

  Reet ist im Gebiet El-Manzala ein ausreichend natürlich vorkommender Rohstoff. Er ist ein ökologisches Baumaterial und weist eine Übereinstimmung zwischen den Aspekten der Baukultur, der Bautechnik und der Baubiologie auf.

  Reet zeichnet sich durch eine gewichtsbezogene sehr hohe Steifigkeit, sowie eine vergleichbare günstige, hochelastisch bedingte Steifigkeitsabnahme aus.

  Im Vergleich zu anderen Baumaterialien ist Reet ein ökonomisch günstiges Material, sowohl auf Grund des örtlichen Vorkommens, als auch auf Grund der Einfachheit der erforderlichen Technik von Reetkonstruktionen. Mit einfachen Schnüren und Knoten, von der Fischerei entnommen, und der Mithilfe von ein paar Personen kann ein Gebäude in Eigenarbeit in wenigen Tagen erstellt werden.

  Reet ist eine feuchtigkeitsresistente Pflanze. Das Reetrohr besitzt auf Grund seiner hohen Porösität einen guten Luftaustausch, sowie eine geringe Wärmespeicherfähigkeit. Da in Reetkonstruktionen das Rohmaterial unbehandelt verwendet wird, gelten diese Eigenschaften auch für die Konstruktion., d.h. die Gebäude nehmen Feuchtigkeit auf und geben sie wieder ab. Dies wird zusätzlich durch das Gittergeflecht der Wände verstärkt.

  Reethäuser weisen bei guter Konstruktion und Instandhaltung eine Lebenserwartung von durchschnittlich 30 bis 40 Jahren auf.

- Als Nachteil des Reet sind die relativ geringe Druckfestigkeit der Konstruktionen auf Grund der schwachen Verbindungsstellen im Vergleich mit anderen Baustoffe wie Bambus oder Holz, die leichte Brennbarkeit des Baustoffes, die kurze Dauerhaftigkeit, die unregelmäßige Struktur des Reets, sowie der Mangel an Fachkräften anzuführen.

Reet hat eine relativ geringe Druckfestigkeit, im Vergleich zu Bambus und Holz. Um diese Eigenschaft zu verringern wird es in der traditionellen Bauweise in Form von Bündeln, sowie in Schräglage verwendet. Zudem weist das Reetrohr auf Grund seiner Wuchseigenschaften Unregelmäßigkeiten in seiner Struktur auf, (die Knoten, die Verjüngung des Halmes), welche ebenso durch die Verwendung in der Konstruktion als Bündel annähernd ausgeglichen werden.

Reet zählt insbesondere in loser Form zu den leicht entflammbaren Baustoffen der Klasse B3. In der traditionellen Bauweise von Wohngebäuden ist durch die Abstände zwischen den Häusern bereits ein gewisse Reduzierung der Brandgefahr gegeben. Hinsichtlich der Privatgebäude ist die Brandgefahr als unproblematisch anzusehen, jedoch für öffentliche Gebäude stellt die Brandgefahr ein bedeutender Risikofaktor dar.

Reet ist als unbehandelter natürlicher Baustoff anfällig für Schädigung durch Insekten.

Bis zu den 50er Jahren waren die Bewohner von El-Manzala selber fähig ihre Gebäude zu bauen. In der Zwischenzeit gibt es Fachkräfte, welche diese Tätigkeit ausüben. Dieser Berufszweig weist starke rückläufige Tendenzen auf. Da die Bausaison nur maximal die Hälfte des Jahres geht, ist der Beruf für viele junge Leute nicht interessant.

- Als Möglichkeiten zur Verbesserung der Reeteigenschaften werden die Aspekte der Erhöhung der Druckfestigkeit, die Reduzierung der Brandgefahr, die Verlängerung der Lebensdauer, die Verwendung von Reet-Werkstoffen, sowie der Einsatz von Maschinen untersucht.

  Eine Erhöhung der Druck- und Zugfestigkeit kann durch folgende konstruktive Maßnahmen erreicht werden: Erstens durch die Erhöhung der Anzahl der Verknotungen innerhalb der Reetkonstruktion, und zweitens durch Beimischen einer anderen, dem *Phragmites* verwandten, Gräsersorte dem *„Arundo Donax"*. *Arundo* weist eine höhere Druckfestigkeit auf als *Phragmites,* ist aber nicht resistent gegen Feuchtigkeit und Salz, so daß Schutzmaßnahmen erforderlich werden.

Zur Verringerung der Brandgefahr gibt es eine Vielzahl von konstruktiven Möglichkeiten, wie Anzahl der Fluchttüren, Gipsverkleidung, Verwendung nichtbrennbarer Dachisolierung, Isolierung der elektrischen Installationen, sowie Integration von Feuerlöschtechnik. Es sind auch chemische Feuerschutzmittel zur Reduzierung der Schwerentflammbarkeit im Handel.

Als eine Möglichkeit um der Unregelmäßigkeit der Struktur des Reethalmes entgegenzuwirken wird die Herstellung von einem Werkstoff aus Reetfasern, ähnlich den Holzwerkstoffen, angesehen.

Durch den Einsatz von Maschinen kann eine wesentliche Verbesserung und Erleichterung bei der Beschaffung des Rohmaterials Reet und der Produktion der Reetmatten erreicht werden.

3. Vorteile und Nachteile der Reetkonstruktionen und Möglichkeiten ihrer Verbesserung:

- Die besonderen Vorteile der Reetkonstruktionen liegen in der klimagerechten Bauweise, der Abschirmung der Hitze im Sommer, sowie eine Speicherung der Wärme im Winter, der Einfachheit der Konstruktion, welche den Selbstbau ermöglicht, sowie dem auf Grund des geringen Eigengewichtes des Rohmaterials auf die örtlichen Bodenverhältnisse optimal angepaßtem leichtem Gewicht der Baukörper. Die Reetkonstruktionen prägen den architektonischen Charakter, sowie die städtebauliche Struktur der Gegend von El-Manzala.
- Die Nachteile der Reetkonstruktionen bestehen in den kurzen Spannweiten, den begrenzten Baukörperformen, dem Mangel an großen Öffnungen, dem Mangel an Schallschutz, den primitiven Knotenpunkten, sowie dem Mangel an Fachkräften.

Die meisten Reetbauten weisen eine Spannweite von maximal 4m auf. Größere Spannweiten können durch Kombination mit Holz- und Stahltragwerken erzielt werden, was zu höheren Kosten führt. Vereinzelt sind auch reine Reetkonstruktionen mit größeren Spannweiten bekannt, welche allerdings auf bogenförmige Bauten begrenzt sind.

Für die normalen Bauten existieren drei typische Bauformen, die rechteckige Hütte mit Giebeldach, genannt „Koschk“, aus der El-

Schibeka- oder El-Seded-Methode (siehe Punkt 1), die zylindrische Hütte mit Kegeldach, aus der El-Schibeka-Methode, und als dritte Bauform die Flachdachform zur Überdachung von Zwischenräumen und Vorplätzen.

Die El-Schibeka-Baumethode erlaubt als geflochtene Bauweise keine große Öffnungen. Um die Erhaltung der Stabilität der Reetkonstruktion zu gewährleisten, werden nur kleine Fensteröffnungen erstellt, welche in die Flechtstruktur integriert werden. Größere Öffnungen für Türen oder eventuell für größere Fenster werden mit Holzrahmen erstellt, welche in die Reetkonstruktion integriert werden.

Die Reetwände bieten auf Grund der Flechtstruktur der Wände keinen ausreichendenSchallschutz des Gebäudes zum Außenbereich.

Die Verknotung der Wand-Flechtelemente ist sehr aufwendig. Sie werden von Hand mit einfachen Kunststoffschnüren durch eine Vielzahl von Knoten geflochten, was einen hohen Zeitaufwand erfordert.

- Als Möglichkeiten zur Verbesserung der Konstruktionen werden die Aspekte der Vergrößerung der Spannweite, Anwendung für größere Gebäude, Konstruktionen für große Öffnungen, Verbesserung des Wärme-, Feuchte- und Schallschutzes, sowie die Anwendung von neuen Verbindungsmitteln und Konstruktionen für die Vorfertigung, betrachtet.

Da mit der wirtschaftlichen und sozialen Entwicklung des Gebietes El-Manzala der Bedarf an größeren, öffentlichen und industriellen, Gebäuden wächst, sind Überlegungen für die Möglichkeit großer Bauten aus dem Material Reet anzustellen, um das Material konkurrenzfähig zu erhalten.

Unter Ausnutzung der Vorteile des Baustoffes Reet, insbesondere der hohen Elastizität, bzw. Zugfestigkeit können größere Spannweiten als bisher üblich erzielt werden, durch konstruktive Überlegungen hinsichtlich Verbindungsmethoden, bzw. Verbindungsmaterialien der Reet-Bündel. Ein konstruktiver Lösungsansatz führt zur Verwendung von Raumfachwerkelementen, in Verbindung mit gekrümmten Formen, wie Tonnen- und Sattelschalen, welche dem Material Reet am besten entsprechen. Vor Ort wurden Versuchsbauten errichtet, welche

Spannweiten von 7m, bzw. 14 m erreichen, weitere Beispiele sind angedacht.

Möglichkeiten zur Verbesserung von Öffnungen bestehen in der optimalen Integration dieser in die Reet-Flechtwandkonstruktion, so daß die Stabilität nicht vermindert wird. Bei der Anwendung von Holzkonstruktionen für größeren Öffnungen müssen diese optimal an der Reetkonstruktion befestigt werden, sowie möglichst leichte Tür- und Fensterflügel verwendet werden.

Die Verbesserung des Wärme-, Feuchte- und Schallschutzes kann durch eine Verdichtung der Reetkonstruktionen, bzw. eine Erhöhung des Reetfasergehaltes innerhalb der Reetkonstruktion erzielt werden. Als konkrete Maßnahme ist ein Ausfüllen der Luftzwischenräume mit Reetfasern oder Rohbaumwollematten vorstellbar.

Im Einsatz von neuen Materialien als Verbindungsmittel, wie Metallband, Metallklammern oder -draht, sowie automatische Verbindungsmethoden kann eine Verbesserung der Reetkonstruktionen gesehen werden, die zu einer Verbesserung der Festigkeit, sowie zur Einsparung von Zeit bei der Herstellung der Reetmatten oder Gebäude führen können.

In der Möglichkeit Reetelemente in Fertigbauweise industriell vorzufertigen werden vielseitige Möglichkeiten für die Zukunft der Reetkonstruktionen gesehen. Dies hätte vor allem eine Optimierung der Konstruktion zum Vorteil, hinsichtlich einer gleichmäßigen Qualität und Maßgenauigkeit der Elemente. Zudem ist eine genauere Abstimmung auf die in der Zwischenzeit erforderlichen technischen Einrichtungen möglich. Die Leichtigkeit des Materials ist ideal für den Transport von Einzelelementen. In kurzer Zeit könnten somit eine Vielzahl von Gebäuden erstellt werden. Als Fertigelemente sind Reetpaneele, Tragwerkselemente für Wand und Dach in vielfältigen Formen angedacht.

5 Glossar

Bahr: Meer

Bohera: See

Bar: Ufer, Strand

Chalbet-El-Wattd: Knoten im Reetbau

El-Ariesch: zweite Schicht des Reetdaches in Netzform

El-Arsch: gesamtes Reetdach

El-Hamal: Dachlattung, aus Reetbündel

El-Koaaem: mittlere Schicht der Wand in Reetstruktur aus vertikalen Bündeln

El-Mena: Hafen

El-Netakat: waagerechte Verbindungen aus Reetbündel

Esch: Hüttenbau mit kegelförmigem Dach

El-Schibeka: netzförmige Reetstruktur

El-Seded: Reetmatten

El-Scharschara: gekrümmte Messer zum Schneiden des Reets

El-Tatkiel: innere Schicht der Reetkonstruktionen

El-Rasua: Ankerstelle für Boote

El-Flesa: Kunststoffschnur zur Verbindung der Reetkonstruktionen

Feddan: Flächenmaß (Äg.: 1 Feddan=4200,833 qm)

Koschk: rechteckiger Bau mit Satteldach

Liyase: Lehmverkleidung

Lokma: Reetbündel mit einem Durchmesser von 5-7 cm als Struktur-Einheit im Reetbau (entspricht einem „Zarb")

Lux: kleines Boot besonders geeignet für schmälere Kanäle

Schada: Einheit, steht für 1 Bündel Reet mit einen Durchmesser von ca. 70 cm.

Taka: rhombenförmige Lüftungsöffnung

Madyafe: Gastraum

Masrf: Zufluß

Mataria: große Stadt mit Hafen im Süden des El-Manzala-Sees, das Zentrum des Reetmarktes

Mekaria: Fachleute für das Schneiden des Reets

Zriebe: Stall, Viehhof

Zarb: Reetbündel mit einem Durchmesser von 5-7 cm als Struktur-Einheit im Reetbau (entspricht einem „Lokma")

6 LITERATUR

1. **Schneider, Anton**

   Einführung in die Baubiologie - Teil I, Lehrheft 1 „Fernlehrgang Baubiologie“ Institut für Baubiologie + Ökologie, Neubeuern, 1993
2. **Rudofsky, Bernard**

   ARCHITEKTUR OHNE ARCHITEKTEN, Eine Einführung in die anonyme Architektur. Copyright für die deutsche Übersetzung: Residenz Verlag, Salzburg und Wien, 1989
3. **Grützmacher, Bernd**

   REET- UND STROHDÄCHER: ALTE TECHNIKEN WIEDERBELEBT, Callwey-Verlag, Münche, 1981
4. **Climatological Normals for Egypt**

- METEOROLOGISCHES OBSERVATORIUM - KAIRO, 1989.
- METEOROLOGISCHES OBSERVATORIUM - KAIRO, 1993.

5. **Dunkelberg, Klaus; Gass, Siegfried; Otto, Frei**

   BAMBUS ALS BAUSTOFF. BAUEN MIT PFLANZLICHEN STÄBEN - UNI. STUTTGART, Fakultät 2 Bauingenieur- und Vermessungswesen, Institut für Leichte Flächentragwerke, Stuttgart, 1985
6. **Siebel, E.**

   HANDBUCH DER WERKSTOFFE „DIE PRÜFUNG NICHTMETALLISCHER BAUSTOFFE“

   Springer-Verlag, Berlin, Heidelberg, 1957
7. **König, E.**

   HOLZ ALS WERKSTOFF, HOLZ ALS BAUSTOFF, „PHYSIKALISCHE UND MECHANISCHE EIGENSCHAFTEN UND IHRE BEDEUTUNG FÜR DIE PRAXIS“

   Holz-Zentralblatt-Verlags-Gmbh., Stuttgart, 1959

8. **Kollmann, F.**

TECHNOLOGIE DES HOLZES UND HOLZWERKSTOFFE, Springer-Verlag, Berlin, 1951

9. **Paul F.**

Vorlesung zu den praktischen Übungen „WERKSTOFFE IM BAUWESEN-GRUNDLAGEN DER MATERIALPRÜFUNG“ UNIVERSITÄT STUTTGART

10. **Lippsmeier, Georg**

TROPENBAU (BUILDING IN THE TROPICS) Callwey Verlag, München, 1980

11. **Blunck, Hans**

HAND BUCH DER PFLANZENKRANKHEITEN, 5. Auflage, 1957.

12. **Roß, H. & Hedicke, H.**

DIE PFLANZENGALLEN (CECIDIEN) MITTEL- UND NORDEUROPAS IHRE ERREGER UND BIOLOGIE UND BESTIMMUNGSTABELLEN, Verlag von Gustav Fischer, Berlin, Jena, 1927

13. **Wichmann, Hans**

ARCHITEKTUR DER VERGÄNGLICHKEIT LEHMBAUTEN DER DRITTEN WELT, Birkhäuser Verlag, Basel, 1983.

14. **Reinhardt, Hans-Wolf + Salahi, M. H. + Schatz, T.**

STRENGTH OF REED FROM EGYPT, Materials and Structures 28, (1995), pp 345-349

15. **Atrops, J.L.**

„ELASTIZITÄT UND FESTIGKEIT VON BAMBUSROHREN“, Bauingenieur, Heft 6 (1969), S. 220-225, Springer- Verlag, Berlin, New York

16. **K. Datta**

„VERSUCHE ÜBER DIE VERWENDUNG VON BAMBUS IM BETONBAU „ Bauingenieur, Heft ¾ (1936), S. 17-24, Springer-Verlag, Berlin, New York

17.**Kranz, Jürgen Schmutterer, Heinz Koch, Werner**

DISEASES, PESTS & WEEDS IN TROPICAL CROPS, Berlin & Hamburg, 1977

18.**Schneider, Jürgen**

AM ANFANG DIE ERDE: SANFTER BAUSTOFF LEHM, Frankfurt/Main, 1985

19.**Koenigsberger, Ingersoll, Mayhew, Szokolay**

MANUAL OF TROPICAL HOUSING AND BUILDING, PART 1: CLIMATIC DESIGN. LONGMAN, London and New York, 1980 -9 Paper

20.**Le Roy G. Holm, Donald L. Plucknett, Juan V. Pancho, Jemes P. Herberger**

THE WORLDS WORST WEEDS DISTRIBUTION AND BIOLOGY, AN EAST-WEST CENTER BOOK from the East-West Food Institute. Published for the EAST-WEST CENTER by The University Press of HAWAII-Honolulu.

21.**Vorreiter, L.**

HOLZTECHNOLOGISCHES HANDBUCH, Verlag Georg Fromme und Co. Wien, München, 1958

22.**Maclaren Engineers Planners & Scientists Inc.**

Toronto, Canada, LAKE MANZALA STUDY: Final Report to Arab Republic of Egypt - Ministry of Development and New Communities United Nations Development Programme Office for Projects Execution, Volume (7) „A" Climate, Volume (8) „D" Ecology „E" Land Use, Volume (10) „I" Sociology, Volume (11) „T" Marketing and Transportation, Volume (12) „N" North Husseniya Vally, 1981

23.**Metcalfe, C. R.**

Anatomy of the Mono cotyledons - I. Framineal, Oxford, 1960

24.**Kalberer, Marcel**

ROCK'N'ROLL DER ARCHITEKTUR; Sanfte Strukturen 3, Der Grüne Zweig, 140

25.**El-Alfi, Mahmoud Hesham A.**

ZUR INDUSTRIALISIERUNG DES ÄGYPTISCHEN FELLACHEN- HAUSES ANALYSE-NUTZUNGSUNTERSUCHUNG-VORFERTIGUNGS-MÖGLICHKEITEN (Diss.) Dem wissenschaftlichen Rat der Hochschule für Architektur und Bauwesen; WEIMAR, 1972

26.**Serag, Mohamed Abdalla**

ERSCHLIEßUNG DER NORDWESTKÜSTE ÄGYPTENS FÜR DEN INTERNATIONALEN BADETOURISMUS (Diss.); Stuttgart, 1980

27.**Salahi, Mohammed Hosein**

FESTIGKEITSUNTERSUCHUNGEN AN ÄGYPTISCHEM REET - Diplomarbeit „ Institut für Werkstoffe im Bauwesen"; Universität Stuttgart, 1994

28.**P.J.Skerman and F. Riveros**

TROPICAL GRASSES FOOD AND AGRICULTURE ORGANIZATION OF THE UNITED NATIONS; Rome, 1990

29.**Chadirji, Rifat**

CONCEPTS AND INFLUENCES: TOWARDS A REGIONALIZED INTERNATIONAL ARCHITECTURE, First published in 1986 by KPI Limited II New Fetter Lane, London, EC4P4EE

30.**Schmidt, R.**

PRÜFUNG METALLISCHER WERKSTOFFE, Springer Verlag, Berlin, New York, 1974

31.**Spence, R.J.S. and Cook, D.J**

BUILDING MATERIALS IN DEVELOPING COUNTRIES, University of Cambidge, Uk and D. J. Cook, University of New South Wales, Australia, 1979

32.**Natterer, Julius; Herzog, Thomas; Volz, Michael.**

HOLZBAU-ATLAS, R. Müller, 2.Auflage, Köln, 1996

33.**Baumann, R. + Bach, C.**

„ELASTIZITÄT UND FESTIGKEIT", Verlag von Julius Springer, Berlin, 1924

34.**Baumann, R.**

DAS HOLZ ALS BAUSTOFF "AUFBAU, WACHSTUM, BEHANDLUNG UND VERWENDUNG FÜR BAUTEILE", Kreidels Verlag, München, 1927

35.**Baumann, R.**

VERSUCHE ÜBER DIE FESTIGKEIT VON BAMBUS „Mitteilung über Forschungsarbeiten", Springer Verlag, Berlin, 1913

36.**Stant, M.Y.**

VARIATIONS IN REED STRUCTURE IN RELATION TO THATCHING, Kew Bull., 231-8, (1953)

37.**Schwerng; Ruber**

ANATOMIE EUROPÄISCHE HÖLZER- U. Stuttgart- 1990

THE STRUCTURE AND PROPERTIES OF BAMBOO AS AN ENGINEERING MATERIAL,

Vorstand des Sonderforschungsbereiches 230, „Natürliche Konstruktionen - Leichtbau in Architektur und Natur" Martin Hilliges, Birgit Mozden, Frank Taherkhani, Klaus Teichmann, Joachim Wilke

38.**Schattke, Walter**

DAS REETDACH „Hinweise für richtige Bauausführung und zweckmäßige Behandlung der Weichbedachung", Schleswig, 1981

39.**Wegst, H.R. Sherchliff and M.F. Ashby, University of Cambridge - Department of Engineering - United Kingdom.**

NATÜRLICHE KONSTRUKTIONEN - EVOLUTION OF NATURAL STRUCTURES", Principles, Strategies, and Models in Architecture and Nature" III, International Symposium of the Sonderforschungsbereich 230, Stuttgart, October, 1994

40.**Wendehorst / Muth**

BAUTECHNISCHE ZAHLENTAFELN 18, neubearbeitete und erweiterte Auflage 1976, von Muth, H.; Teubner, B. G., Stuttgart

41.**Suzuku, Y.**

„STUDIES ON BAMBOO" orig. Jap. Textübersetzung in Hz., aus Holzforschung und Holztechnik, (1954), Zbl. 42, S. 542

42.**Helal, A.**

VERNACULAR ARCHITECTURE IN EGYPT „ANALYTICAL STUDY OF REED ARCHITECTURE IN MANZALA LAKE REGION" Helwan University, Cairo, 1989

43.**Reinhardt, H.W.; Aicher, S.; Schwarte, J.; Diel, G., Helal, A.**

BENDING AND BUCKLING BEHAVIOUR OF EGYPTIAN REED AS A BUILDING MATERIAL., Proceeding 1996 International Conference on Wood Mechanics, Stuttgart, 1996, pp. 473-482.

7 Abbildungs- und Tabellenverzeichnis

Tabellen

8 Lebenslauf

Persönliches :

Name	Helal, Ahmed Abdel Naby Ahmed
Geburtsdatum	27.06.1957
Geburtsort	Kairo - Ägypten
Staatsangehörigkeit	Ägypter
Beruf	Architekt - Oberassistent an der Universität Helwan, Fakultät der Bildenden Künste, Abteilung Architektur
Familienstand	seit 1985 verheiratet

Ausbildung:

- 68	Primary School (Grundschule) - Kairo
- 71	Preparatory School (Vorbereitungsstufe des Gymnasiums)
- 74	Secondary School (Oberstufe des Gymnasiums) - Kairo
- 81	Universität Helwan, Fakultät der Bildenden Künste - Kairo "Bachelor of Architektur"(Note:sehr gut, Diplomarbeit: Kulturzentrum in 10 Ramadan Stadt; Note: 1 mit Auszeichnung)
seit 1981	Mitglied der ägyptischen Architektenkammer
- 83	Vorbereitungsprüfung für Magister
- 89	Magister Studium - Helwan Universität - Tehma (Vernacular Architektur in Egypt)
Ab Okt. 1991	Promotion - Universität Stuttgart.

Bisherige Tätigkeiten :

- 84	Mitarbeiter im Architekturbüro "Interconsult" von Prof. Dr. Aly Raaft. Entwerfen (Ägyptische Botschaft in Tokyo, Neudelhi, Canberra, Wettbewerb Hotel Sheraton Alexandria-Wohn- und Geschäftskomplex)
- 87	Mitarbeiter im Architektur- und städtebaulichen Büro von Prof. A.Ateiya. Städtebauliches Projekten "Marina El-Alamen".
- 89	Arbeit im eigenen Architekturbüro "Dar El-Amaar".
Ab Okt. 1991	Doktorarbeit an der Universität Stuttgart (Der Baustoff Reet und seine Anwendung im El-Manzala- Gebiet Ägypten)

Arabische Zusammenfassung الملخص بالعربية

البوص كمادة بناء و إستخداماته بمنطقة بحيرة المنزلة بمصر

إمكانات تحسين المزايا و تقليص العيوب

تتواصل البحوث لتطوير وإستحداث أفضل إستخدام لمواد البناء سواءً التقليدية أو الحديثة كأحد أهم عناصر عملية البناء وذلك بغرض تحسين إمكاناتها والقضاء على عيوبها أو تقليصها، وسعياً وراء هذا الهدف كان البوص كمادة بناء بيئية معروفة على نطاق واسع فى مناطق كثيرة من العالم ومتوافرة بمواصفات إنشائية متميزة بمنطقة بحيرة المنزلة على الساحل الشمالى الشرقى لمصر هى مادة هذا البحث الذى تناول فى بابه الأول أهم البيانات عن البيئة البنائية للبوص تاريخياً طبوغرافياً، مناخياً، السكان ووضعهم إقتصادياً و إجتماعياً، ثم عرض البحث المواصفات البيولوجية للبوص كنبات وركز على الإمكانات الأنشائية للبوص من خلال مجموعتين من التجارب الأنشائية وتعيين قدرات البوص كمادة بناء طبقاً للمواصفات القياسية لأول مرة، وقد أجريت مجموعتين من التجارب الأولى على عينات مفردة لقياس قوى الشد والضغط وعزم الأنحناء والصدم, ثم تلتها المجموعة الثانية لأختبار الضغط المحورى (الرأسى) وعزوم الأنحناء على عينات فى هيئة حزم (كما تستخدم للبناء فى النسيج الشبكى التقليدى بمنطقة الدراسة) تم إحضاراها من بحيرةالمنزلة لتعيين معامل المرونة حيث ثبت أنه يتراوح بين [(N | mm2) 13000-21000] بينما يبلغ فى الحديد [(N | mm2) 000 210] مما يدل على تميز صفة المرونة كأهم القدرات الأنشائيةللبوص.

ثم عرض البحث أشكال التجمعات السكانية الموجودة بمنطقة الدراسة وأرتباطها بالبيئة المائية المحيطة بمعظم هذه التجمعات وكذلك التأثيرات الناتجة عن ذلك فى شكل شبكات القنوات و الممرات المائية والبرية وتأثير إستخدام البوص كمادة بناء أساسية فى شكل هذه التجمعات.

كذلك وفى الفصل الأخير بالباب الأول تم إيضاح عناصر معمار البوص بمنطقة الدراسةبأمثلة من المنشآت العامة والخاصة و كذلك طرق الأنشاء التقليدية الثلاثة المتبعة وهى الشبيكة لأنشاء الكشك بمسقطه المستطيل الشكل والسقف الجمالونى والعش بمسقطه الدائرى الشكل والسقف المخروطى والكشك بطريقة السدد المغطاة بالجبس, وذلك ليتسنى تحديد ميزاتها وعيوبها ومقارنتها بالنتائج التى توصل لها البحث حول إمكانات التحسين.

أما الباب الثانى فقد تناول ميزات وعيوب البوص كمادة بناء وإمكانيات التحسين

إجمالآ فإن وفرة البوص وموائمته البنائية والبيئيةعلى الأخص من حيث المرونه والمقاومه للرطوبه والعمر الأفتراضى الطويل بالأضافة للعامل الأقتصادى ومناسبة التكلفة كمادة بناء لأمكاناته الأنشائية, هى أهم المزايا للبوص كمادة بناء.

حيث يتوافر البوص بمنطقة بحيرة المنزلة بصورة طبيعية وبكثافة تكفل إحتياطياً سنوى يكفى لأنشاء حوالى مليونى غرفة بالأسلوب التقليدى المتبع بمنطقة الدراسةوكما أن البوص يتلائم مع البيئة فهو يوازن بين الثقافة البنائية و التقنية والبيئة البنائية، وعلى الرغم من خفة وزنه المناسبة للقدرات الضعيفة للتربة بالمنطقة فإن له قدرات إنشائية فائقة خاصة من حيث المرونة مقارنةً بمواد البناء التقليدية.

والبوص لايحتاج لتقنية بنائية صعبة، فطرق الربط والعقد البسيطةمثل «حلبة الوتد» المعروفة لدى السكان بحكم عملهم كصيادين بالأضافة للتعاون السائد بين السكان يمكنهم من إنشاء مساكنهم بيسر وسرعة حتى أن الفرد بمساعدة شخصين يمكنه بناء بيته على مدار يومين أوثلاث.
والبوص بطبيعته كنبات مائى له قدرة كبيرة على مقاومة الرطوبة و ساق البوص ذات مسامية تمكنها من التهوية وتقلل من تخزين الحرارة وبالتالى تنعكس هذه الخاصية فى إستخدام البوص كمادة بناء من خلال إمتصاصه للرطوبة وإعادة بثها خاصة وأن النسيج الشبكى للحوائط بالطريقة التقليدية بالمنطقة يساعد على حركة الهواء خلال أعواد البوص.
كذلك فإن للبوص كمادة بناء عمر إفتراضى طويل حيث تبقى المنشآت المقامة بالبوص بالطرق التقليدية حتى أربعين عام فى المتوسط, خاصة مع جودة الأنشاء والصيانة.
تتمثل عيوب البوص كمادة بناء فى سهولة الأحتراق و ضعف القدرة على مقاومة الضغوط الميكانيكية وكذلك عدم تجانس بناء نسيج أعواد البوص لأختلاف الأعمار والأطوال و لتفاوت قطر العود, وكمشكلة تواجه إنتشار البوص كمادة بناء يظهر نقص العمالة المتخصصة المنتظمة.
تمثل سهولة الأحتراق أخطر عيوب البوص كمادة بناء وتتضاعف خطورة الحرائق فى حالة المنشآت العامة, و يُعد البوص طبقاً للمواصفات الألمانية من المواد البنائية سهلة الأحتراق حيث يصنف فى المرتبة [B3] و بمنطقة الدراسة يُعمد إلى ترك مساحات وقنوات مائية تفصل بين منشآته لتلافى سرعة إنتشار الحرائق.
ليس للبوص القدرة على مقاومة إجهاد الضغط مقارنةً مع البامبو أو الخشب ولذلك عُمد إلى إستخدام البوص على هيئة حزم مائلة فى النسيج الشبكى فى الطرق التقليدية لتقليل تعرضها للضغط كما وأن البوص كمادة بناء طبيعية يتعرض للأصابة ببعض الحشرات والأمراض النباتية.
مشكلة نقص العمالة المتخصصة المنتظمةالتى تواجه إنتشار البوص كمادة بناء ظهرت بعد الخمسينات حيث كان السكان قبل ذلك يقومون بعملية حش البوص والبناء بأنفسهم.ولكن بأنتشار التعليم وتغير نوعية نشاط السكان من الصيد إلى الزراعة بالتدريج, بدأت تنحصر خبرة البناء ببعض العمالة غير المنتظمة ومن المتوقع مع مشروعات التنمية التى تجرى بالمنطقة زيادة مشكلة نقص العمالة المتخصصة, خاصة وأن موسم البناء محدود وبالتالى الدخل المادى.
ويقدم البحث حول إمكانيات التحسين لمزايا البوص وتفادى عيوبه كمادة بناء مقترحات لخفض خطر الحرائق و رفع قدرة مقاومة إجهاد الضغط وإطالة عمره الأفتراضى, كذا أفكاراً عملية لأدخال الميكنة وتحسين ظروف العمل لزيادة إقبال المتدربين ولتوفير العمالة المتخصصة.
حيث عرض البحث الشروط الأمنية الواجب توافرها فى تصميمات منشآت البوص من توفير وسائل الهروب وأستخدام البياض بالجبس ووسائل عزل خاصة التوصيلات الكهربية وكذلك وسائل الأطفاء الحديثة ومواد الحماية الكماوية التى لاتؤثر على صحة الأنسان ولا تضر بالبيئة وذلك لتقليل خطر الأحتراق
ولزيادة قدرة البوص على مقاومة إجهاد الضغط يمكن أستخدام البوص البلدى [Arundo Donax] ضمن نسيج البوص الريحى [Phragmites] الذى ينمو ببحيرة المنزلة, كذلك و بزيادة عدد العقد بنسيج البوص.

ولتنظيم خواص البوص لتجنب عدم تجانس بناء نسيج أعواد البوص لأختلاف الأعمار والأطوال و لتفاوت قطر العود, يمكن إنتاج مادة بناء من ألياف البوص الخشبية بعد تمزيق بواقى أعواد البوص لتخلط و تضغط فى شكل ألواح تماثل ألواح الخشب, أو تستخدم لحشو فراغات نسيج الشبيكة لأنتاج حوائط من البوص بالكامل.

ويمكن إستبدال الحش اليدوى بالميكنة فى هيئة مراكب مجهزة بمنشار ميكانيكى لتوفير وتيسير الحصول على البوص كمادة بناء وكذلك أستخدام أنوال ميكانيكية لعمل الحصر المنسوجة من أعواد البوص, بالأضافة لتحسين مواصفاتها.

ويتناول الباب الثالث ميزات وعيوب منشآت البوص وإمكانيات تحسينها

تتركز مزايا منشآت البوص على وجه الخصوص فى الملائمة المناخية و ما توفره من حماية من حر الصيف وحفظ للدفئ فى الشتاء, بالأضافة لسهولة عملية الأنشاء والتى توفر إمكانية البناء الذاتى بواسطة السكان أنفسهم, كذلك فأن خفة وزن المنشاء مثاليه لقدرات التربة الضعيفة, والأنسجام التام بين البيئة والشخصية المعمارية والتخطيطية لمنشآت البوص.

أما عيوب منشآت البوص فتتمثل إجمالاً فى البحور القصيرة والأشكال المعمارية المحدودة والأفتقار للعزل الصوتى الجيد وعدم إمكانية فتحات واسعة للأبواب والنوافذ, وكذلك طرق الربط البدائية وأخيراً الأفتقار للعمالة المتخصصة.

فمن حيث البحور التى عينت بالمنشئات التقليدية لم تزد فى معظم الأبنية عن ٤متر على أقصى حد, وإشراك الخشب أو الحديد مع البوص لزيادة البحور يرفع من تكلفة البناء, والأمثلة المحدودة فى العراق لمنشآت من البوص ذات بحور تصل إلى ٧متر تنحصر فقط فى الأشكال المنحنية.

وكما ذكر فى الباب الأول فأن الأشكال المعمارية المعروفة بمنطقة الدراسة لم تتعدى ثلاث أشكال الأول الكشك على هيئة مستطيل فى مسقطه الأفقى وذات سقف جمالونى والثانى العش وهو على شكل إسطوانى وذات سقف مخروطى, والشكلان يتم بنائهم بطريقة الشبيكة, أما الشكل الثالث فهو الأسقف الأفقية التى تصل بين عناصر المسكن من غرف منفصلة.

وترجع محدودية سعة فتحات الأبواب والنوافذ إلى التأثير السلبى لكبر هذه الفتحات على متانة نسيج حوائط البوص، ولهذا فإن الفتحات الكبيرة تحتاج لإستخدام إطارات خشبية مندمجة مع نسيج البوص

أما الأفتقار للعزل الصوتى الجيد فيرجع للفراغات الناتجة من أسلوب الشبيكة المتبع لأنشاء الحوائط خاصة قبل عملية التلييس بالطين.وتعتبر عملية الربط بالحبل لأعواد البوص من أصعب مراحل الأنشاء بما تتطلبه من مجهود ووقت بسبب كثرة العقد التى تحتاجها ولأنها تتم باليد بدون آله.

ويعرض البحث فى الفصل الثالث من هذا الباب لأهم وأكثر النقاط التى قدمها البحث حول إمكانيات التحسين لمزايا منشآت البوص وتلافى عيوبها, حيث لم يقتصر فقط على عرض الأفكار والمقترحات ولكن تم تجربة وتنفيذ وأختبار ماطرحه الباحث فى الواقع العملى والمعملى لأثبات نجاحه.

حيث وضع فى الأعتبار عدة نواحى لتحسين منشآت البوص منها كيفية توسعة البحور وأستخدامها لمنشآت أكبر, كذلك الوسائل التى تمكن من عمل فتحات أكبر للنوافذ والأبواب وتحسين العزل الصوتى وعزل الرطوبة, بالأضافة لأستخدام وسائل ربط حديثة خاصة للمنشآت سابقة التجهيز.

ونظراً للتنمية التى تشهدها منطقة الدراسةحالياً إقتصادياً وإجتماعياً فقد ظهرت الحاجة لمنشآت عامة بمستوى وحجم أكبر من المعروف لمنشآت البوص بالطرق التقليديةوذلك لتبقى فى المنافسة مقابل منشآت مواد البناء الأخرى.

ومن خلال إستغلال ميزات البوص خاصة المرونة العالية ومن ثم قدرته المتميزة لمقاومة الشد يمكن الحصول على بحور أكبر وذلك بعمل عناصر إنشائية من البوص بأسلوب الإنشاء ثلاثى الأبعاد إعتماداً على وسائل وطرق ربط لحزم البوص بأشكال منحنية لأنتاج العقود والقبوات والقشريات, والتى تحقق أعظم إستغلال لأميز قدرات البوص الأنشائية.

وقد تم تنفيذ منشأ تجريبى باستخدام الأنشاء ثلاثى الأبعاد بمنطقة الدراسة لجزء من قاعة للصلاة وآخر لمقصورة لمشاهدة الخيول ببحور من٧ حتى ١٤ متراً بالأضافة لشكلين جديدين لمنشآت تصلح كفراغات سكنية أو للقرى السياحية, وقد لاقت هذه التجارب رضاء و إستحسان السكان بالمنطقة.

وللحصول على فتحات أكبر للنوافذ والأبواب فإن لطريقة تثبيت حلوق الأبواب والنوافذ خلال نسيج البوص فى نقاط تثبيت عديدة وباستخدام أبواب وشبابيك خفيفة الوزن لتقليل الأجهادات المؤثرة على متانة نسيج البوص أكبر الأثر, بالأضافة للإختيار المناسب لشكل ومكان وأبعاد الفتحة.

يحتاج العزل الصوتى لتكثيف ألياف البوص فى قطاع الحائط لتقليل النفاذية وكذلك ملئ الفراغات بين أعواد وطبقات نسيج البوص, وقد تم تجربة إستخدام خلطه من الجبس مع ألياف بواقى البوص المستخدم لنسيج الشبيكة بعد تمزيقها لحشو هذه الفراغات بالأضافة لطبقة من القطن المعالج, وقد تم معملياً إختبار العزل الصوتى لعينة بالمواصفات السابقة أثبتت قدرة أعلى للأمتصاص وتقليل النفاذية للأشعة الصوتية.

تعويضاً عن وسائل الربط التقليدية خاصةً للأنشآت سابقة التجهيز فإن إستخدام الميكنة ضرورى لتقليل زمن الربط وزيادة المتانة لأحد أهم عناصر الأنشاء بالبوص, وإستخدام السلك المعدنى أو الأربطة البلاستيكيةالجاهزة المدعمة بأسنان معدنية ومقاومه للأحتراق بديل هام لزيادة متانة منشآت البوص.

سبق التجهيز من الموضوعات الهامة التى أكد عليها البحث فى النهاية لضمان مستقبل أفضل لأستخدام البوص فى الأنشاء, حيث يوفر عناصر التوحيد القياسى من حيث الجودة والتوافق التكنولوجى مع التجهيزات الأنشائية الحديثة, بالأضافة لأن البوص كمادة بناء خفيفة الوزن مثالى لعمليات نقل العناصر الأنشائية سابقة التجهيز مما يساعد على إنتشاره.وقد عرض البحث أفكاراً لبعض التصميمات التطبيقيةلأنشآت تصلح لأغراض تحتاج للسرعة وسهولة التنفيذ كمساكن للأيواء العاجل وفصول للمدارس أو نُزل للقرى السياحية.

ibidem.eu